"十二五"国家科技支撑计划项目资助出版

《中国农业防灾减灾理论与实践》学术专著系列

西南地区农业干旱和低温灾害防控技术研究

◎ 谷晓平　李茂松　等 著

中国农业科学技术出版社

图书在版编目（CIP）数据

西南地区农业干旱和低温灾害防控技术研究／谷晓平等著．—北京：中国农业科学技术出版社，2016.12

ISBN 978 – 7 – 5116 – 2612 – 7

Ⅰ．①西…　Ⅱ．①谷…　Ⅲ．①粮食作物 – 旱害 – 灾害防治 – 研究 – 西南地区②粮食作物 – 低温伤害 – 灾害防治 – 研究 – 西南地区　Ⅳ．①S42

中国版本图书馆 CIP 数据核字（2016）第 108287 号

责任编辑	李　雪　徐定娜
责任校对	马广洋

出 版 者	中国农业科学技术出版社
	北京市中关村南大街 12 号　邮编：100081
电　　话	（010）82109707　82105169（编辑室）
	（010）82109702（发行部）　（010）82109709（读者服务部）
传　　真	（010）82109707
网　　址	http：//www.castp.cn
经 销 者	各地新华书店
印 刷 者	北京富泰印刷有限责任公司
开　　本	787mm×1 092mm　1/16
印　　张	16.5
字　　数	352 千字
版　　次	2016 年 12 月第 1 版　2016 年 12 月第 1 次印刷
定　　价	60.00 元

《西南地区农业干旱和低温灾害防控技术研究》
著作人员

主　　著：谷晓平　李茂松

副主著：古书鸿　李朝苏　张连根　朱　勇　王国强　张建诚
　　　　张　继

著　　者：（按姓氏笔画排序）

丁　昊　于　飞　马君义　王　静　王久光　王俊龙

左　晋　吕　芬　朱　斌　刘凤兰　刘永红　刘宇鹏

刘朝显　池忠志　汤永禄　安瞳昕　苏　跃　李　靖

杨　娜　杨　勤　肖　俊　吴晓丽　邱金亮　何　幸

何希德　张　杰　张　波　张东海　陈学林　岳丽杰

周　平　周　练　郑家国　赵保堂　郝佳丽　胡家敏

柏　勇　段长春　侯双双　姚　熠　姚景珍　徐永灵

郭楠楠　席吉龙　黄明波　梁　平　董二飞　程晋昕

魏会廷

前　　言

西南地区（四川省、云南省、贵州省、重庆市）地理环境复杂、气候类型多样、气象灾害频发，广大山区经济发展水平相对滞后，是典型的气候脆弱区，抗灾能力弱。近年来，干旱、低温等灾害进一步频发、重发，诸如 2006 年夏季川渝大旱、2008 年冬季低温雨雪冰冻、2009—2010 年持续秋冬春连旱、2010 年春季低温阴雨、2011 年年初持续低温雨雪冰冻、2011 年和 2013 年贵州特大夏旱等，都对农业生产和社会经济发展造成了巨大影响。

做好农业气象灾害的监测预警和防控技术研究，是增强农业生产防御灾害能力，提高农业抗灾能力，减轻灾害损失的基础。本书结合国家科技支撑计划课题"西南突发性灾害应急与防控技术集成与示范"研究成果，针对影响西南地区主要粮食作物的干旱、低温等重大农业气象灾害，在灾害发生时空分布特征、灾害对农业生产影响的成灾机理等研究基础上，应用农业气象灾害预警、监测技术，实现灾害监测预警。通过筛选与培育适合本区域生态特点的抗旱、耐渍涝、低温的农作物品种，研究与集成应用灾害防御应急技术、减灾技术和灾后恢复生产技术等，建立了西南地区干旱和低温防控技术体系，为西南地区重大农业灾害应急和防控提供科技支撑。

在本书的编写过程中，得到了全体著作和审稿专家的大力支持，此外，贵州省气象局的王方芳、石艳、龙俐、李忠燕、易俊莲、胡欣欣、黄晓俊、谭文、陈芳，云南省气候中心的张茂松，四川省农业气象中心的陈东东，重庆市气象科学研究所的唐余学等参与了大量前期研究和编辑修改校正等工作，同时得到了中国农业科学技术出版社的帮助，在此一并表示感谢。此外，向本书中所引用成果的作者表示诚挚感谢，参考文献等如有遗漏或错误之处，敬请谅解和指正。由于全书涉及内容较多，编著者水平有限，书中仍难免会有错误和不当之处，恳请读者提出宝贵意见。

著　者

2016 年 3 月

目　　录

第1章　西南地区概况

西南地区包括四川省、云南省、贵州省和重庆市，是全国一级气象地理区划中的11个大区之一。区域内生物、矿产、能源、旅游、气候等资源丰富，地形复杂，气候类型多样，立体气候特征显著，农业生产随之呈现多样性，农产品在全国占有比较重要的地位。与此同时，复杂多变的气候伴随着频发的气象灾害，给农业生产造成严重威胁。

1.1　地形地貌

西南地区地形复杂，海拔落差大，最高峰为大雪山主峰贡嘎山，海拔7 556 m，最低点位于云南与越南交界的河口县境内南溪河与元江交汇处，海拔仅76.4 m。地貌类型多样，由山地、高原、盆地、丘陵、平原、峡谷等组成，其中高原和山地面积最广，此外还广泛分布着喀斯特地貌、河谷地貌等。

西南地区地形（图1-1）可以分为川西高原高山区、横断山区、四川盆地及边缘山区和云贵高原山区等部分。

西南地区西北部为川西高原高山区，属青藏高原东南缘，区域内平均海拔在3 000 m以上，区域内丘谷相间，广布沼泽，分为丘状高原和高平原，包括沙鲁里、石渠、色达丘状高原和阿坝高原。分布在若尔盖、红原与阿坝一带的高原沼泽是我国南方地区最大的沼泽带。

横断山区包括川西山地至滇西横断山脉纵谷区，由一系列山河并列的山原、山地和峡谷组成，地形复杂，山岭和峡谷相间，海拔4 000～5 000 m，岭谷相对高差大，一般在1 000 m以上。主要山脉有岷山、邛崃山、大雪山、沙鲁里山、云岭等。与山脉相伴的是一系列峡谷，包括岷江峡谷、大渡河峡谷、雅砻江峡谷、金沙江峡谷、澜沧江峡谷、怒江峡谷等。

四川盆地及边缘山地包括四川中东部和重庆市，可分为盆西平原地貌、盆中丘陵地貌和盆东山地地貌。盆底地势低洼，海拔 200~750 m，盆地边缘山地多中山和低山，海拔多在 1 000~3 000 m。

　　云贵高原山区，包括由云南东部、贵州全境，及邻近的四川、重庆等区域，地势西北高，东南低。云贵高原大致以乌蒙山为界分为云南高原和贵州高原两部分。云南高原位于哀牢山以东的云南省东部地区，高原地形较为明显，海拔在 2 000 m 以上。东面的贵州高原起伏较大，高原面保留，山脉较多，自中部向北、东、南三面倾斜，海拔在 1 000~1 500 m。

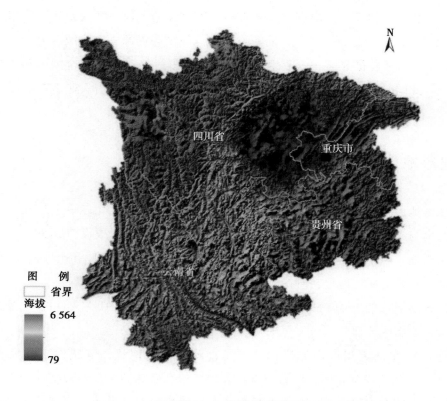

图 1-1　西南地区地形

1.2　气候概况

　　西南地区属于亚热带季风气候区，受东南季风和西南季风影响的同时，也受青藏高原大地形和区域内复杂地形影响，气候类型多样，立体气候显著，局地小气候特征明显。随着光照、热量、降水等气候资源搭配的不同，各地气候呈现不同的特征。包括北热带、南亚热带、中亚热带、北亚热带、南温带、中温带和高原气候等多种气候类型。

　　西南地区各地年平均温度分布受地形影响，呈现多样性分布特征。西北部高海拔地区年平均温度在10℃以下，其余大部地区在10~20℃，其中，四川中东部和南部、重庆、贵州北部及东部和南部，云南除西北部和东北部以外的大部地区，年平均气温在15℃以上（图1-2）。

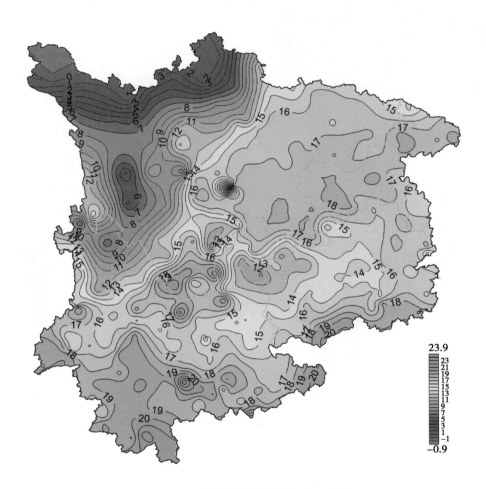

图1-2　西南地区年平均气温（℃）分布

　　活动积温西北部高海拔地区在4 000℃·d以下，其余大部地区在4 000℃·d以上，其中四川中东部地区、重庆大部、贵州东北部和南部、云南南部和西部边缘地区在6 000 ℃·d以上，云南南部河谷地区、贵州南部边缘、四川南部河谷等局地在7 000 ℃·d以上（图1-3）。

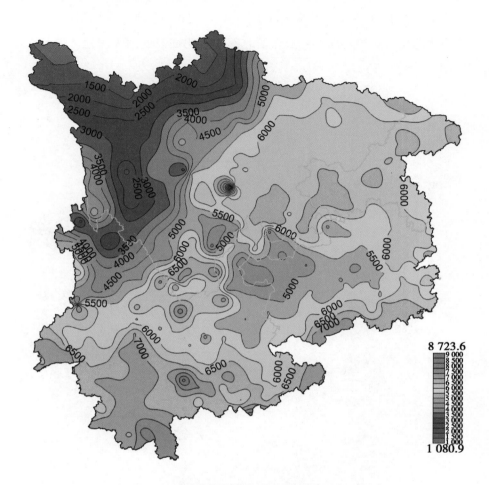

图1-3　西南地区全年活动积温（℃·d）分布

西南地区年平均降水量空间差异大，西北部高海拔地区普遍在700 mm以下，其中四川西部边缘得荣等金沙江干热河谷地区，在500 mm以下。云南西部、西南部、南部、东南部，贵州除西部边缘以外的大部、重庆、四川中东部大部和南部部分地区，降水量在900 mm以上，大部地区在900~1 300 mm，其中云南西部边缘和南部边缘地区以及东南部边缘，贵州西南部、四川中部峨眉山等局部地区是多雨中心，年降水量在1 500 mm以上（图1-4）。

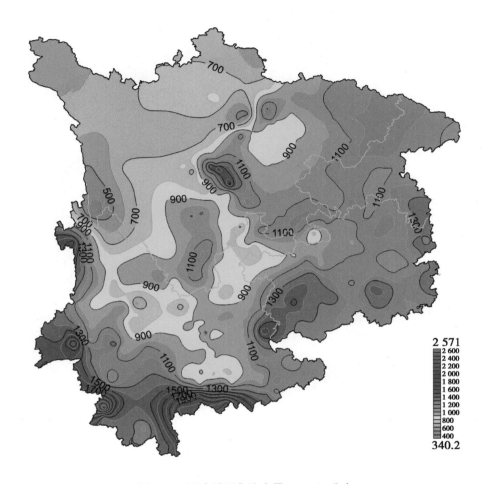

2 571
340.2

图 1 - 4 西南地区年降水量（mm）分布

　　西南地区光能资源时空分布差异也较大，年日照时数为 700 ~ 2 600 h，其中四川西部和云南中西部地区，普遍在 2 000 h 以上；四川中东部地区和贵州大部地区，普遍在 1 500 h 以下，局部地区在 1 000 h 以下（图 1 - 5），是全国日照最少的区域。太阳辐射分布与日照分布相似，西部高海拔地区辐射总量高，东部日照少的区域太阳辐射量相应较低。

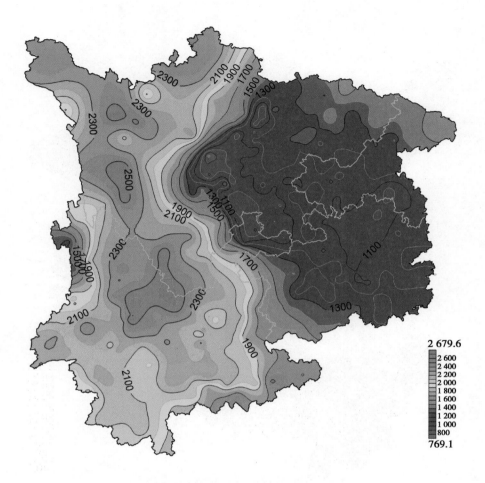

图 1-5　西南地区年日照时数（h）分布

西南地区气象灾害种类多且频发，主要有干旱、低温、冰雹、雷电、大风、暴雨及其带来的洪涝、滑坡、泥石流等次生灾害。

干旱是西南地区最主要的气象灾害，四季皆有发生，以春旱（3—4 月）和伏旱（7—8 月）最为显著。春旱主要出现在云南、川西山地，自西向东逐步减轻；伏旱主要受太平洋副热带高压影响而产生，以四川盆地东部、重庆、贵州东部等地区最多，自东向西逐步减轻。

低温冷害包括寒潮、霜冻、冻害、倒春寒，此外还包括水稻抽穗扬花期低温等，都会给农业生产带来较大威胁和影响。

受天气系统和地形共同影响，西南地区多暴雨、冰雹、雷电、大风等强对流天气，山地地形进一步加重了局地山洪、滑坡、泥石流、洪涝等灾害的发生，给人们生命、财产安全带来严重危害。

1.3　农业生产

西南地区有平原盆地支撑，有适宜的气候条件，有优良的生态环境，有多样性的山地，造就了多样性的特色优质农产品。

西南地区也是全国重要的粮食产区，粮食生产对于西南各省市社会经济发展以及全国粮食安全都具有重要的意义。

1.3.1　主要粮食作物生产概况

西南地区主要粮食作物包括水稻、小麦和玉米等。其中，水稻约占粮食播种面积的 1/3，产量占粮食产量一半左右。2/3 的水稻集中在四川，以成都平原岷江、嘉陵江、渠江中下游以及长江沿岸等地分布较多。玉米播种面积和产量仅次于水稻，广泛适宜于西南山地丘陵区的旱地种植。西南地区小麦除西北部高寒地区种植春小麦外，其余地区以冬小麦为主，其中四川是小麦的主要产区，约占西南地区小麦播种面积的 2/3 和产量的 80%。

1.3.1.1　水　稻

西南地区除四川西北部高海拔地区外，均有水稻种植，主要分布在四川中东部、重庆大部、贵州北部以及云南西部和西北部，各县播种面积在 10 千 hm² 以上，其中四川中东部、重庆东部和东北部的各县超过 20 千 hm²，水稻主产量也主要集中在相应区域，各县产量普遍在 10 万 t 以上。

水稻种植面积和产量分布见图 1-6。

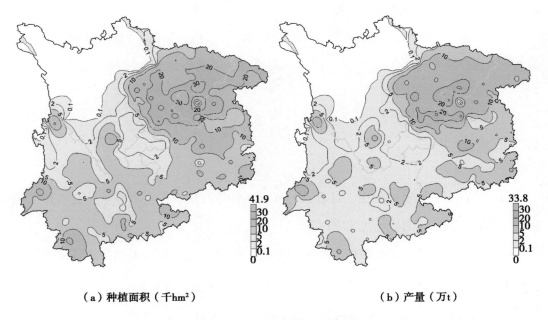

（a）种植面积（千hm²）　　　　　　　　（b）产量（万t）

图 1 - 6　水稻种植面积和产量分布

1.3.1.2　玉　米

玉米主产区主要分布在四川中东部、重庆大部、贵州北部和西部、云南东部及西部部分地区，各县播种面积在 10 千 hm² 以上，产量在 5 万 t 以上。

玉米种植面积和产量分布见图 1 - 7。

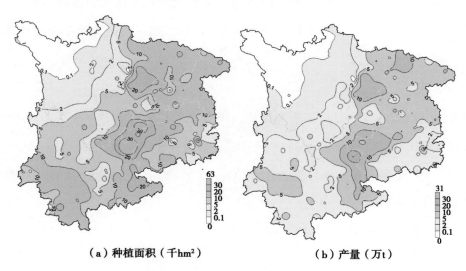

（a）种植面积（千hm²）　　　　　　　　（b）产量（万t）

图 1 - 7　玉米种植面积和产量分布

1.3.1.3 小 麦

小麦主产区主要分布在四川中东部地区，各县播种面积在 10 千 hm² 以上，总产量在 5 万 t 以上。

小麦种植面积和产量分布见图 1－8。

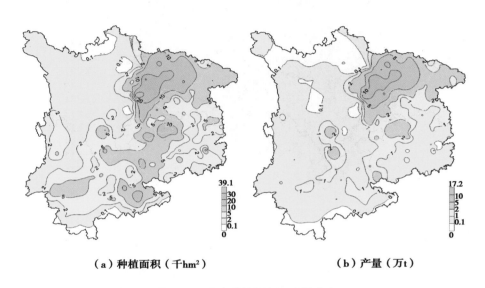

（a）种植面积（千hm²）　　　　　　（b）产量（万t）

图 1－8 小麦种植面积和产量分布

1.3.2 主要粮食作物生育期分布

西南地区受复杂的地形和气候影响，农业生产呈现出多样性，农作物生育期也随之差异较大。通过对西南地区主要站点作物生育期的统计，了解了作物生育期特征，有助于深入了解气象灾害对作物的影响，进而为做好气象灾害防控奠定基础。

1.3.2.1 水稻生育期

西南地区各地水稻生育期差异较大，云南在 2 月至 10 月之间，四川在 3 月中旬至 10 月上旬，重庆在 3 月中旬至 9 月下旬，贵州在 4 月上旬至 9 月下旬。

不同发育期各地出现的时间也有较大差异。其中，移栽期，四川盆地在 5 月上旬，其他地区在 5 月下旬；重庆在 5 月中上旬；贵州省北部地区在 6 月上旬；南部在 6 月中旬；云南在 4 月中旬至 5 月下旬之间。抽穗扬花期，四川盆地在 7 月下旬，其他地区在 8 月中旬；重庆在 7 月下旬，贵州在 8 月中上旬，云南省在 7 月上旬至 10 月上旬。

水稻主要生育期分布特征见图 1－9。

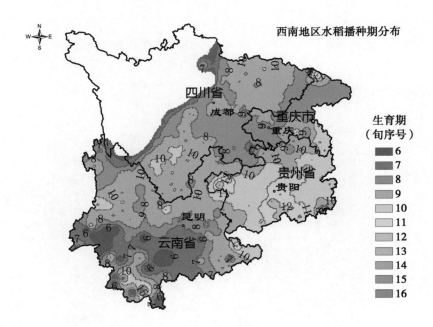

（a）播种期

（b）移栽期

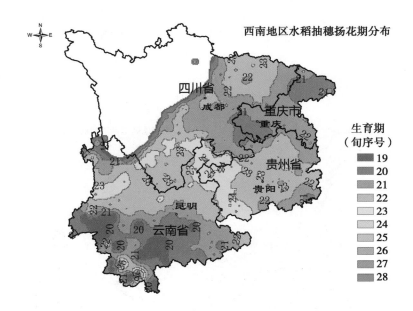

（c）抽穗扬花期

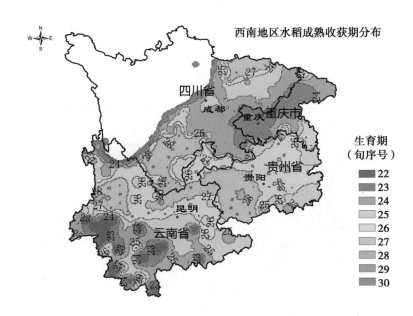

（d）成熟收获期

图 1-9 水稻主要生育期分布特征

1.3.2.2 玉米生育期

1.3.2.3 玉米生育期

西南地区玉米播种期大部地区集中在 3—4 月，海拔较低地区相对较早，海拔较高地区相对较晚,四川中东部、重庆以及贵州大部地区在 3 月,四川西部和云南西北部等高海拔地区在 4 月;抽雄期主要分布在 6 月下旬至 7 月中旬;成熟收获期各地差异相对较大,其中四川中东部和重庆主要集中在 7 月中下旬至 8 月上旬,贵州大部及云南南部主要集中在 8 月中下旬,贵州西部至云南中部和西北部主要集中在 9 月,局部地区持续至 10 月。

西南地区玉米主要生育期分布特征见图 1-10。

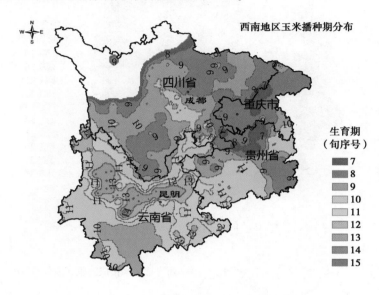

(a) 播种期

(b) 抽雄期

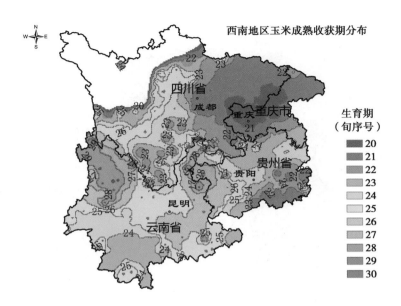

（c）成熟收获期

图 1 - 10　西南地区玉米主要生育期分布特征

1.3.2.4　小麦生育期

西南地区小麦以冬小麦为主，播种期主要在 10 月中下旬至 11 月上旬，成熟收获期主要在次年 3 月至 5 月，其中云南南部地区在 3 月至 4 月，其余地区主要在 5 月上中旬。

西南地区小麦生育期分布特征见图 1 - 11。

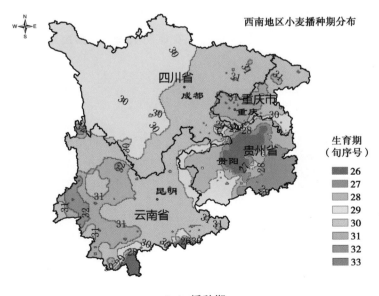

（a）播种期

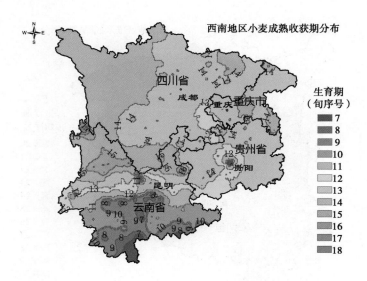

（b）成熟收获期

图 1 – 11　西南地区小麦生育期分布特征

通过对西南地区地形地貌、气候和农业生产的分析，了解了西南地区复杂的地理环境和气候特征，以及多样性的农业生产。各地的气候资源、气象灾害存在较大差异，对农业生产的影响也有利有弊。西南地区以山地农业为主，平原、盆地等农田面积所占比例有限，广大山区农业灌溉等基础设施较差，经济发展水平相对滞后，农业抗灾能力弱，农业生产仍然是"靠天吃饭"，复杂多变的气候和频发的气象灾害对于农业生产有着重要影响。因此，进一步加强对西南地区干旱和低温等灾害的研究，并针对性地做好防控技术措施，有助于增强西南地区农业防灾减灾能力，促进农业趋利避害，实现稳定发展。

第2章 干旱和低温对粮食生产影响及成灾机理

西南地区粮食生产受气象灾害影响较大，不同年份存在较大波动，对于粮食安全和经济社会发展都产生重要影响。对西南地区近年来的粮食产量变化分析，发现干旱和低温是影响西南地区粮食生产的主要灾害。通过干旱、低温胁迫试验，研究灾害影响和成灾机理过程，为灾害监测预警与防控提供支撑。

2.1 灾害对粮食产量影响

通过对西南地区三省一市1990—2011年历年水稻、玉米、小麦等粮食单产的分析可见，西南地区粮食产量近年来处于较大波动变化之中。选取西南地区区域平均单产较上年减产5%以上或某省（市）较上年减产10%以上的年份，作为典型减产年，其中，水稻包括：2001年、2002年、2006年、2010年、2011年；玉米包括：1992年、2006年、2011年；小麦包括：1993年、1994年、1999年、2001年、2010年。

通过以上对典型减产年的灾情分析可以看出，西南地区粮食出现较大幅度减产的年份，都由于重大气象灾害的发生而引起。其中，干旱是影响西南地区粮食生产最主要的灾害，此外水稻抽穗扬花期低温等灾害也会对水稻造成严重影响。

西南地区各省（市）水稻、玉米、小麦历年单产变化见图2-1。

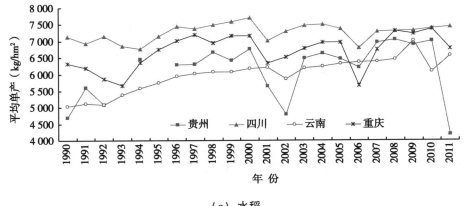

（a）水稻

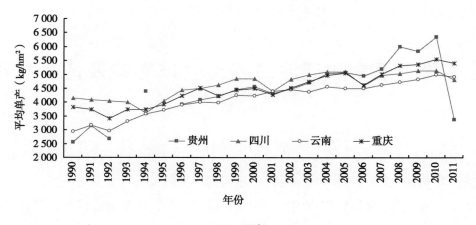

（b）玉米

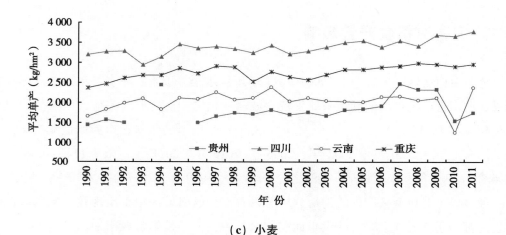

（c）小麦

图 2-1　西南地区各省（市）水稻、玉米、小麦历年单产变化

21 世纪以来的 2001 年、2002 年、2006 年、2010 年、2011 年等典型年份的灾情如下。

2.1.1　2001 年川渝干旱

从全国范围来看，2001 年属于特大干旱年份。西南地区出现春夏连旱，四川、重庆两省（市）局部地区春夏连续 120 多天无降水，旱情尤为严重，小麦、油菜等小春作物生长和水稻栽插均受到很大影响。

四川省 2001 年发生的夏伏旱 1949 年至 2001 年期间最严重，大春作物受旱面积达到 3 900 万亩，占作物播种面积的 53%，旱地作物大面积萎蔫枯死。

重庆市 40 个区县遭受特大伏旱袭击，部分地区极端气温持续超过 40℃，长江、嘉陵江干流重庆段水位大幅度低于常年同期，农作物受旱面积 1 390 万亩，占全市耕地面积的 57.8%。重庆市夏粮作物受旱面积达到 450 万亩，还有 120 万亩水田缺水插秧，70 万亩旱地作物不能播种。

2.1.2　2002 年云贵水稻抽穗扬花期低温

2002 年 8 月中旬起云南省的滇中及以北以东地区出现了范围最大、持续时间最长、危害较为严重的一次低温冷害天气，8 月份最高气温 72 h 最大降温幅度为 1949—2009 年近 60 年期间之最（黄中艳，2009），最突出的是昭通市持续时间长达 12 d，其余地区持续 4~8 d。此次低温冷害导致结实率和千粒重下降，空瘪率增加，造成水稻产量明显下降（陶云等，2005），全省秋粮总产减产 68.55 万 t。

贵州省在 8 月 9—20 日遭遇了历史上罕见的大范围特重秋风天气，对水稻抽穗扬花造成了严重影响，导致水稻产量大幅度下降。因秋风全省水稻受灾面积达 950 万亩以上，全省减产 112 万 t。其中以安顺、贵阳、黔西南州、黔南秋风危害最重，减产幅度在 30% 以上，除部分低热河谷地带，其余地区均有不同程度的减产（徐永灵等，2013）。

2.1.3　2006 年川渝大旱

2006 年，全国有 30 个省（自治区、直辖市）以及新疆生产建设兵团发生了不同程度的干旱灾害，损失总体偏重，其中重庆、四川东部发生历史罕见的特大旱灾。重庆与四川两西南省市遭遇了罕见的特大旱灾袭击。春旱连夏旱，夏旱连伏旱，特别是 7 月以后，气温高达 44℃，两地先后发布了 100 多次高温红色、橙色预警，伏旱长达 2 个月。

干旱造成四川省 716.9 万人一度饮水困难，直接经济损失 132 亿元，造成 3 100 万亩农作物受旱，467 万亩绝收，受灾人口超过全省人口的 50%。

干旱造成重庆市 820 万人饮水困难，500 万亩农田绝收，经济损失 69.7 亿元。

2.1.4　2009—2010 年云贵秋冬春连旱

2010 年，我国大部分地区发生了不同程度的干旱灾害，特别是西南部分地区发生了特大春旱。2009 年入秋后，西南地区降水持续偏少，至 2010 年 3 月下旬，云南、贵州、四川和重庆西南 4 省市大部降水总量与多年同期相比偏少 50%，部分地区偏少 70% 以上，接近或超过历史最小值。受降水、来水和蓄水持续偏少影响，西南地区旱情迅速蔓延发展。4 月初旱情发展到高峰，耕地受旱面积达 1.01 亿亩，占全国耕地受旱面积（1.21 亿亩）的 84%；有 2 088 万人、1 368 万头大牲畜因旱饮水困难，分别占全国人畜饮水困难数量（2 595 万人、1 844 万头）的 80% 和 74%，云南大部、贵州西部和南部旱情达到特大干旱等级，云南省旱情最重为 1949 年至 2010

年60年间同期最重。5月份西南地区进入雨季后，降水明显增多，至6月下旬旱情才基本解除。

2.1.5　2011年渝黔夏旱

2011年7—9月贵州、重庆等地发生了特大夏旱。

7月底贵州出现旱象露头，从8月13日开始，大部地区持续晴热少雨，至8月29日，贵州省出现23个县市特旱、36个县市区重旱、17个县市中旱。2011年7—8月旱期干旱较重区域是西南部和中部地区，随后向东部地区蔓延。铜仁地区西部、黔东南州中西部、黔南州中东部及南部、六盘水市南部、黔西南州西南部、遵义市东部局地等地为特旱区域。截至8月25日，全省有87个县（市、区）出现了不同程度的旱灾，受灾人口达到2 000多万人，其中550万人口和280多万头大牲畜出现饮水困难。

2011年重庆旱情总体上与2006年的特大干旱相当，局部地区旱情甚至超过2006年水平。2011年7—9月，重庆除渝东北地区降水量正常外，其余大部地区降水偏少20%~80%，其中沙坪坝、潼南等8个区县降水量均为当地有气象资料以来同期最少。綦江、南川等区县自2010年8月开始始终未有有效降水，持续受旱时间长达1年之久。截至9月12日统计，2011年重庆农作物受旱面积达280万亩，因旱出现临时饮水困难75.2万人。

2.2　干旱和低温灾害对作物影响试验

2.2.1　干旱影响试验研究

2.2.1.1　干旱对水稻的影响

为了解不同生育期干旱对水稻生长发育及产量形成的影响，也分别对水稻进行了水分控制和干旱胁迫试验。

通过建立遮雨试验旱棚，设计了水稻不同发育期不同程度干旱对其生长发育和产量的影响试验。采用盆栽试验，分别在水稻分蘖期、乳熟期设置干旱胁迫处理。每个时期分别按照无旱、5 d、10 d、15 d、20 d进行控水处理，即进入相应发育期后，排干水层，分别进行5 d、10 d、15 d、20 d水分胁迫处理，到达处理天数后复水，后期保证水分供应。每个处理5个重复。每个梯度按干旱日数处理的同时，辅以TDR对土壤水分进行测量。试验过程中，对试验植株进行观测记录。成熟收获后，对水稻产量进行分析。水稻干旱水分控制试验见图2-2。

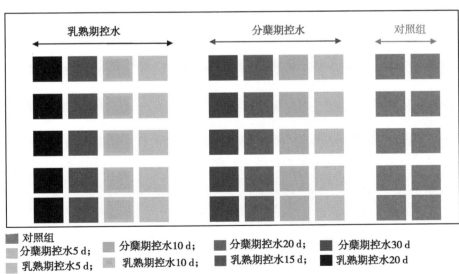

图 2 - 2　水稻干旱水分控制试验

通过对各组的生育期、生长状况、产量情况等综合分析发现，分蘖期的 4 个干旱处理，进行复水后，均能恢复生长，但生育期随着控水天数的加长而推迟，产量也随着控水天数的加长而下降。乳熟期的 4 个干旱处理，进行复水后，15 d 和 20 d 的处理导致植株死亡；5 d 和 10 d 的处理，植株恢复生长，但产量明显下降。

结合试验结果和前人研究（李成业，熊昌明，魏仙居，2006），不同时期干旱对于水稻生长发育进程及产量影响不同。

（1）苗期干旱

水稻苗期干旱，会导致株高、叶长、叶宽、根重等生物量生长受到抑制，其中，对株高和叶长的影响最大。此外，新叶的出叶速度减慢，地上部分的干重减轻。主要表现为根短粗、质硬且韧性强、弯曲数多，苗变矮、叶片短、叶色浓，秧基变宽，早分蘖、节位低。如果干旱持续时间较长，会影响水稻存活率。

（2）分蘖期干旱

初期至盛期在浅水覆盖或浅湿条件下，水稻生长发育旺盛，分蘖加快，当土壤水分低于饱和含水量以下时，植株生理活动即会发生明显变化；末期晒田壮苗时，土壤相对湿度不低于 70%，不会对植株生长造成不利影响。

水稻受到干旱胁迫，在分蘖初期至盛期表现为分蘖速度减慢、叶面积指数降低、叶色转淡，并对后续株高、抽穗及幼穗产生不利影响；分蘖末期，干旱会导致光合作用降低，叶面积减小，叶色严重转淡，严重时导致植株停止发育，甚至死亡。分蘖初期至盛期，水稻能耐短期干旱，在干旱解除后，生理活动逐渐恢复正常，分蘖速度加快，有效分蘖期延长，穗数会与正常生长基本一致，只是穗型稍小，产量稍有降低；分蘖末期遭遇干旱后，恢复正常生长较为困难，穗数、穗粒数均会减少，对产量影响较大。

（3）孕穗至抽穗扬花期干旱

孕穗至抽穗扬花期是水稻的需水临界期，对水分亏缺十分敏感。孕穗期遭受干旱直接影响稻穗生长，幼穗分化速度减慢，严重时直至停止，复水后才继续分化。此外，抽穗及灌浆也会受到抑制，花粉粒的育性下降，导致穗长缩短，穗粒数减小，空秕数增多。

孔萍等（2010）通过试验证实：干旱持续日数与水稻穗粒数、穗结实粒数呈负相关关系，相关系数分别为 −0.956 和 −0.959；随着干旱日数增加，土壤湿度减少，减产率上升。并得出：自大田土壤无水层开始计算，干旱持续 6~7 d，晚稻受到轻度灾害；8~11 d，晚稻受中度灾害；12 d 以上受重度灾害；当干旱持续 18 d，植株死亡。

（4）灌浆乳熟期干旱

此期植株对干旱有较强的忍受力，但随着干旱程度的加大和时间延长，植株光合作用速率、体内同化物的生产、运转和积累将受到影响，并且由于能耗的加大，会加速叶片的老化及根系的早衰，导致千粒重降低，严重时还会导致植株干枯死亡。

水稻在任何时期遭受干旱灾害都会导致不同程度的减产，其中抽穗前各阶段干旱胁迫的减产幅度大于抽穗后。水稻的产量评定因素主要有单位面积穗数、穗粒数、千粒重和成熟率等，这些产量性状在不同生育阶段形成，因此不同生育时期遭受干旱灾害对产量性状的影响不同：分蘖期，有效穗数减少；孕穗期，穗粒数减少；抽穗至乳熟期，千粒重、结实率降低；齐穗至蜡熟期，会导致严重减产。

王成瑗等（2014）也通过试验证实：各阶段干旱胁迫都会导致产量下降，减产幅度较大的时期为孕穗中、后期，其次是分蘖前、中期，灌浆至蜡熟期减产幅度较小。从产量角度评价水稻对干旱胁迫存在有3个较为敏感的时期，即有效分蘖期（分蘖前、中期）、孕穗期（孕穗中、后期）和抽穗至乳熟期，其中以孕穗中、后期最为敏感。

2.2.1.2 干旱对玉米的影响

为进一步研究不同程度的干旱对玉米生长发育以及产量的影响，在玉米的不同生育期开展了水分胁迫试验。

（1）试验设计及实施

试验玉米品种为富农9号，地点在贵州省遵义市红花岗区，分别在不同生育期对其进行不同程度的干旱胁迫处理。试验于2013年3月开始，8月结束。采用室外盆栽种植，盆高30 cm，直径36 cm，盆装土均采取大田土。试验场加盖塑料透光大棚遮雨，棚高2.5 m左右，并保持通风排湿。

在大田生产育苗中，挑选78株外观、株高基本一致的玉米苗，于三叶期移栽到盆内，施以相同的底肥和水分，待移栽成活后进行对比观测。共分为12个试验组和一个对照组，每组3盆，每盆2株玉米。试验处理分别在玉米苗期、拔节期、开花吐丝期、灌浆乳熟期设置轻旱、中旱、重旱三个程度的水分胁迫，对照为全生育期无旱，保证水分充分供应。

各处理编号对照见表2-1。

表 2 - 1   各处理编号对照

发育期	水干旱程度	处理编号
全生育期	无旱	CK
苗期	轻旱	DT2
	中旱	DT3
	重旱	DT4
拔节期	轻旱	DT5
	中旱	DT6
	重旱	DT7
开花吐丝期	轻旱	DT8
	中旱	DT9
	重旱	DT10
灌浆乳熟期	轻旱	DT11
	中旱	DT12
	重旱	DT13

无水分胁迫处理和尚未进行水分胁迫的处理，5 d 浇一次水，使土壤相对湿度达到 75% ~ 85%；水分胁迫处理，进入相应发育期即开始停止浇水，直至出现 1/3、2/3 和全部叶片发生萎蔫时，则分别进行土壤相对湿度测量，然后复水至 75% ~ 85%。复水后的样本保证水分充分供应，直至成熟。

各处理采用 TDR，每 5 d 测定一次土壤水分含量；定期测定各项生理指标，记录控水日数，结合玉米叶外观形态特征判别干旱程度。

（2）结果分析

①干旱处理对玉米生育和产量性状的影响分析

对干旱日数与玉米各生育性状的相关性分析得到表 2 - 2。从表中可以看出，干旱处理日数与玉米各生育性状均呈负相关，相关性大小依次为：功能叶叶面积 > 雄花长 > 株籽粒重 > 茎粗 > 穗长 > 百粒重，均通过 $\alpha = 0.05$ 的显著性检验，其中，与功能叶叶面积、雄花长通过 $\alpha = 0.01$ 的显著性检验，试验表明干旱胁迫下功能叶叶面积和雄花长受到的不利影响最大。

玉米植株各性状之间也存在密切的相关性。

表2-2 干旱处理日数与玉米生育和产量性状之间的相关性分析

量		干旱天数	株高	茎粗	植株叶片	穗位高	功能叶叶面积	雄花长	穗粗	穗长	秃尖长	百粒重	株籽粒重	穗行数	行粒饱满数
							变量								
干旱天数	Pearson 相关性	1	-0.198	-0.591*	-0.211	-0.467	-0.886**	-0.705**	-0.550	-0.571*	0.359	-0.564*	-0.671*	-0.387	-0.372
	显著性（双侧）		0.517	0.033	0.490	0.108	0.000	0.007	0.052	0.042	0.228	0.045	0.012	0.192	0.211
株高	Pearson 相关性	-0.198	1	0.141	0.496	0.528	0.289	0.281	0.244	0.233	-0.325	0.385	0.142	0.322	0.168
	显著性（双侧）	0.517		0.646	0.085	0.064	0.339	0.352	0.421	0.445	0.279	0.194	0.643	0.283	0.584
茎粗	Pearson 相关性	-0.591*	0.141	1	0.132	0.357	0.724**	0.606*	0.397	0.469	-0.229	0.626*	0.509	0.427	0.090
	显著性（双侧）	0.033	0.646		0.668	0.232	0.005	0.028	0.179	0.106	0.451	0.022	0.076	0.146	0.769
植株叶片	Pearson 相关性	-0.211	0.496	0.132	1	0.849**	0.256	0.258	0.288	0.276	-0.016	0.132	0.201	0.266	0.216
	显著性（双侧）	0.490	0.085	0.668		0.000	0.398	0.396	0.341	0.361	0.958	0.666	0.511	0.379	0.478
穗位高	Pearson 相关性	-0.467	0.528	0.357	0.849**	1	0.510	0.517	0.421	0.485	0.026	0.270	0.324	0.361	0.320
	显著性（双侧）	0.108	0.064	0.232	0.000		0.075	0.071	0.152	0.093	0.933	0.372	0.280	0.225	0.286
功能叶叶面积	Pearson 相关性	-0.886**	0.289	0.724**	0.256	0.510	1	0.814**	0.653*	0.760**	-0.333	0.658*	0.774**	0.623*	0.425
	显著性（双侧）	0.000	0.339	0.005	0.398	0.075		0.001	0.016	0.003	0.267	0.014	0.002	0.023	0.148
雄花长	Pearson 相关性	-0.705**	0.281	0.606*	0.258	0.517	0.814**	1	0.454	0.628*	-0.287	0.772**	0.719**	0.440	0.203
	显著性（双侧）	0.007	0.352	0.028	0.396	0.071	0.001		0.119	0.022	0.341	0.002	0.006	0.132	0.506
穗粗	Pearson 相关性	-0.550	0.244	0.397	0.288	0.421	0.653*	0.454	1	0.902**	-0.286	0.664*	0.718**	0.926**	0.853**
	显著性（双侧）	0.052	0.421	0.179	0.341	0.152	0.016	0.119		0.000	0.344	0.013	0.006	0.000	0.000
穗长	Pearson 相关性	-0.571*	0.233	0.469	0.276	0.485	0.760**	0.628*	0.902**	1	-0.190	0.659*	0.867**	0.845**	0.818**
	显著性（双侧）	0.042	0.445	0.106	0.361	0.093	0.003	0.022	0.000		0.533	0.014	0.000	0.000	0.001

（续表）

量		干旱天数	株高	茎粗	植株叶片	穗位高	功能叶叶面积	雄花长	穗粗	穗长	秃尖长	百粒重	株籽粒重	穗行数	行粒饱满数
秃尖长	Pearson 相关性	0.359	-0.325	-0.229	-0.016	0.026	-0.333	-0.287	-0.286	-0.190	1	-0.521	-0.393	-0.319	-0.286
	显著性（双侧）	0.228	0.279	0.451	0.958	0.933	0.267	0.341	0.344	0.533		0.068	0.184	0.289	0.343
百粒重	Pearson 相关性	-0.564*	0.385	0.626*	0.132	0.270	0.658*	0.772**	0.664*	0.659*	-0.521	1	0.743**	0.658*	0.382
	显著性（双侧）	0.045	0.194	0.022	0.666	0.372	0.014	0.002	0.013	0.014	0.068		0.004	0.014	0.197
株籽粒重	Pearson 相关性	-0.671*	0.142	0.509	0.201	0.324	0.774**	0.719**	0.718**	0.867**	-0.393	0.743**	1	0.613*	0.651*
	显著性（双侧）	0.012	0.643	0.076	0.511	0.280	0.002	0.006	0.006	0.000	0.184	0.004		0.026	0.016
穗行数	Pearson 相关性	-0.387	0.322	0.427	0.266	0.361	0.623*	0.440	0.926**	0.845**	-0.319	0.658*	0.613*	1	0.710**
	显著性（双侧）	0.192	0.283	0.146	0.379	0.225	0.023	0.132	0.000	0.000	0.289	0.014	0.026		0.007
行粒饱满数	Pearson 相关性	-0.372	0.168	0.090	0.216	0.320	0.425	0.203	0.853**	0.818**	-0.286	0.382	0.651**	0.710**	1
	显著性（双侧）	0.211	0.584	0.769	0.478	0.286	0.148	0.506	0.000	0.001	0.343	0.197	0.016	0.007	

注：* 为通过 α = 0.05（双侧）的显著性检验；** 为通过 α = 0.01（双侧）的显著性检验；后表含义相同

与功能叶叶面积呈显著（$\alpha = 0.05$）正相关的顺序分别为，雄花长 > 株籽粒产量 > 穗长 > 茎粗 > 百粒重 > 穗粗 > 穗行数，其中前 4 个性状均通过 $\alpha = 0.01$ 的显著性检验。植株叶片是作物进行光合作用的直接载体，其叶面积大小直接影响雄花长、进而影响到穗长、穗粗、穗行数，最终影响到百粒重和株籽粒产量。

雄花长分别与功能叶叶面积、百粒重、植株籽粒产量、穗长、茎粗呈显著正相关，其中雄花长与前 3 个性状通过 0.01 检验。雄花长是玉米的生殖器官，其正常与否直接影响到产量的形成，即百粒重、植株籽粒产量。

茎粗分别与功能叶叶面积、百粒重、雄花长显著正相关，表明茎粗从一定程度上影响产量和雄花长。

穗长与穗粗、株籽粒产量、穗行数、行粒饱满数、功能叶叶面积、百粒重和雄花长正相关。

单株籽粒产量与穗长、穗粗、行粒数、功能叶叶面积、百粒重、雄花长、穗行数显著正相关。据杨金慧等（2003）研究，行粒数、穗行数、百粒重、果穗长在影响籽粒产量诸多因素中占主导地位，其农艺性状对籽粒产量影响为行粒数 > 百粒重 > 穗行数 > 穗长 > 穗位高 > 出籽率 > 株高；王大春等（2005）研究表明影响籽粒产量的因素为结实 > 百粒重 > 穗位 > 株高 > 行粒数。二者结果不完全相同，原因在于性状之间还存在相互作用，干旱时一个性状的改变会导致其他性状的改变。

②干旱对功能叶叶面积的影响

表 2 – 3 是利用 LSD 法（最小显著差异法）分析玉米各生育期不同干旱处理等级下功能叶叶面积的显著差异特征。从中可以看出在不同干旱处理下，玉米各生育期功能叶叶面积差异均显著，通过了 0.001 的差异性检验，表明不同干旱程度对玉米功能叶叶面积的影响不同。

表 2 – 3　不同生育期不同干旱程度对功能叶叶面积影响（LSD 法）

生育期	处理组（I）	处理组（J）	差异显著性（I – J）
苗期	对照	轻旱	45.915 *
		中旱	93.528 *
		重旱	138.265 *
拔节孕穗	对照	轻旱	42.735 *
		中旱	140.950 *
		重旱	215.530 *
开花吐丝	对照	轻旱	86.390 *
		中旱	85.945 *
		重旱	192.340 *
灌浆乳熟	对照	轻旱	89.772 *
		中旱	122.516 *
		重旱	150.935 *

图2-3是玉米不同生育期不同干旱胁迫程度下的叶面积情况。从中可见，不同程度的干旱均造成叶面积下降，拔节孕穗期干旱对其影响最大，影响变率也高于其他生育期，与南纪琴等（2012）的研究一致，其中，拔节期中旱、重旱影响均是不同生育期内相同干旱处理下最重的，达到13%～33%不等，而拔节期轻旱影响略轻，可能与玉米的后期生长补偿有关。

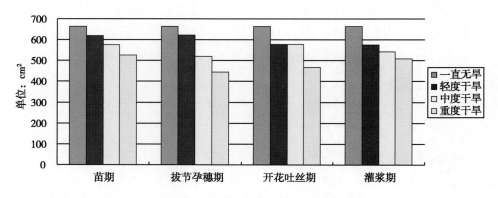

图2-3 不同程度干旱对功能叶叶面积的影响

③干旱对茎粗的影响

表2-4是利用LSD法分析玉米各生育期不同干旱处理等级下茎粗的差异显著特征。从中可以看出，在不同干旱处理下，玉米各生育期茎粗差异显著性不同。通过显著性检验的有苗期重旱、拔节孕穗期轻旱和中旱、开花吐丝期重旱、灌浆期中旱和重旱等处理。对茎粗而言，在苗期和开花吐丝期遭遇重旱才会表现出差异，表明苗期和开花吐丝期的茎粗对干旱响应不敏感；在拔节孕穗期的轻旱和中旱均能够影响茎粗，干旱十分敏感；灌浆期如果遭遇重旱，茎粗显著减小。试验中，苗期干旱要7 d以上对茎粗才有明显影响，开花吐丝期11 d以上才有影响，灌浆期10 d就会产生影响。

表2-4 不同生育期不同程度干旱对玉米茎粗的影响

生育期	处理组（I）	处理组（J）	差异显著性（I-J）	P 值
苗期	对照	轻旱	0.150 00	0.070
		中旱	-0.200 00*	0.031
		重旱	0.400 00*	0.003
拔节孕穗	对照	轻旱	0.200 00*	0.047
		中旱	0.600 00*	0.001
		重旱	0.000 00	1.000
开花吐丝	对照	轻旱	-0.100 00	0.230
		中旱	-0.100 00	0.230
		重旱	0.600 00*	0.001
灌浆乳熟	对照	轻旱	-0.100 00	0.230
		中旱	0.300 00*	0.013
		重旱	0.300 00*	0.013

　　从玉米各生育期不同干旱处理下的茎粗情况（图 2 - 4）可以看出，各生育期重度干旱下茎粗减少最显著，其中开花吐丝期不同干旱处理下的影响变率最大，说明该时期外界环境的改变是影响茎粗的敏感期。整个生育期中，轻旱或中度干旱处理下，茎粗均略高于正常对照组，可能适度的干旱驱动植株根系的发育从而有利于茎粗，尤其是苗期的中度干旱情况下茎粗增长程度高于其他干旱胁迫，这一现象可用"抗旱锻炼"来解释，但其中机理有待深入研究。

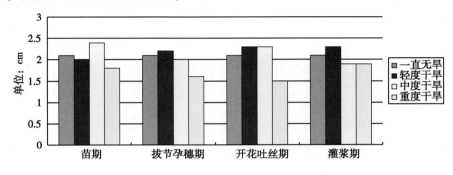

图 2 - 4　不同干旱处理对茎粗的影响

④干旱对穗部性状的影响

　　对雄花长而言，同一个生育期内的不同干旱处理，均与对照组差异显著（表 2 - 5）；不同发育期干旱处理间变率较大的仍是拔节抽雄期（图 2 - 5），达 29%，即拔节抽雄期的干旱对雄花长影响敏感。

表 2 - 5　不同生育期不同干旱程度对雄花长影响（LSD 法）

生育期	处理组（I）	处理组（J）	差异显著性（I - J）	P 值
苗期	对照	轻旱	3.500 00 *	0.005
		中旱	3.500 00 *	0.005
		重旱	6.500 00 *	0.000
拔节	对照	轻旱	2.500 00 *	0.007
		中旱	2.500 00 *	0.007
		重旱	12.000 00 *	0.000
开花吐丝	对照	轻旱	4.000 00 *	0.000
		中旱	5.500 00 *	0.000
		重旱	6.000 00 *	0.000
灌浆乳熟	对照	轻旱	3.500 00 *	0.002
		中旱	4.000 00 *	0.001
		重旱	6.500 00 *	0.000

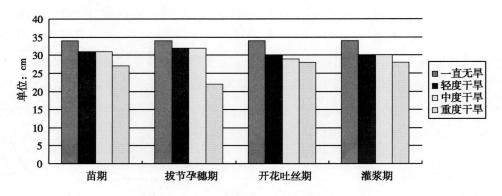

图 2 - 5　不同干旱处理对雄花长的影响

对穗长而言，表 2 - 6 为不同生育期内干旱处理组之间的差异显著特征。从表中可以看出，拔节至灌浆乳熟期间干旱对穗长影响较大，而苗期的干旱处理对穗长影响不显著。影响从大到小分别为拔节抽雄期 > 开花期 > 灌浆期 > 苗期。其中，拔节至开花吐丝期不同干旱处理与对照均达到 0.01 显著性水平，说明该时期是决定穗长的关键时期。试验结果表明，拔节至开花吐丝期间只要发生干旱 3 d 以上，对玉米穗长就会产生影响。灌浆期只要干旱 7 d 以上，就会影响穗长形成；连续干旱 10 d 以上，对穗长影响较大。苗期只有大于 10 d 干旱时，对后期穗长才有一定影响，但对穗长影响不明显。

表 2 - 6　不同生育期不同干旱程度对穗长影响（LSD 法）

生育期	处理组（I）	处理组（J）	差异显著性（I - J）	P 值
苗期	对照	轻旱	2.183 33	0.198
		中旱	2.933 33	0.096
		重旱	3.683 33 *	0.045
拔节	对照	轻旱	2.966 67	0.095
		中旱	6.933 33 **	0.002
		重旱	10.06 667 **	0.000
开花吐丝	对照	轻旱	4.150 00 **	0.003
		中旱	6.066 67 **	0.000
		重旱	5.566 67 **	0.000
灌浆乳熟	对照	轻旱	4.316 67 *	0.034
		中旱	5.850 00 **	0.009
		重旱	5.666 67 **	0.010

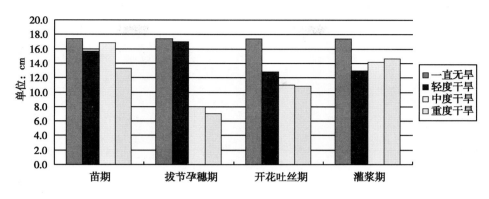

图 2 – 6 不同干旱程度对穗长的影响

⑤干旱对株籽粒产量、百粒重的影响（表 2 – 7、表 2 – 8、图 2 – 7、图 2 – 8）

表 2 – 7 为不同生育期不同程度的干旱对株籽粒产量影响的差异性情况。各生育期不同干旱程度对株产量影响均显著，影响株籽粒产量的大小分别为灌浆期＞开花吐丝期＞拔节期＞苗期，特别是灌浆期是产量形成的关键敏感期，干旱对产量及产量性状的影响最大。

表 2 – 7 不同生育期不同干旱程度对玉米株籽粒产量影响比较（LSD 法）

生育期	处理组（I）	处理组（J）	差异显著性（I – J）	P 值
苗期	对照	轻旱	54.917*	0.012
		中旱	39.075*	0.036
		重旱	69.717*	0.005
拔节	对照	轻旱	51.600*	0.000
		中旱	110.200*	0.000
		重旱	160.350*	0.000
开花吐丝	对照	轻旱	54.217*	0.000
		中旱	110.650*	0.000
		重旱	108.500*	0.000
灌浆乳熟	对照	轻旱	98.758*	0.000
		中旱	99.460*	0.000
		重旱	89.788*	0.000

表 2 - 8　不同生育期不同干旱程度对玉米百粒重影响（LSD 法）

生育期	处理组（I）	处理组（J）	差异显著性（I - J）	P 值
苗期	对照	轻旱	2. 700 00*	0. 041
		中旱	- 2. 650 00*	0. 044
		重旱	4. 300 00*	0. 009
拔节	对照	轻旱	- 0. 350 00	0. 751
		中旱	5. 350 00*	0. 006
		重旱	31. 650 00*	0. 000
开花吐丝	对照	轻旱	- 9. 000 00*	0. 001
		中旱	1. 850 00	0. 168
		重旱	5. 500 00*	0. 008
灌浆乳熟	对照	轻旱	5. 800 00*	0. 005
		中旱	4. 400 00*	0. 014
		重旱	1. 600 00	0. 203

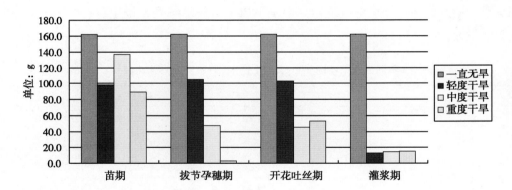

图 2 - 7　不同干旱处理下的株籽粒产量

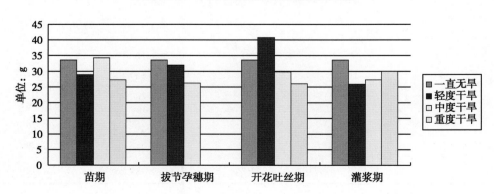

图 2 - 8　不同程度干旱对玉米百粒重的影响

⑥干旱对玉米产量的影响分析

玉米从拔节到灌浆初期是营养生长和生殖生长同期发育的关键时期，也是玉米需水关键期。从不同干旱处理下的玉米结实个数可看出，结实较少主要出现在 DT5 – DT10、DT13 的处理下（表 2 – 9），即拔节抽雄期至灌浆初期受旱，对玉米结实影响较大（图 2 – 9）。虽然任何时期的干旱均会导致玉米减产，但抽雄吐丝期是玉米水分临界期，干旱会导致穗粒数大幅下降，严重影响产量。抽雄期的重旱处理下，样本植株几乎颗粒无收很好证明了该结论。

（a）对照组无旱　　　　　　　　　（b）苗期干旱组

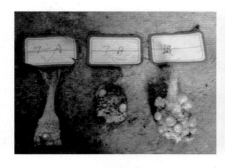

（c）拔节抽雄期干旱　　　　　　　（d）灌浆乳熟期干旱

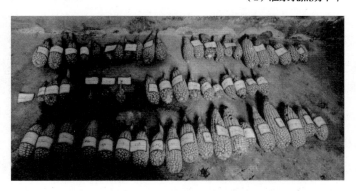

图 2 – 9　不同生育期干旱处理对比玉米照片

表 2 – 9　玉米对比试验产量结果分析

试验处理	结实个数（个）	籽粒产量（g）	百粒重（g）
CK	6	152.7	31.7
DT2	6	98.4	29.0
DT3	4	137.5	34.3
DT4	6	88.8	27.4
DT5	3	105.1	32.0
DT6	3	47.5	26.3
DT7	0	0	0
DT8	3	103.4	40.7
DT9	3	45.8	29.8
DT10	4	53.5	26.2
DT11	6	60.5	25.9
DT12	5	56.4	27.3
DT13	4	78.8	30.1

（3）试验小结

不同时期遭遇干旱都会对玉米植株形态和生育进程及产量造成不同程度影响。

苗期：由于玉米植株较小，叶面积不大，蒸腾量低，需水较少，耐旱能力相对较强。苗期轻度干旱，对玉米多项生理指标有促进作用，可适当进行蹲苗。

拔节孕穗期：是玉米生长速度最快，根、茎、叶等增长量最大的时期，此期关键在于促穗，为穗大粒多奠定基础。干旱会显著影响穗长，降低产量。

抽雄开花期：是影响玉米雄花长的敏感期，若出现 10 d 的干旱，对玉米后期产量影响较大。此时期玉米需肥需水仍然较多，是形成产量的关键阶段。

灌浆乳熟期：是玉米产量形成时期。在籽粒形成时干旱会引起败育，导致穗粒数减少，灌浆期缺水对穗粒数影响不大，但会造成粒重严重下降。因此，要保证灌浆期的水分，减少干旱影响。据试验证明从玉米苞叶变白到籽粒完全成熟（籽粒基部出现明显的黑层），期间籽粒还在继续增重，每百粒平均日增 0.3 g 以上。因此，收获时期最好选择在玉米籽粒完全成熟，籽粒千粒重达到最大值时，期间也不能忽视水分供应。

2.2.1.3　干旱对小麦的影响

西南地区以冬小麦为主，生育期可分为播种期、出苗期、三叶期、分蘖期、越冬期、返青期、拔节期、孕穗期、抽穗期、开花期、灌浆期、乳熟期、成熟期，各个生育期期间发生不同程度的干旱都会对小麦造成重要影响。

（1）小麦干旱影响试验设计

通过遮雨试验旱棚，设计了小麦不同发育期不同程度干旱对其生长发育和产量的影响试验。

单长卷等（2007）设定4个土壤水分处理，分别为田间持水量的80%（正常水分处理，用N表示）、60%（轻度干旱处理，用LD表示）、45%（中度干旱处理，用MD表示）和35%（严重干旱处理，用SD表示），研究不同干旱胁迫对苗期的影响。

李德等（2014）设定的干旱胁迫试验方案为在冬小麦返青期、拔节期、抽穗期分别设立重旱和中旱2个处理，其中，中旱标准：0～20 cm土层土壤相对湿度控制在45%～65%；重旱标准：0～20 cm土层土壤相对湿度控制在45%。每个处理3个重复，每个处理间先开挖深1 m的沟、内敷薄膜，然后回填土壤压实，以防各处理间土壤水分的横向运动。控制降水方法是利用半自动化遮雨棚（遮雨棚薄膜在人工卷轴的带动下，能在5 min内完全卷起或铺展开）遮挡雨水进入处理区内，有降水发生时，提前将遮雨棚薄膜展开遮挡雨水，雨止或晴到多云天气，卷起遮雨棚。同时，在预计处理发育期出现日期前15～20 d，开始控制降水进入试验小区内，使处理区水分能较早达到试验设定要求；当处理小区土层土壤湿度低于设定范围时，通过人工适量补水，使每个处理土层的土壤相对湿度基本稳定在设定范围之内。当处理的发育期结束时，及时撤去遮雨棚，使试验小区环境与大田环境一致。

拔节期是冬小麦需水关键期，这个时期由于降水量少更易受水分胁迫而影响生长和产量。研究此生育期干旱对小麦生长发育影响的试验方案，设置拔节期水分亏缺程度（轻度和重度）、胁迫历时（5 d和10 d）两因素4个水分胁迫处理和1个充分灌水对照处理，每个处理设6个重复。各处理除胁迫期外均保持田间持水量（FC）的80%，胁迫结束后马上复水至该水平，CK全生育期充分灌水保持田间持水量的80%。

扬花期干旱处理方式为：拔节期开始采用称重法控制水分，设置3个水分处理，其中对照土壤含水量为田间最大持水量的70%～75%（CK），中度干旱胁迫为50%～55%（MS），严重干旱为40%～45%（SS），每个品种每个处理6盆，水分处理至小麦扬花期结束。

（2）干旱对小麦生长发育及产量形成的影响研究

①干旱对小麦苗期的影响

小麦苗期作为植株生长发育的初始阶段，幼苗开始由自养转变为异养，土壤水分的变化势必引起小麦生长和生理上的响应，从而影响中后期的生长发育。西南小麦种植区降水量偏少，时空分布不均，易造成小麦不同生育期的水分亏缺，西南地区小麦苗期正处于冬季少雨期，适度干旱可避免小麦冬前旺长，但严重干旱常导致小麦冬前苗情长势不良，分蘖不够，生长量不足，营养积累少，难以壮苗越冬。

单长卷等（2007）研究结果表明，幼苗根水势均随土壤水分的减少而下降，且从正常水分处理到严重干旱处理，根水势的下降幅度均逐渐增大。这种变化说明，随着土壤干旱程度的加剧，根水势降低的幅度加大，以便与土壤之间形成较大的水势梯度，有利于从土壤中吸水，这是冬小麦根系对土壤干旱胁迫的适应性反映。

小麦苗期干旱常导致冬前生长受抑、分蘖不足、难以壮苗越冬，并对中后期生长带来一系列不可逆的负效应。

干旱胁迫提高了小麦幼苗的根系活力，但随干旱胁迫时间的延长，小麦根系活力趋于平稳并逐渐低于正常水平；同时干旱胁迫下小麦品种幼苗的根系表面积均低于对照，干旱处理后第9 d小麦的根系表面积为对照的63.6%。

干旱胁迫降低了小麦幼苗的根数。与对照相比，胁迫处理7 d后小麦的根数开始显著低于对照，处理后第9 d时为对照的82.6%。

干旱胁迫降低了小麦品种幼苗叶片的相对含水量，相对含水量在整个试验期间均显著低于对照，干旱胁迫处理下叶片的束缚水/自由水比逐渐升高，显著高于对照，处理后第9 d，胁迫处理的束缚水/自由水为对照的1.7倍。

干旱胁迫对小麦幼苗叶片光合作用的影响。小麦幼苗叶片单位面积的叶绿素含量随胁迫时间的延长逐渐低于对照。小麦幼苗叶片的净光合速率在干旱胁迫下显著低于对照，随胁迫时间的延长，净光合速率缓慢升高并逐渐趋于平稳，处理后第10 d，胁迫处理下的净光合速率显著低于对照。幼苗叶片的蒸腾速率在干旱胁迫下显著低于对照，随胁迫时间的延长呈先下降后上升的趋势，处理后第10 d为对照的47.9%。试验期间，小麦幼苗叶片的气孔导度和胞间CO_2浓度在干旱胁迫下显著低于对照，处理后第10 d，气孔导度为对照的33.1%，胞间CO_2浓度为对照的45.6%。干旱胁迫诱导了小麦叶片气孔关闭，同时降低蒸腾以减少水分的散失。

干旱胁迫抑制小麦幼苗的生长，根系是小麦吸收水分的主要器官，干旱来临时最先感知，并迅速产生化学信号向上传递以促使气孔关闭，减少水分散失；根系还通过自身形态和生理生化特征的调整来适应变化后的水分环境。干旱胁迫下小麦品种幼苗的根系表面积均低于对照，根系活力均高于对照，说明小麦可以通过提高根系活力来补偿根系吸收面积的减小，这是一种对干旱胁迫适应性反应。

李德等（2014）利用1980—2013年冬小麦生育期间的干旱灾害观测资料和典型干旱年份的调查数据，结合干旱胁迫试验，通过采用定性与定量统计分析方法，分析研究了干旱发生期间冬小麦茎、叶、穗、粒、株高、叶面积等主要形态特征参量的变化。观察播种—出苗及其三叶期间冬小麦形态特征，并结合相关参考文献，得到冬小麦播种—三叶期发生不同类型干旱时形态特征和分级标准（表 2 – 10）。

表 2 – 10　冬小麦苗期（三叶—越冬停止生长前）干旱特征及分级

干旱级别	植株形态特征
轻旱	分蘖迟缓而少，下部叶片发黄，苗势弱，上部 20% 左右的叶片，中午前后出现卷曲现象
中旱	分蘖迟缓而少，叶片中午前后出现凋萎现象，但夜间可恢复
重旱	苗势弱，分蘖较少，次生根发育不良，1/3 的叶片和 50% 以上的叶尖发黄、卷曲，田块内 50% 左右的植株出现萎蔫现象，在夜间少部分可以恢复
特旱	分蘖较少，次生根数量少，植株除心外的叶片基本发黄，尤其是下部叶片枯黄，田块内 20% 左右的植株出现萎蔫现象，在夜间少部分可以恢复；同时田块内有点状死株或幼蘖（茎）死亡现象

越冬期，冬小麦生长形态上的表现主要是叶片、分蘖、幼茎或幼株以及根系生长量，尤其当发生重旱或特旱时，还会导致幼苗死亡。越冬期发生干旱时，冬小麦遭受旱灾危害的形态特征及其分级标准见表 2 – 11。

表 2 – 11　越冬期干旱时冬小麦受害的形态特征及分级

干旱级别	植株形态特征
轻旱	植株下部叶片部分枯黄，上部 1/3 的叶片中午出现短时卷曲现象
中旱	植株下部叶片枯萎，苗势弱，上部 1/3 的叶片中午出现萎蔫现象，至夜间可恢复
重旱	植株中下部叶片枯萎，次生根发育不良、数量少，田块内 50% 左右的植株出现萎蔫现象，但夜间可恢复
特旱	植株大部分叶片枯萎，次生根发育不良、数量少，田块内有点状死苗（或幼蘖）死亡现象

②干旱对小麦拔节期的影响

拔节期是冬小麦需水关键期，这个时期由于降水量少更易受水分胁迫而影响生长和产量。拔节期不同程度的水分胁迫均会造成根、茎、叶和整株干物质量的减少，而且胁迫程度越大、历时越长，影响越大；复水可对小麦不同器官干物质积累产生不同程度补偿效应，但程度有限，各处理最终的干物质量均低于正常值。

冬小麦拔节期适宜的轻度胁迫可以优化调控干物质的分配，有利于提高作物植株整体的抗旱能力，对冬小麦干物质积累和产量的影响很小，同时适度水分胁迫减少了冬小麦耗水量，明显提高了水分利用效率。

胁迫 – 复水对冬小麦各器官干物质积累的影响。拔节期水分胁迫抑制了冬小麦根系生长，轻度和重度两种胁迫处理的根干重均低于充分灌水对照处理，胁迫程度越大，对根系干物质积累影响越大。水分胁迫对叶片生长抑制作用明显，所有胁迫处理的叶干重远低于对照，其中轻度胁迫 5 d 后叶干重比对照减少 36.6%，胁迫时间延长至

10 d，叶干重比对照减少 38.4%，重度胁迫 5 d 后叶干重比对照减少 46.8%，胁迫时间延长至 10 d，叶干重比对照减少 47.2%，胁迫程度越大对叶干物质积累影响越大。

拔节期水分胁迫对小麦茎秆干物质累积的影响。胁迫 5 d 时，轻重两种胁迫程度处理的茎干重分别比对照低 33.2% 和 37.6%，2 种处理之间茎干重差距不大，胁迫 10 d 时胁迫处理茎干重与对照的差距加大，轻重 2 种胁迫处理的茎干重分别比对照低 35.1% 和 48.3%。由此可见，水分胁迫抑制了小麦茎干物质累积速度，胁迫程度越大影响越大，但短时间的重度胁迫对茎生物量积累的影响与轻度胁迫相差不大。随着胁迫时间延长，重度胁迫对茎干物质积累的影响明显增大。

单株小麦的总干物质积累对水分胁迫的响应是各个器官对水分胁迫的响应的综合。两种程度和两个历时的水分胁迫均引起单株干物质量的降低，且胁迫程度越大降低的幅度越大，同时随着胁迫历时的延长，两胁迫程度的单株干物质量与对照的差距增大。重度胁迫严重影响小麦的干物质总量，干物质积累是作物光合作用产物的最高形式，小麦拥有足够的干物质积累是获得高产的基础。因此，小麦拔节期要避免严重的水分胁迫。

水分胁迫程度与历时对不同器官之间影响差异以及作物本身生长遗传特性决定了小麦干物质的分配特性，水分胁迫能相对促进根系的生长，使得根分配指数提高，复水之后两胁迫程度处理均产生补偿效应，根分配指数高于对照；但长历时的水分胁迫对根系产生不利影响，10 d 水分胁迫和复水后的根分配指数均降低。叶片对水分胁迫非常敏感，5 d 的水分胁迫足以使得叶分配指数明显低于对照，特别是重度胁迫，随着胁迫历时的延长，叶生长非常缓慢。

③干旱对小麦扬花期的影响

扬花期是冬小麦一生中对水分需求量最大的时期，若小麦在此时遭受干旱胁迫，将导致小麦体内生理代谢紊乱，对中后期生长发育产生一系列不可逆的负效应，进而严重影响小麦的产量。

干旱胁迫对扬花期冬小麦生理生化指标的影响，干旱胁迫后，小麦旗叶 SOD 和 POD 活性较对照均显著升高，随着干旱胁迫的加剧，两种酶活性均进一步增加。其中，中度干旱和严重干旱下，小麦的 SOD 活性升幅均最大，最大值分别为 32.87% 和 70.63%，干旱胁迫下，小麦旗叶中 MDA 含量和细胞膜相对透性均不同程度增加，中度和严重干旱下，小麦的 MDA 含量增幅最大值为 57.26% 和 95.91%。

干旱胁迫下小麦根系活力显著衰退，中度和严重干旱下降幅最大分别 41.38% 和 81.03%，干旱逆境加速了小麦根系的衰老。干旱胁迫后小麦旗叶可溶性糖含量均升高。中度干旱下可溶性糖含量升幅最大值为 125%，重度干旱下升幅最大值为

292.31%。干旱胁迫下小麦旗叶可溶性蛋白含量呈现不同的变化趋势,但整体变化幅度都比较小。

干旱胁迫下小麦旗叶脯氨酸含量均显著增加。中度和严重干旱下,脯氨酸含量升幅最大值分别为 169.88% 和 295.44%。

④干旱对小麦灌浆期的影响

水分胁迫条件下各处理灌浆期冬小麦光合速率日变化曲线和全天光合速率差异显著性比较。正常水分处理、轻度干旱处理下冬小麦光合速率的日变化趋势基本一致,均呈双峰型,中度干旱处理、严重干旱处理下冬小麦光合速率的日变化趋势基本一致,均呈单峰型。从不同土壤水分处理下冬小麦全天光合速率差异显著性比较可知,水分胁迫对冬小麦在灌浆期的光合速率具有显著影响,土壤水分不同,冬小麦光合速率也不同,其光合速率随土壤水分的减少而降低。

正常水分处理和轻度干旱处理条件下冬小麦蒸腾速率始终处于较高水平,严重干旱处理、中度干旱处理始终处于较低水平,尤其是严重干旱处理。水分胁迫对冬小麦蒸腾速率具有显著影响,土壤水分不同,冬小麦蒸腾速率也不相同,随土壤水分的减少而降低。水分胁迫对冬小麦灌浆期水分利用效率日均值具有显著影响,且随水分胁迫程度的加剧,冬小麦的水分利用效率逐渐提高,严重干旱处理下的水分利用效率最高,其次为中度干旱处理,再次为轻度干旱处理,正常水分条件下水分利用效率最低。

⑤水分胁迫对冬小麦生长特征与产量的影响

土壤水分对冬小麦株高、地上部干重、根干重和总生物量均具有显著影响,且株高、地上部干重、根干重和总生物量均随土壤水分的减少而降低。这说明水分胁迫对冬小麦的生长不利,但根冠比随土壤水分的减小呈增加趋势,这表明随着土壤水分的降低,冬小麦的生物量分配发生改变,地上部比重降低,根比重提高,这有利于缓解植物对水分的供求矛盾,根比重的增长也有利于根系从土壤中吸收水分以适应干旱逆境。

正常水分处理的穗数比轻度干旱处理多 25.0%,比中度干旱处理多 56.2%,比严重干旱处理多 150.0%;正常水分处理的千粒重比轻度干旱处理多 2.0%,比中度干旱处理多 19.5%,比严重干旱处理多 48.9%;正常水分处理的穗粒数比轻度干旱处理多 5.7%,比中度干旱处理多 23.3%,比严重干旱处理多 60.8%。方差分析结果表明,不同处理间穗数、千粒重和穗粒数的差异显著性均相同,即正常水分和轻度干旱处理间差异不显著,但这 2 个处理与中度干旱处理和严重干旱处理间均具有显著差异,中度干旱处理与严重干旱处理之间也有显著差异。以上结果说明,土壤水分对冬小麦的主要产量性状穗数、千粒重和穗粒数均有显著影响。

植物生长特征的变化是干旱过程中植物在外部形态上对水分胁迫的响应。研究结果表明水分胁迫降低了冬小麦的株高、地上部干重、根干重和总生物量，限制了冬小麦的生长。杨贵羽等（2005）认为干旱胁迫改变了冬小麦光合产物的分配模式，低土壤水分增大光合产物向根系的分配份额，高土壤水分则有利于地上部发育，从而使根冠比随水分胁迫的加剧而增大。这些结果为冬小麦生产中进行适当水分胁迫，以增加根系生长量、提高抗逆能力提供了理论依据。从土壤水分对冬小麦主要产量性状的影响看，随水分胁迫的加剧，穗数、千粒重和穗粒数均显著降低，尤其是严重干旱处理降低更甚，说明土壤干旱对冬小麦的产量具有显著影响。

（3）小　结

小麦在任何时期遭受干旱灾害都会影响其正常形态、生理过程并最终影响产量形成。

苗期干旱胁迫主要影响小麦根系的发育，主要表现为根系数量、活力及相对含水量等。苗期根系特征随干旱胁迫的程度加深呈先上升后下降的趋势，说明苗期适度的干旱有利于苗期小麦根系的发育，能够提高其抗旱能力。

拔节期是小麦的需水关键期，拔节期任何程度的水分胁迫都会造成冬小麦根、茎、叶、干物质以及整株干物质量积累速率降低，轻度胁迫影响相对较小。小麦不同器官对水分敏感性有差异，水分胁迫对干物质量积累影响不同，表现为叶片对胁迫程度较敏感，相对来说，茎和根干物质积累更明显地受胁迫历时和胁迫程度综合作用的影响。

扬花期是小麦对水分的敏感期。扬花期发生水分胁迫，小麦根系活力、生理生化过程及相应内源激素都会迅速做出反应以避免干旱对后期的影响，如果水分胁迫程度持续加深，会对中后期生长发育产生一系列不可逆的负效应，进而严重影响小麦的产量。

灌浆期是小麦产量形成的关键时期，该生育期对水分胁迫的敏感性较小。适当的轻度水分胁迫能够保持正常水平的蒸腾速率，从而提高水分利用率。

2.2.2　水稻低温影响海拔梯度试验

低温冷害直接造成西南地区粮食产量波动和减产，特别是夏季低温冷害使一季稻空瘪率增加、千粒重下降，是西南地区水稻产量波动和减产的重要原因；较高海拔地区常年和中高海拔地区的气候"冷年"，夏季长时段气温偏低、热量强度不足，是隐蔽性很强的一种低温冷害，是秋收作物的隐形杀手。因此，通过设置不同海拔高度代表不同温度处理，研究不同温度处理下水稻生长发育情况。

（1）水稻低温影响试验设计

在昆明市东川区同一山谷两侧选择 4 个海拔梯度试验点，海拔高度分别为 1 250 m（H1）、1 500 m（H2）、1 800 m（H3）和 2 100 m（H4），进行水稻盆栽试验。设置两个试验。

试验一：在 H1、H2 和 H3 种植籼稻品种，在 H2、H3 和 H4 种植粳稻品种，分别在水稻拔节、孕穗、乳熟期调查水稻分生物量，每个海拔梯度随机选取 3 株，将叶片、茎鞘分开。采用重量法测量水稻叶面积，即假设水稻叶片中段为等宽，裁取中间 10 cm 一段矩形，测量叶片宽度，计算叶面积。将叶片烘干后，称已知叶面积叶片的重量，即得到单位面积叶片重量（比叶重），然后再根据总叶面积重量换算成叶面积。

利用 Li-6400XT 便携式光合测定系统测定倒 2 叶（拔节期）或旗叶（孕穗和乳熟期）的光合作用光响应曲线和 CO_2 响应曲线特征。光响应曲线测定时，设定光合有效辐射（PAR）梯度为 2 500、2 000、1 800、1 500、1 000、800、500、200、150、100、50、20、10、0 $\mu mol \cdot m^{-2} \cdot s^{-1}$，叶室温度粳稻为 30 ℃，籼稻 32 ℃，开放式气路，相对湿度维持在 60% ~ 70%，气体流量 500 $\mu mol \cdot s^{-1}$。叶片先在 1 800 $\mu mol \cdot m^{-2} \cdot s^{-1}$ PAR 下适应 20 ~ 30 min，然后按 PAR 梯度由高往低进行测量。CO_2 响应曲线测定时，设定叶室 CO_2 浓度为 400、300、200、150、100、70、50、400、400、600、800、1 000、1 200、1 500、1 700、2 000 $\mu mol \cdot mol^{-1}$，叶室温度粳稻为 30 ℃，籼稻 32 ℃，PAR 为 1 800 $\mu mol \cdot m^{-2} \cdot s^{-1}$。叶片先在 400 $\mu mol \cdot mol^{-1}$ CO_2 浓度下适应 20 min，然后按设定的 CO_2 浓度梯度进行测量。每试验点（处理）选取 3 盆，每盆选取一个主茎的完全展开叶进行测量。

试验二：在 H1、H2 和 H3 种植籼稻品种，在 H2、H3 和 H4 种植粳稻品种，分别在水稻拔节期、孕穗期和乳熟期，将 H1 的部分水稻搬运至 H2 和 H3，将 H3 的部分粳稻搬运至 H2 和 H4。搬运后 15 d 左右调查水稻生物量变化，测量方法同试验一。

（2）结果分析

①海拔梯度变化（气温）对水稻光合作用的影响

如图 2 - 10 所示，随海拔高度的增加（气温降低），水稻叶片净光合速率逐渐下降，光合有效辐射达 2 000 $\mu mol \cdot m^{-2} \cdot s^{-1}$ 以上，净光合速率逐渐趋于饱和。从各曲线的参数来看（表 2 - 12），随着海拔高度的增加，初始斜率（表观量子效率）逐渐减小，最大净光合速率（Pmax）、光补偿点（Ic）和暗呼吸速率（Rd）也逐渐减小，而光饱和点（Isat）逐渐增大。

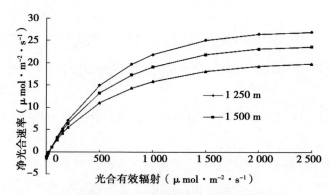

图 2 – 10　不同海拔高度光合作用光响应曲线

表 2 – 12　不同海拔高度光合作用光响应曲线特征参数

试验点海拔（m）	斜率（α）	Pmax	Isat	Ic	Rd	决定系数
1 250	0.052	26.81	2 517.45	28.75	1.45	0.9961
1 500	0.047	23.56	2 668.99	24.77	1.12	0.9925
1 800	0.040	19.88	3 043.59	21.02	0.81	0.9974

如图 2 – 11 和表 2 – 13 所示，1 250 m 的水稻 CO_2 响应曲线，当 CO_2 浓度超过 1 200 $\mu mol \cdot mol^{-1}$ 时出现明显下降。1 500 m 水稻 CO_2 响应曲线在 CO_2 浓度大于 1 000 $\mu mol \cdot mol^{-1}$ 时逐渐趋于饱和，CO_2 浓度大于 1 500 $\mu mol \cdot mol^{-1}$ 时略有下降趋势。在 CO_2 浓度小于 1 700 $\mu mol \cdot mol^{-1}$ 时，1 250 m 的水稻净光合速率高于 1 500 m 水稻的净光合速率。1 800 m 水稻 CO_2 响应曲线在 CO_2 浓度大于 400 $\mu mol \cdot mol^{-1}$ 时逐渐趋于平缓。1 800 m 水稻的初始斜率（表观羧化速率）最大，其次为 1 250 m，1 500 m 最低。随着海拔高度的增加，光合能力逐渐减小，1 500 ~ 1 800 m 之间的变化较 1 250 ~ 1 500 m 之间的变化大。CO_2 饱和点随海拔高度的增加而增大，1 500 ~ 1 250 m 之间相差较小。CO_2 补偿点以 1 250 m 最高，其次为 1 800 m。1 500 m 呼吸速率也最低，其次为 1 250 mm。

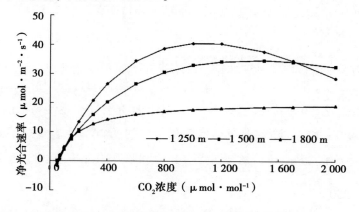

图 2 –11　不同海拔高度光合作用 CO_2 响应曲线

表 2-13　不同海拔高度光合作用 CO_2 响应曲线特征参数

试验点海拔（m）	斜率（α）	Amax	CO_2 饱和点	CO_2 补偿点	Rp	决定系数
1 250	0.135	40.57	1 083.96	64.84	8.10	0.996 2
15 00	0.093	34.63	1 420.44	49.58	4.36	0.998 4
18 00	0.325	20.32	56 323.41	54.49	11.38	0.904 6

②海拔梯度（气温）变化对水稻生长的影响

图 2-12 为不同海拔高度（1 500 m、1 800 m、2 100 m）粳稻茎鞘、叶干重和叶面积变化情况。可以看出6—8月3个海拔梯度粳稻茎鞘干重呈上升趋势，6月和7月随海拔高度的增加，茎鞘干重逐渐下降，1 500 m水稻茎鞘干重显著高于1 800 m和2 100 m。7—8月1 800 m和2 100 m茎鞘干重的增加速率高于1 500 m，1 800 m茎鞘干重最大，与2 100 m差异显著，1 500 m与其他两个海拔高度的茎鞘干重差异不显著。

6—8月3个海拔梯度粳稻叶片干重呈上升趋势，但1 500 m水稻叶片干重的增速较缓。6月和7月随海拔高度的增加，叶片干重逐渐下降，其中6月1 500 m显著高于1 800 m和2 100 m，7月1 500 m显著高于2 100 m。8月3个海拔高度水稻叶片干重没有显著差异。

6—8月1 800 m和2 100 m水稻叶面积逐渐增大，1 500 m 6—7月叶面积增加，7—8月下降，6、7月1 500 m的叶面积显著高于1 800 m和2 100 m，8月3个海拔高度水稻叶面积没有显著差异。

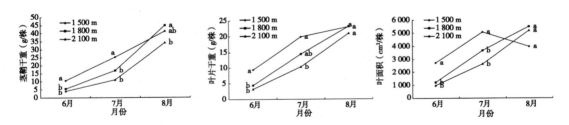

图 2-12　不同海拔高度粳稻茎鞘、叶干重和叶面积变化

图 2-13 为3个海拔高度籼稻茎鞘、叶干重和叶面积变化情况。可以看出3个海拔高度籼稻茎鞘干重变化具有明显差异。1 250 m水稻茎鞘干重在5—7月逐渐增加，但增加的速率越来越慢，到8月茎鞘干重略有降低。1 500 m茎鞘干重在5—7月都保持较快的增长，其中5月茎鞘干重显著低于1 250 m。但8月茎鞘干重迅速降低，与1 250 m相差不大。1 800 m水稻茎鞘干重呈指数上升，在5、6月显著低于1 250 m，但8月其茎鞘干重显著高于1 250 m和1 500 m。

1 250 m和1 500 m水稻叶片干重的变化相似，5—7月上升，8月下降，二者仅在6

月时差异显著。1 800 m叶片干重呈直线增加，5、6月显著低于1 250 m。3个海拔高度叶面积变化与叶片干重的变化类似，1 250 m和1 500 m较高，二者之间没有显著差异。5—7月叶面积逐渐增大，8月迅速减小。1 800 m叶面积在7—8月增速减缓，5、6月叶面积显著低于1 250 m和1 500 m。

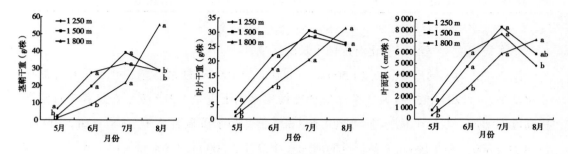

图2-13　不同海拔高度籼稻茎鞘、叶干重和叶面积变化

③海拔梯度间搬运对水稻生长的影响

如图2-14所示，茎鞘干重随海拔高度的增加而增加，其中1 800 m茎鞘干重显著高于1 250 m。7月搬至1 500 m的水稻茎鞘干重没有发生明显变化，而搬至1 800 m处，茎鞘干重显著增加。如图2-15所示，6月搬至1 500 m处的水稻叶片干重最高，其次为搬至1 800 m处的，但3个海拔高度之间没有显著差异。7月搬至1 500 m处的水稻叶片干重较原来1 250 m的略有降低，但没有达到显著水平。搬至1 800 m处的叶片干重有所增加，与搬至1 500 m处的达到显著水平。从图2-16可以看出搬运后叶面积的变化与叶片干重相似，6月搬运的水稻叶面积在3个海拔之间没有显著差异，而7月搬运至1 800 m处的水稻叶面积显著高于搬运至1 500 m处的水稻叶面积。

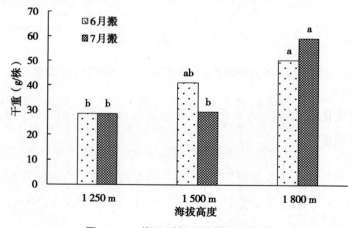

图2-14　搬运后籼稻茎鞘干重变化

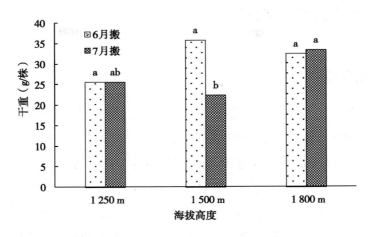

图 2 - 15　搬运后籼稻叶片干重变化

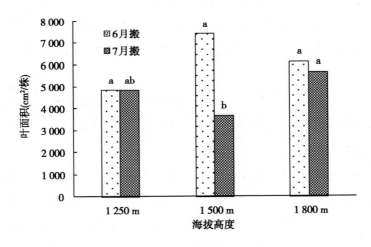

图 2 - 16　搬运后籼稻叶面积变化

（3）试验小结

由海拔高度变化造成温度的变化，对云南地区粳稻和籼稻生长均有较大的影响，其中粳稻受到影响更显著。海拔升高引起的低温主要会对水稻茎鞘干重、叶片干重及叶面积等生长指标造成影响，进而影响水稻的产量，同时会对水稻光响应和 CO_2 响应特征造成相应影响。对籼稻和粳稻造成生长最大差异的临界海拔高度为分布是 1 500 ~ 1 800 m 和 1 800 ~ 2 100 m，因此，可分别作为判断籼稻和粳稻生长是否受到显著影响的高度。

2.3 干旱和低温成灾机理

2.3.1 干旱成灾机理

干旱指水资源总量偏少，不足以满足人的生存和经济发展需要的现象。干旱灾害指在一定时间内，因降水等水资源来源不足，导致水分供不应求，影响作物生长和人类生产生活的灾害性天气现象。干旱可分为气象干旱、农业干旱、水文干旱和社会经济干旱。其中，农业干旱指在农作物生长发育过程中，因降水或灌溉不足，导致土壤含水量过低，土壤供水不能满足农作物的正常需要，从而影响农作物正常生长，导致减产或绝收。

在正常情况下，植物对水分的吸收和消耗处于动态平衡状态，作物生长正常。干旱发生时，土壤含水量不足，植物根系难以从土壤中吸收到足够的水分去补偿蒸腾、呼吸等生理生化作用的消耗，植物体内的水分收支失去平衡，影响生理活动的正常运行。此外，干旱发生时，常常会伴随着高温天气。高温胁迫有加强水分胁迫的效应，水分胁迫也会加剧高温伤害，高温伴随干旱对植株的伤害远远大于高温、干旱单因子分别造成的伤害。

干旱胁迫下，作物生理特性会发生异常进而影响作物正常新陈代谢和生长发育，一般表现为细胞膜透性增加、光合作用减弱、呼吸作用异常、内源激素及酶系统发生改变。

2.3.1.1 细胞膜透性增加

水分胁迫破坏了细胞膜的系统，造成膜结构的破坏：在干旱胁迫条件下，细胞含水量下降，由于脱水削弱了稳定构型的亲水键和疏水键之间的相互作用，核酸、蛋白质及一些极性脂的结构发生改变，使膜透性增加，内容物外渗，导致作物细胞原生质脱水，叶片水势降低。在干旱胁迫下，随胁迫时间的延长，叶片细胞水势随之下降，失水程度随之加重。同时细胞原生质失水使细胞内酶的空间间隔破坏，物质能量代谢过程受到影响。作物叶片干旱失水时细胞相对透性迅速增加，恢复正常供水后，组织含水量迅速恢复，但原生质透性恢复缓慢，受旱越严重，原生质透性恢复越缓慢或者不能恢复而使植物死亡。

2.3.1.2 光合作用减弱

干旱使作物产量下降的主要原因是水分胁迫导致光合作用减弱。作物缺水时，气孔阻力增大，随着胁迫程度加剧导致气孔关闭，明显限制了 CO_2 的供应，光合作用转化的化学能不能被正常利用，叶片就会发生光抑制作用，造成叶绿体超微结构持续的损害或不可逆的破坏，光合作用受到抑制。此外，水分胁迫还会影响叶绿体片层膜系统，进而影响到光合作用的电子传递和光合磷酸化，使光合速率降低。

2.3.1.3　呼吸作用异常

呼吸速率在干旱胁迫下呈现先升后降的趋势，即胁迫开始的短时间内上升，后随着胁迫时间的延长又明显下降。干旱胁迫导致作物同化物输出受阻而在叶片积累，使呼吸速率升高。但由于线粒体膜系统破损，影响到呼吸作用电子传递与氧化磷酸化，使得有机物氧化释放的能量未能得到有效利用，以热量的形式散失，导致呼吸异常。

2.3.1.4　内源激素发生改变

干旱发生时，作物通过调节内源激素的量来抵抗不利环境。内源激素总的变化趋势是：促进生长的激素减少，诱导休眠、减缓或抑制生长的激素增多以减少生长发育对水分利用；脱落酸的大量增加，以促使气孔关闭，减弱蒸腾对水分的消耗；抑制细胞分裂素在作物根部的合成、加快其在地上部分的化学转化，使其含量迅速降低，以抑制其对气孔开发的促进和维持作用，增加根细胞对水分的透性；刺激作物叶片及幼果释放大量的乙烯，引起落叶落果。

植物适应水分胁迫的主要生理机制是渗透调节。在受到轻度干旱胁迫时，渗透调节机制诱导植物细胞内发生亲和性溶质（如脯氨酸、甜菜碱等）积累，以降低细胞水势，维持一定的膨压，从而维持细胞生长、气孔开放和光合作用等生理过程的进行。干旱胁迫强度越大，作物积累游离脯氨酸量越多，游离脯氨酸通过保护酶的空间结构为生化反应提供足够的自由水及生理活性物质。

脱落酸对水稻具有短期"休眠"的效果，能够有效缓解孕穗期干旱胁迫对水稻生理代谢功能的损伤，促进复水后的功能修复，减轻干旱对产量的影响。脱落酸的大量增加，短期内降低了水稻净光合速率与干物质积累；同时诱导干旱胁迫时气孔关闭和降低蒸腾速率，减少水分过度消耗，提高水分利用率；对干旱胁迫时水稻有明显的保护作用，减轻干旱对水稻生理代谢功能损伤，加快复水后功能修复，保持较高叶绿素 a 含量，防止叶片早衰。发生干旱时可通过喷施脱落酸以提高植株抗旱能力，抗旱性不同的水稻对脱落酸的响应存在差异性，抗旱性越强的品种越敏感，作用越明显。

2.3.1.5　影响保护酶系统

干旱条件引起作物体内水解酶活性增强，合成过程减弱，而超氧化物歧化酶、过氧化氢酶、过氧化物酶等保护酶的活性因作物抗旱性的不同表现出了上升和下降两种不同的变化趋势。作物体内活性氧的积累导致脂质过氧化是膜系统受到破坏的重要原因，超氧化物歧化酶活性越高表明清除活性氧的能力越强。耐旱作物在一定程度的干旱条件下超氧化物歧化酶活性通常增高，在严重水分胁迫时降低，而不耐旱作物则会一直呈现下降趋势。过氧化氢酶和过氧化物酶同样如此。

干旱胁迫下细胞内自由基的产生与清除的不平衡从而使膜脂过氧化作用或膜脂脱脂化作用，形成丙二醛，使水稻受到伤害。郭贵华等（2014）以粳型旱稻品种作为试验材料，通过盆栽试验，得出与正常水分管理相比，干旱胁迫下水稻超氧化物歧化酶、过氧化氢酶活性升高，一定程度上抑制丙二醛积累；大量合成可溶性糖，维持细胞渗透调节；净光合速率持续下降；气孔导度随着干旱胁迫加剧，亦呈现下降趋势；蒸腾速率表现与气孔导度较一致；叶绿素 a 合成受抑制，含量下降；水稻干物质积累和产量下降。

夏扬（2004）通过试验得出：非抗旱品种水稻的株高在干旱状态下受到明显的抑制，抗旱品种无明显差异；非抗旱品种分蘖数降低，而抗旱品种水稻的分蘖数受干旱影响较小；水稻的叶绿素含量、抗氧化酶活性均降低，与干旱胁迫时间正相关，干旱时间越长，降低的幅度越大，复水后才有所缓和。

2.3.2　低温成灾机理

低温灾害是指在作物生长发育过程中，受到低于其适宜温度下限的低温危害，而导致作物正常生理活动受到影响，或造成细胞死亡，组织破坏，进而导致器官受损甚至植株死亡的现象。低温灾害按照低温危害范围，可分为冷害、寒害、霜冻和冻害。

冷害指在农作物生长发育过程中，受到温度在 0 ℃以上，但低于生长发育所需的适宜温度下限的低温危害，如前述水稻抽穗扬花期低温灾害。按冷害对作物的危害，可分为延迟型、障碍型和混合型三类。延迟型冷害指在作物生育前期（一般是营养生长期），出现较长时间的低温天气，植株光合作用减弱，生理代谢缓慢，使生育期显著延迟，甚至导致不能正常成熟而减产。障碍型冷害指在作物生殖生长期（主要是孕穗和抽穗或抽雄、开花期等关键期），出现开花授粉等所需适宜温度下限以下的低温危害，导致植株生理机能受破坏，不能进行正常的生殖生长，从而形成空秕粒而减产。混合型冷害指在同一生长季中相继出现或同时出现延迟型冷害与障碍型冷害，给作物生长发育和产量形成带来的严重危害。

寒害是特指热带、亚热带植物在生育期间受到低温天气过程（一般在 0 ~ 10 ℃，有时低于 0 ℃）的影响，造成植物生理机能障碍，导致减产或死亡的灾害。狭义的寒害仅指 0 ℃以上低温对热带、亚热带作物的危害，由于饱和脂肪酸遇冷凝固造成的生理障碍与症状与一般作物受冻的表现相似，故与一般的冷害区别，称为寒害。实际寒害发生过程中有可能伴随着霜冻、冻害的发生。寒害的形成除受降温程度影响外，还与低温的持续时间（积寒）有关。

霜冻是指作物处于活跃生长状态时，受到 0 ℃的零下低温影响所造成的危害，一般发生在冬春和秋冬之交的农作物活跃生长期间，当土壤或植物表面及近地面空气层温度骤降到 0 ℃以下，使细胞原生质受到破坏，导致植株受害或者死亡，是一种短时间低温灾害。按霜冻发生早晚与季节，可分为早霜冻（秋霜冻）、晚霜冻（春霜冻）。由温暖季节向寒冷季节过渡时期的霜冻称为早霜冻或秋霜冻，由寒冷季节向温暖季节过渡时期的霜冻称为晚霜冻或春霜冻。按霜冻形成的天气可分为平流型、辐射型和平流辐射型。平流型霜冻是由强烈冷平流天气引起剧烈降温而发生的霜冻。辐射型霜冻是在晴朗无风的夜晚，植物表面强烈辐射降温而发生的霜冻。平流辐射型霜冻是辐射冷却和冷平流共同作用产生的霜冻，也称混合型霜冻。

冻害是指作物在越冬休眠或缓慢生长期间，受到 0 ℃以下强低温，或迅速降温，或长期持续低温，引起植株体冰冻甚至丧失生理活力，造成组织器官受损，甚至植株死亡的灾害。

不同低温灾害对作物生理活动和组织器官影响不同，不同低温程度对作物影响机理也不同。

2.3.2.1　冷害（寒害）机理

（1）危害细胞膜功能

低温胁迫下，植物体内过多积累活性氧自由基，引起膜脂过氧化导致低温伤害，同时积累了大量的膜脂过氧化丙二醛，因而丙二醛的产量是鉴别逆境胁迫对生物膜危害程度的一个重要指标。脯氨酸是重要的渗透调节物质和营养物质，它的增加能提高细胞的保水能力、对细胞的生命物质及生物膜起保护作用。脯氨酸是具有低温保护效应的物质，高浓度的脯氨酸是抗冻性提高的重要原因之一，低温胁迫可对作物整个代谢和生理过程造成不可逆伤害，可使膜透性增加，叶绿素合成受抑制和破坏，导致光合能力下降。

（2）光合器官异常

叶绿体对低温十分敏感，在低温胁迫下叶绿体结构变化明显，包括水稻这类喜温作物和玉米喜凉作物当温度低于一定程度时叶绿体则不能形成（曾韶西等，1991）。低温胁迫下，光合器官合成受阻，光合作用速率下降，有氧呼吸被抑制，导致植物体内有机物被迅速消耗，植物出现弱苗或死苗现象。

（3）细胞代谢紊乱

农作物冷害的主要机理是由于在冰点以上低温时，构成膜的脂质由液相转变为固相，即膜脂变相，引起与膜相结合的酶失活。

2.3.2.2 冻害（霜冻）机理

冻害和霜冻灾害，主要是低温形成的冰晶对细胞的伤害，细胞内结冰则对细胞膜、细胞器乃至整个细胞产生破坏作用，从而给植物带来致命损伤。细胞结冰伤害的机理可分为三方面。

（1）0 ℃以下低温对细胞膜体系的直接伤害

细胞膜又称细胞质膜，是细胞表面的一层薄膜。其既使细胞维持稳定代谢的胞内环境，又能调节和选择物质进出细胞，对细胞起着重要的保护作用。据研究，低温会降低细胞膜的活性，引起膜内液晶态变为凝胶态，使细胞膜的体型和厚度减缩而出现破损。帕尔塔（Palat）和李本湘（P. H. Li）等通过研究指出细胞结冰时，首先是质膜失去半透性，造成大量电解质和非电解质向细胞外渗漏，说明结冰伤害最早产生的部位是质膜和液泡膜，并提出了膜伤害理论。中国科学院植物研究所在小麦冻害研究中，同样证明结冰最初伤害的是膜上 ATP 酶的活性。

（2）细胞外结冰造成的伤害

温度下降时，植物细胞间隙的水分首先结冰，称胞外结冰。冰晶，随着温度持续降低而增多、增大，在此过程中，细胞内的水分逐渐被夺走，当细胞间隙中的冰晶挤压力超过一定限度时，会使原生质的层膜结构和细胞壁遭到破坏，进而对植物组织造成伤害。细胞间隙长期缓慢结冰，胞内水分持续外渗，会引起原生质大量失水，当出现不可逆的凝聚现象时，也会造成原生质变性而死亡。如果细胞间隙结冰较快，则细胞中的水分迅速外渗，液泡收缩，会产生质壁分离，而使原生质结构遭到破坏。另外，解冻过程中，若温度迅速回升，细胞间冰晶融化太快，内渗压力过大，也会使原生质结构遭到破坏，从而引起组织死亡。

（3）细胞内结冰产生的直接伤害

在温度迅速下降或强低温条件下，植物组织产生冻结，细胞内水分来不及外渗，会直接在胞内结冰，冰晶对细胞膜系统产生机械损伤，造成细胞死亡，进而对植株造成伤害甚至死亡。

西南地区各地粮食产量均存在年际波动，造成产量波动的主要原因是气象灾害，其中干旱是对西南地区农业生产危害最大的灾害，其次是低温灾害，特别是水稻抽穗扬花期低温，严重威胁着西南地区水稻生产。此外，春季倒春寒、霜冻等低温灾害，会影响越冬作物的后期生长以及春播作物的苗期生长，也对农业生产造成重要威胁。

通过对水稻、玉米、小麦等作物不同发育期的干旱、低温等灾害试验，结合前人研究，了解了各类灾害对作物生长发育以及产量形成会造成的影响。

　　通过对干旱和低温的成灾机理分析，了解了灾害成灾危害过程。干旱是水分供应不足导致生理代谢受阻；低温是温度降低引起植株生理活动异常或细胞受冰晶危害出现机械损伤甚至死亡。不同时期作物生长发育活动不同，灾害对生长发育和产量影响也随之不同。

第3章 农业干旱和低温监测评价及时空特征

了解农业灾害发生的时空变化特点，是做好农业灾害防控的前提。做好农业气象灾害的监测与预警，是农业气象灾害防控的重要内容。本章对西南地区农业干旱和低温灾害的关键致灾因子指标进行了整理提炼，并结合前人相关研究成果，明确了灾害强度的表征方法，在此基础上建立了"西南突发性灾害（干旱、低温）监测预警系统"，实现了对西南地区农业干旱和低温的实时监测、预警。并基于相关结果对西南地区农业干旱和低温的时空变化特征进行了分析，划分了农业灾害区，为针对性地开展农业气象灾害应急和防控技术集成与应用提供支撑。

3.1 农业干旱和低温指标

农业气象指标（Agrometeorological Index）是表示农业生产对象和农业生产过程对气象条件的要求和反应的定量值，是衡量农业气象条件利弊的尺度，是开展农业气象工作的科学依据和基础。

灾害指标是农业气象指标的内容之一，是了解灾害发生强度，评估灾害对农业生产影响程度等的基础。

3.1.1 干旱指标

农业干旱是由于水分的支大于收或求大于供，导致的作物水分亏缺的现象。表征农业干旱的指标包括作物形态指标、降水指标、土壤水分含量指标等。

干旱问题，核心是水的问题。玉米、水稻、小麦等作物生长在土壤里，根系从土壤中吸取水分，供植株生长发育所需。干旱发生时，土壤水分含量降低，不能满足植株正常生长的水分需求，从而引起植株萎蔫、生长停滞、甚至死亡等。土壤水分是作物生长的水分来源，土壤水分含量的高低，及其对作物生长所需水分的满足程度，决定了作物的受旱程度。因此，本研究以土壤水分含量为主要标准来衡量作物干旱情况。

土壤水分含量常用土壤相对湿度表示，不同作物不同品种不同生育期干旱临界指标存在一定差异。本研究综合考虑西南地区作物、土壤和气候等，确定主要作物各发育期干旱临界指标，当土壤相对湿度小于其干旱临界指标时可能出现作物干旱。主要作物各生育期干旱临界指标见表 3 – 1。

表 3 – 1　主要作物各生育期干旱临界指标（土壤相对湿度）　　（单位:%）

作物	发育期	临界指标（%）	作物	发育期	临界指标（%）	作物	发育期	临界指标（%）
	播种	100		播种	70		播种	70
	出苗	100		出苗	70		出苗	70
	移栽	100		三叶	70		分蘖	60
	返青	100		七叶	60		越冬	60
	分蘖	100		拔节	60		拔节	60
水稻	拔节	100	玉米	抽雄	70	小麦	抽穗	60
	孕穗	100		吐丝	70		开花	60
	抽穗扬花	100		开花	70		灌浆	60
	灌浆	100		灌浆	70		乳熟	50
	乳熟	80		乳熟	50			
	成熟	80		成熟	50			

3.1.2　低温指标

低温灾害是由于环境温度下降，影响作物正常生长发育等生理过程，甚至导致植株器官受损失或死亡等现象。低温灾害包括冻害、霜冻、冷害、寒害等。西南地区农业低温灾害主要包括越冬冻害、霜冻、倒春寒、水稻抽穗扬花期低温冷害等。

越冬冻害主要指越冬作物受到 0 ℃以下，低于作物生物学下限温度的灾害，导致植株受冻，细胞内结冰，进而造成组织器官受伤或死亡。

霜冻主要发生在晚秋和初春，冬季因夜晚辐射降温或平流降温，也常出现霜冻。晚秋和初春发生的霜冻危害较大，由于作物处于活跃生长状态，抗寒性相对较弱，温度在较短时间内降至 0 ℃以下，导致植株细胞内迅速结冰，造成质壁分离、细胞破裂、植株失水等损伤；此外，出现霜冻后，温度迅速回升，冰晶迅速融化，也会对植株细胞造成损伤，从而加重霜冻危害。

倒春寒,指春季回暖后,受冷空气影响出现的低温灾害。倒春寒危害时,低温天气持续数日,甚至伴有霜冻灾害,对农作物播种出苗、苗期生长,以及小麦、油菜、果树等开花授粉造成影响。

水稻抽穗扬花期低温,贵州称为"秋风",云南称为"八月低温",即海拔相对较高地区,在水稻抽穗扬花期出现的低温灾害,影响水稻正常授粉,进而影响结实率和产量。

根据低温灾害特点,结合其对小麦、玉米、水稻生长发育的影响,确定了各类灾害的致灾因子指标。各作物不同时期低温灾害指标见表 3 – 2。

表 3 – 2　各作物不同时期低温灾害指标

作物名称	发育期	低温灾害指标			
		灾害	要素	最低气温（℃）	日平均气温（℃）
小麦	播种	霜冻	最低气温	2	—
	出苗			2	—
	分蘖	冻害或霜冻	最低气温	0	—
	越冬			– 5	—
	拔节	倒春寒或霜冻	日平均气温或最低气温	0	10
	抽穗			0	10
	开花	倒春寒	日平均气温	—	10
	灌浆	冷害	日平均气温	—	10
	乳熟	冷害	日平均气温	—	10
玉米	播种	倒春寒或霜冻	日平均气温或最低气温	0	10
	出苗			0	10
	三叶			0	10
	七叶	冷害	日平均气温	—	15
	拔节			—	20
	抽雄			—	20
	吐丝			—	20
	开花			—	20
	灌浆			—	20
	乳熟			—	20
	成熟			—	20

（续表）

作物名称	发育期	低温灾害指标			
		灾害	要素	最低气温（℃）	日平均气温（℃）
水稻	播种	倒春寒或霜冻	日平均气温或最低气温	0	10
	出苗			0	10
	移栽			0	15
	返青	延迟型冷害		—	15
	分蘖			—	20
	拔节			—	20
	孕穗			—	20
	抽穗扬花	障碍型冷害	日平均气温	—	18（海拔 1 500 m 以上） 20（海拔 1 500 m 以下）
	灌浆	冷害		—	20
	乳熟			—	20
	成熟			—	15

注："—"表示不考虑该指标

3.2　灾害强度表征方法

灾害指标反映了作物对灾害反应的临界值，对于灾害发生强度及其对作物的影响程度，需进一步用灾害强度来表征，常用的有灾害指数法。

3.2.1　干旱灾害

如前所述，土壤水分是作物水分的最主要来源，干旱发生时，土壤水分含量能够直接反映作物水分胁迫状况。近年来，西南各省市先后建立了数百套土壤水分自动观测站。但由于各站所代表的下垫面的差异导致的观测数据代表性问题，土壤水分传感器均一性稳定性导致的观测数据数值差异较大问题，导致直接应用土壤水分观测资料来反映干旱状况还有诸多工作要做，尚不能满足灾害防控应急服务的需要。

山地环境下的旱地雨养农业，土壤水分的补给完全依赖于降水。同时，土壤水分的蒸发和作物蒸腾过程，主要受气象条件影响。土壤水分收支过程主要由气象条件决定，因此可基于气象要素来反演土壤水分变化，进而了解干旱程度及其对作物生长的影响。

3.2.1.1　旱地干旱

针对旱地作物水分的直接来源——土壤水分，通过降水有效性订正和建立水分消耗经验模型，对土壤水分收入和支出进行逐日定量计算，可实现土壤水分含量的动态监测；在此基础上，构建能够反映土壤干旱程度的旱地农业干旱指数。

（1）土壤水分收入

土壤水分来源于降水，但并非所有降水都能转化为土壤水，有一定比例的降水会通过径流、渗漏等形式流失。因此，真正被土壤吸收，转化为土壤水的部分降水，才对旱地作物生长有用，可以称之为有效降水量。本研究建立降水转化系数（K），通过降水有效性订正，来量化计算降水转化为土壤水的量。

$$P_e = P \times K$$

式中，P_e 为有效降水量（单位：mm），P 为日降水量，K 为降水转化系数。

在降水转化为土壤水的过程中，主要受到下垫面状况、土壤状况和降水状况等因素影响。其中，下垫面包括地形坡度、植被覆盖等多种因素，西南地区复杂地貌类型决定了下垫面的多样性，但由于影响因素复杂，本文暂不考虑这种差异性。土壤状况包括土壤质地类型、土壤物理结构、土壤含水量等，其中对于特定地块而言，土壤质地类型和物理结构相对稳定，仅土壤含水量变化相对较大，其含量的大小决定了降水转化为土壤水分的多少。降水状况，主要受降水强度影响。

综合考虑上述因素，分别构建了连续无雨日数订正系数（K_d）、累积降水订正系数（K_a）、降水强度订正系数（K_p）来综合反映降水转化系数。

$$K = K_d \times K_a \times K_p$$

其中，各系数采用分段函数表示。

连续无雨日数订正系数（K_d）：连续无雨日数越长，土壤含水量越低，吸水能力越强，降水转化率高。

累积降水订正系数（K_a）：反映累积降水量，避免出现有一定量降水，但仍未解除干旱的情况，减少由无雨日数订正带来的误差。主要考虑最近一次降水过程前五日的累积降水量。

降水强度订正系数（K_p）：考虑日降水强度，强度越大，径流越大，降水转化率越低。

（2）土壤水分支出

蒸发和蒸腾（合称蒸散）是土壤水分消耗的主要形式。蒸散作用，除与作物有关外，主要受温度、日照等气象条件影响。

考虑气象条件对蒸散的影响，构建了土壤水分消耗函数 $f(T, S, H)$。

$$f(T,S,H) = \frac{T}{10} \times \left[1 + \frac{S}{10} \times (1 + H/10\,000) \right]$$

由于不同海拔高度同样日照条件下，所获得辐射量不同，由此会造成水分消耗差异，日照需经过海拔订正。

在此基础上，以土壤水分含量对水分支出消耗量进一步订正，即当土壤含水量高时，水分消耗高，含水量低时，按土壤相对湿度递减。

（3）土壤水分动态计算

综合考虑土壤水分收支动态，则当日土壤含水量（W_d）（单位：mm）：

$$W_d = W_{d-1} + P_e - f(T, S, H) \times \frac{W_{d-1}}{f_c}$$

式中，W_{d-1} 为前一日土壤含水量（单位：mm），f_c 为田间持水量状态下的土壤有效水分含量，$\frac{W_{d-1}}{f_c}$ 代表由土壤水分含量决定的水分消耗系数。

由此，给定某日土壤含水量初值后，即可逐日计算土壤水分含量。

（4）旱地干旱指数

综合考虑不同土壤特性、不同作物生育期干旱临界指标，构建旱地干旱指数（D_I）：

$$D_I = \frac{实际有效水分含量 - 干旱临界状态有效水分含量}{干旱临界状态有效水分含量 - 凋萎湿度}$$

其中，凋萎湿度由土壤特性决定，干旱临界状态有效水分含量为不同作物不同生育期的干旱临界指标。

当土壤有效水分高于作物临界干旱状态时，$D_I \geq 0$，无干旱发生；当土壤有效水分达到凋萎湿度时，$D_I = -1$，作物凋萎。从干旱临界状态至作物凋萎，平均划分 4 个等级，分别代表轻旱、中旱、重旱和特重旱（表 3-3）。

表 3-3　旱地干旱指数等级划分标准

干旱指数（D_I）	干旱等级
$D_I \geq 0$	无旱
$-0.25 \leq D_I < 0$	轻旱
$-0.50 \leq D_I < -0.25$	中旱
$-0.75 \leq D_I < -0.50$	重旱
$-1 \leq D_I < -0.75$	特重旱

（5）结果与验证

以 1961 年 1 月 1 日为起点，并设定初始土壤相对湿度为 80%，应用逐日平均气温、降水、日照等资料，结合土壤水分收支模拟经验公式，对逐日土壤含水量和旱地干旱指数进行滚动计算。输出结果包括逐日土壤有效水分含量、耗水量、干旱指数等。

以 2013 年德江为例，对模拟土壤有效水分量和干旱指数计算结果进行分析。结果显示（图 3 – 1），土壤有效水分含量随着降水量大小呈现波动变化，反映了土壤水分含量的动态变化；干旱指数随着土壤含水量的变化而变化，能够反映出干旱等级和干旱程度的动态变化（图 3 – 2）。

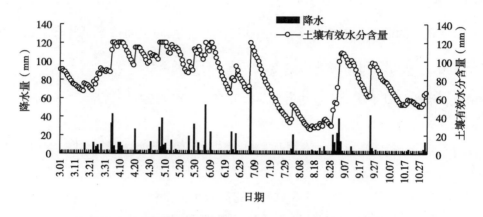

图 3 – 1　土壤有效水分含量模拟结果与日降水变化（以德江 2013 年 3—10 月为例）

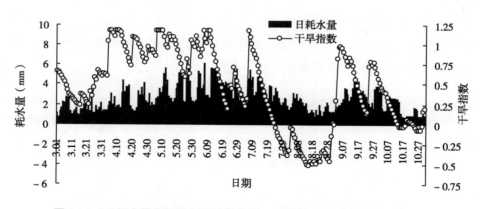

图 3 – 2　日耗水量与干旱指数计算结果（以德江 2013 年 3—10 月为例）

以贵州春旱和夏旱空间分布情况对干旱强度指数进行验证。基于干旱指数计算结果，去除无旱时段（$D_l \geqslant 0$），将出现干旱时的干旱指数累加取绝对值，以表征干旱时段内干旱累积发生强度。分别对贵州 1981—2010 年 30 年平均的春季（3—5 月）和夏季（6—8 月）的累积干旱指数进行了分析。结果显示（图 3 – 3），春旱主要发生在西部、西南部地区，夏旱主要发生在中东部地区，结果与刘雪梅等（1996）研究相符，说明研究制定的干旱强度指数能反映出贵州干旱的空间分布特征。

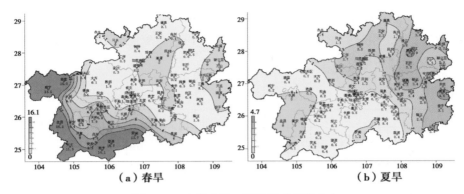

图 3 - 3　贵州春旱、夏旱强度指数分布

以贵州典型干旱年份对干旱强度指数进行验证。2006 年夏旱、2011 年夏旱、2013 年夏旱以及 2009—2010 年冬春连旱等是近年来贵州发生较为严重的典型干旱。分别统计相应年份干旱时段的累积干旱指数，结果显示（图 3 - 4），以累积干旱指数表征的干旱强度指数能反映出不同年份不同区域的干旱强度等级。其中 2006 年与川渝大旱临近的北部地区干旱更加严重，2010 年与云南广西临近的西部和西南部地区严重春旱、2011 年和 2013 年中东部地区的严重夏旱等空间分布特征均得以体现，与实际相符。

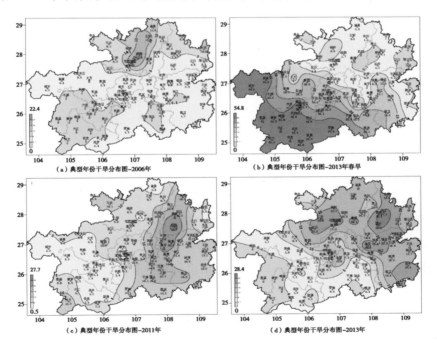

图 3 - 4　典型年份干旱空间分布

分别统计1961年以来历年全省春旱和夏旱模拟强度指数之和，结果显示（图3－5），1963年、1966年、1969年、1987年、1999年、2003年、2010年等是相对最重的春旱年份，其中2010年最为严重；1965年、1972年、1981年、1990年、1992年、2011年、2013年是相对最重的夏旱年份。相应年份与黄家龙（1996）和罗宁（2006）等研究或记载的结果相符。

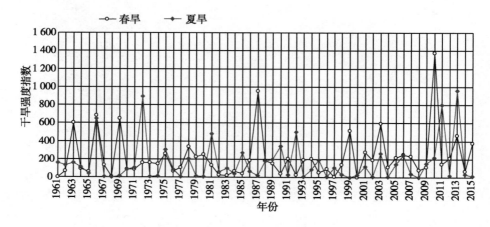

图3－5　贵州历年旱地干旱强度指数变化

3.2.1.2　稻田干旱

对于稻田而言，降水同样需先转化为稻田水分，再被水稻吸收利用。按照水分收支过程，基于气象资料，结合稻田水分收入和支出与气象条件的关系，建立量化模拟经验公式，实现对稻田水分和干旱指数的定量计算。

（1）稻田标准状态

由于水源条件和下垫面不同，稻田水分收入存在较大差异。假定如下状态，作为研究的标准状态。

① 稻田水分来源于降水，降水径流对稻田水分有一定补充作用；② 稻田无地下水补充，种植水稻前为旱作或闲置，无蓄水层；③ 稻田最大水位高度为150 mm；④ 稻田有水层覆盖时，日渗漏量为2 mm；无水层时，渗漏可忽略。

（2）稻田水分收入

不同降水强度，形成的径流不同，对稻田水分补充作用不同。设定不同降水量级情况下的径流补充系数 K_d 不同。

① 日降水量 $R_d < 5$ mm，径流补充系数 $K_d = 0$。② 5 mm $\leqslant R_d < 10$ mm，径流补充系数 $K_d = 0.1$。③ 10 mm $\leqslant R_d < 20$ mm，径流补充系数 $K_d = 0.3$。④ 20 mm $\leqslant R_d < 50$ mm，径流补充系数 $K_d = 0.5$。⑤ $R_d \geqslant 50$ mm，径流补充系数 $K_d = 0.7$。

稻田水分收入 $WI_d = R_d \times (1 + K_d)$，单位：mm。

（3）稻田水分支出

水稻蒸腾和水分蒸发以及渗漏是稻田水分支出的主要途径。其中，渗漏量按标准状态下的 2 mm/d 计。蒸散消耗随每天的气象条件不同而出现差异，其中温度和日照是主要影响因子。本研究构建了水分蒸散消耗经验公式 $W(T, S, H)$。

$$W(T, S, H) = \frac{T}{10} \times \left[1 + \frac{S}{10} \times \left(1 + \frac{H}{10\,000} \right) \right]$$

式中：T 为当日平均气温，S 为当日日照时数，H 为海拔。

（4）稻田水分模拟

综合考虑稻田水分收支动态，建立稻田含水量计算公式（单位：mm）：

①当 $W_{d-1} \geq W_{fc}$，$W_d = W_{d-1} + WI_d - W(T, S, H) - 2$；②当 $W_{d-1} < W_{fc}$，$W_d = W_{d-1} + WI_d - W(T, S, H) \times \frac{W_{d-1}}{W_{fc}}$。

式中，W_d 为当日稻田含水量，W_{d-1} 为前一日含水量（单位：mm），W_{fc} 为田间持水量状态下的土壤有效水分含量。

（5）稻田干旱指数

当稻田水分含量大于田间持水量时，无旱。当稻田水分含量小于田间持水量时，则出现干旱。基于此，构建稻田干旱指数 RDI。

$$RDI = \frac{W_d - W_{fc}}{W_{fc}}$$

从上式中可以看出：当稻田土壤水分达到田间持水量时，稻田处于临界干旱状态时，$RDI = 0$；当土壤水分达到凋萎湿度时，$RDI = -1$，水稻凋萎。从干旱临界状态至凋萎湿度，平均划分 4 个等级，分别代表轻旱、中旱、重旱和特重旱（表 3 - 4）。

表 3 - 4　旱地作物干旱指标等级划分标准

干旱指数（RDI）	干旱等级
$RDI \geq 0$	无旱
$-0.25 \leq RDI < 0$	轻旱
$-0.50 \leq RDI < -0.25$	中旱
$-0.75 \leq RDI < -0.50$	重旱
$-1 \leq RDI < -0.75$	特重旱

（6）结果与验证

基于旱地土壤水分含量计算结果，以每年 4 月 21 日的旱地土壤水分含量值作为初始值，应用逐日温度、降水、日照等资料，对逐年 4 月 21 日至 10 月 10 日水稻主要生长期内的逐日稻田水分进行了模拟计算。以下以贵州为例，对计算结果进行验证。

通过对历史逐年逐日稻田土壤水分收支的模拟，计算得到各站逐日蒸散耗水量、稻田有效水分含量、干旱指数等（以遵义市 2006 年为例，见图 3 – 6、图 3 – 7）。从图中可以看出，计算结果能够反映含水量、干旱指数等的动态变化过程。干旱指数结果能够反映稻田干旱程度，如 2006 年遵义市的重度干旱得以反映。

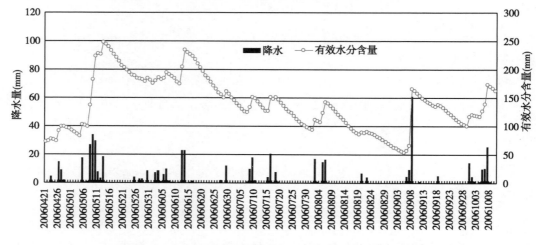

图 3 – 6   2006 年遵义市逐日降水、稻田有效水分含量变化

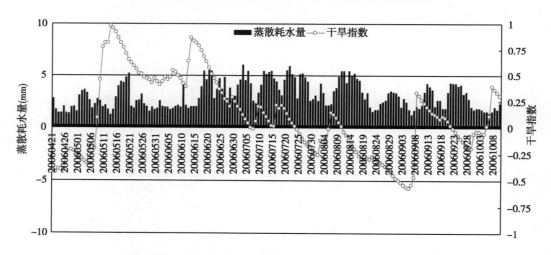

图 3 – 7   2006 年遵义市逐日蒸散耗水量、干旱指数变化

以贵州干旱空间分布情况对稻田干旱强度指数进行验证。同样将各站出现干旱时的干旱指数累加取绝对值，以表征干旱累积发生的强度。分别统计 1981—2010 年历年 5 月 21 日至 9 月 20 日水稻大田生长期及 7—8 月的 30 年平均累积干旱指数和干旱日数。结果显示（图 3 – 8、图 3 – 9），铜仁市、黔东南州、遵义市以及毕节市稻田干旱

程度相对最重，干旱日数较多。除毕节外，其余区域与贵州伏旱高发区相符。进一步
分析发现，毕节干旱主要出现在前期，与西部地区雨季开始期晚，春旱相对较重有关，
对水稻打田移栽有一定影响。

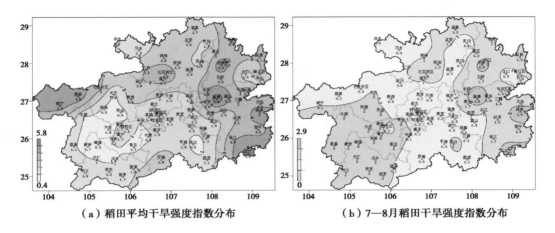

（a）稻田平均干旱强度指数分布　　　　　　（b）7—8月稻田干旱强度指数分布

图 3-8　稻田累积干旱指数分布

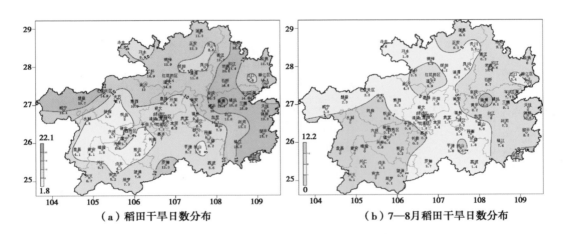

（a）稻田干旱日数分布　　　　　　　　（b）7—8月稻田干旱日数分布

图 3-9　干旱日数分布

　　选取盘县、花溪、锦屏分别代表贵州西部、中部、东部地区，分析多年平均逐日
干旱指数，以了解干旱出现时段（图 3-10）。从图中可以看出，西部地区干旱主要出
现在前期，6 月上旬至 6 月中旬陆续解除干旱，后期基本无干旱威胁；中部地区前期干
旱显著轻于西部地区，6 月上旬起基本无旱，7 月下旬起陆续出现不同程度干旱。东部
地区，前期干旱时段较中部更短，7 月下旬开始干旱发展速度快，程度较中部重。对比
分析可以看出，自东向西呈现前期干旱逐步加重，后期干旱逐步减轻的趋势，与贵州
西部春旱型、东部夏旱型、黔中夏春旱过渡型等（黄家龙，1996）特征相似。

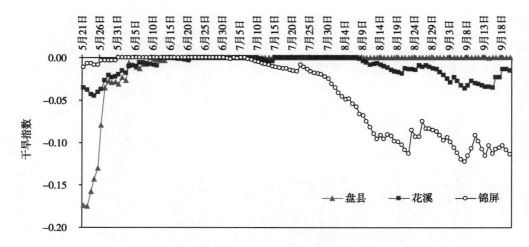

图 3 – 10　不同区域代表站点逐日平均干旱指数变化

对贵州历年干旱的模拟结果。从历年全省干旱站数和干旱强度指数可以看出（图 3 – 11），贵州干旱发生频繁，且分布区域较大，2/3 的年份有一半以上台站出现干旱。近年来较为严重的 2006 年北部干旱、2009—2010 年跨季节连旱、2011 年和 2013 年特大干旱等也均得以体现。

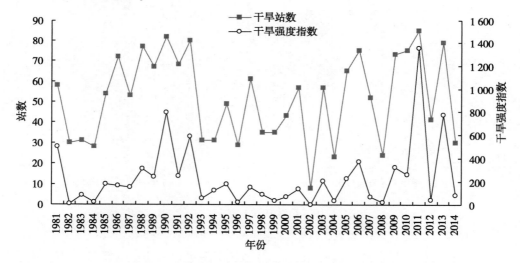

图 3 – 11　贵州逐年稻田干旱站数、干旱强度指数变化

3.2.2　低温灾害

3.2.2.1　水稻抽穗扬花期低温

水稻抽穗扬花期的低温冷害，指水稻抽穗扬花期间，出现持续低温阴雨天气，导致水稻不能正常授粉结实，空壳率增加，产量降低。

按照许炳南等对贵州秋风天气过程的定义：每年 8 月 1 日至 9 月 10 日，凡出现日平均气温≤20.0 ℃（海拔 1 500 m 的测站，日平均气温≤18.0 ℃），并持续 2 d 或以上的时段（从第 3 d 起，允许有间隔一天的日平均气温≤20.5 ℃，海拔 1 500 m 以上的测站，允许有间隔一天的日均温≤18.5 ℃），定为秋风天气过程。

（1）分级标准

凡符合上述标准的秋风天气过程，持续 2～3 d 定为轻级秋风；持续 4～5 d 定为中级秋风；持续 6～8 d 定为重级秋风；持续≥9 d，定为特重级秋风。

（2）年度秋风指数

单站年度秋风指数的求算公式为：$K_i = N_i/9 - T_i/10 + H_i/18$。

式中，i 表示年份；K_i 表示当年秋风指数；N_i 表示当年最长一次秋风过程的持续天数，分母 9 系取特重级秋风过程日数的下限值，若 $N_i > 12$，则仍令 $N_i = 12$；T_i 表示当年 8 月 11 日至 9 月 10 日期间内，任意滑动 10 d 的平均气温距平的最低值，单位为℃；H_i 表示当年秋风总日数，分母 18 相当于特重级秋风过程日数标准下限值的两倍，若 $H_i > 18$，则仍令 $H_i = 18$。为方便，用 100 乘以前式右侧各项之和取整后表示年度秋风指数值。秋风灾害强度分级见表 3－5。

表 3－5　秋风灾害强度分级

灾害等级	年度秋风指数
特重	>112
重	88～112
中	59～87
轻	41～58
无	<41

（3）综合评价指数

由于秋风发生时，各地水稻是否正值抽穗扬花期，限于资料和西南地区不同年份及不同地区水稻生产进程的差异，无法明确界定。因此，须建立综合考虑最早出现时间和最长时段的综合评价指数。本研究在年度指数基础上，综合考虑低温灾害过程发生时，是否对水稻抽穗扬花造成影响，以及造成影响程度等，构建了综合评价指数。

$$K = \left[\left(1 - \frac{O_1 - O_{8.20}}{20} \right) \times d_{1st} + \left(1 - \frac{O_L - O_{8.20}}{20} \right) \times d_L \right] \times \frac{M}{d_t}$$

其中，$O_{8.20}$ 为 8 月 20 日的日序，为水稻抽穗扬花期时段的中间点，O_1 为第一次低温过程起始日期，d_{1st} 为第一次秋风过程持续天数，O_L 为最长一次秋风过程起始日期，d_L 为最长一次秋风过程持续天数，M 为时段内的负积温，d_t 为总秋风天数。

该综合评价指数（表3-6），一方面考虑了低温灾害出现时间和持续天数，另一方面考虑了综合影响程度。通过出现时间对持续天数的修正，结合以负积温为代表的低温危害程度，能综合反映水稻抽穗扬花期的低温灾害强度。

表3-6 水稻抽穗扬花期低温灾害综合评价指数

灾害等级	综合评价指数
特重	>18
重	12~18
中	8~12
轻	4~8
无	<4

（4）结果与验证

典型年份综合评价指数和年度秋风指数的模拟结果和对比分析。2002年是近年来西南地区水稻遭受最严重的抽穗扬花期低温灾害年份，导致水稻大幅减产。对2002年水稻抽穗扬花期低温综合评价指数和年度秋风指数进行模拟计算结果（图3-12a、图3-12b）表明，两种指标均能够反映西南地区特重级的低温冷害，且二者空间分布相近，且具有良好的一致性（图3-13）；比较而言，综合评价指数分布图与水稻减产率分布图（图3-12c）更相符，表明抽穗扬花期低温综合评价指数能够客观反映灾害发生强度。

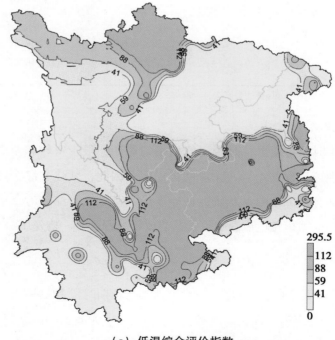

（a）低温综合评价指数

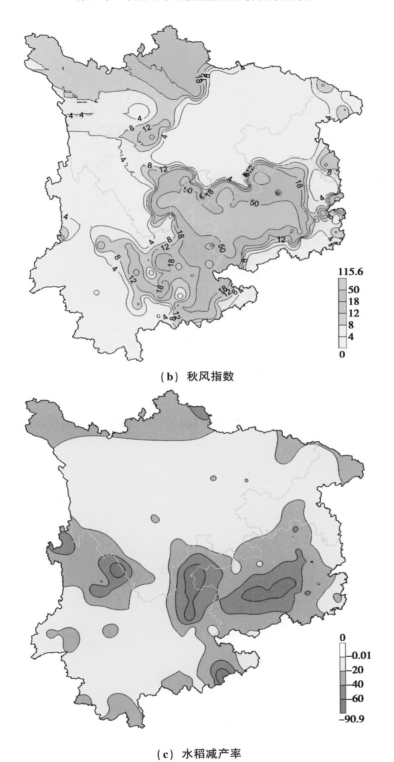

（b） 秋风指数

（c） 水稻减产率

图 3 – 12 2002 年水稻抽穗扬花期低温综合评价指数与年度秋风指数及水稻减产率分布对比

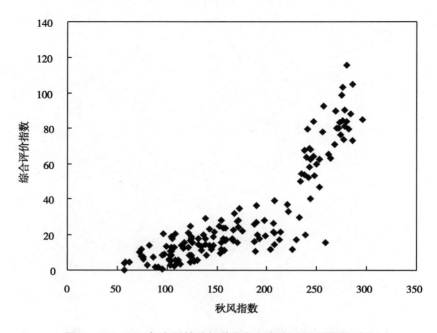

图 3 – 13 　2002 年水稻抽穗扬花期低温与年度秋风指数对比

　　通过对 2013 年综合评价指数和年度秋风指数进行计算发现，2013 年西南区域各地秋风指数（图 3 – 14a）也较高，程度接近 2002 年。但实际上 2013 年年未出现如 2002 年的严重灾害，而综合评价指数（图 3 – 14b）则客观反映了当年局部地区出现秋风灾害的特征。

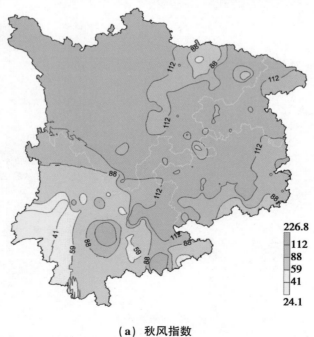

（a）秋风指数

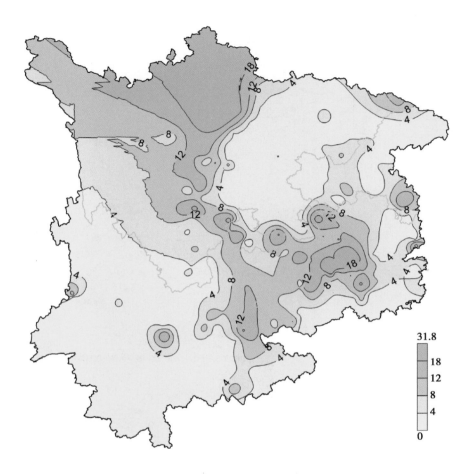

（b）水稻抽穗扬花期低温综合评价指数

图 3 – 14　2013 年水稻抽穗扬花期低温综合评价指数与年度秋风指数分布对比

　　进一步对低温灾害过程最早出现时间进行分析，发现 2013 年低温大部地区出现在 9 月初（图 3 – 15b），而 2002 年大部地区发生在 8 月上旬末期至中旬（图 3 – 15a）。因此，发生时段不同，对水稻影响不同，2002 年恰逢水稻抽穗扬花期间，导致减产严重，而 2013 年发生时间较晚，大部分出现在 9 月，从而未对水稻抽穗扬花造成严重影响。因此，考虑低温灾害出现时间的水稻抽穗扬花期低温灾害综合评价指数，能够客观反映灾害的发生强度，及其对水稻抽穗扬花的影响。

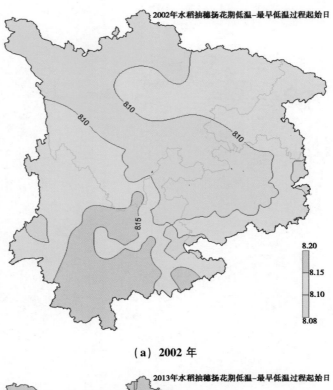

（a）2002 年

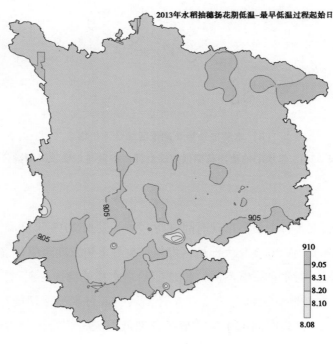

（b）2013 年

图 3 - 15　2002 年和 2013 年水稻抽穗扬花期低温灾害最早灾害过程起始日分布

3.2.2.2　倒春寒

春季气温回暖后，作物打破休眠，恢复活跃生长状态，因冷空气影响导致降温，对农作物生长发育，特别是油菜、果树等开花授粉造成影响，此外，会对春播作物播种出苗以及苗期生长等造成危害。

（1）倒春寒灾害过程

在许炳南等（1999）倒春寒天气过程定义基础上，定义 2—4 月期间，5 日滑动平均 ≥10 ℃ 后，出现日平均气温 ≤10.0 ℃，并持续 ≥3 d 的时段（其中第 4 d 开始，允许有间隔一天的日均温 ≤10.5 ℃），为倒春寒天气过程。

凡符合上述标准的倒春寒天气过程，持续 3~4 d 定为轻级倒春寒；持续 5~6 d 定为中级倒春寒；持续 7~9 d 定为重级倒春寒；持续 ≥10 d，定为特重级倒春寒。

（2）年度倒春寒指数

年度倒春寒指数，同许炳南等标准。

单站年度倒春寒指数的求算公式为：$K_i = N_i/10 - T_i/10 + H_i/20$。

式中，i 表示年份；K_i 表示当年倒春寒指数；N_i 表示当年最长一次倒春寒过程的持续天数，分母 10 系取特重级倒春寒过程日数的下限值，若 $N_i > 15$，则仍令 $N_i = 15$；T_i 表示当年 3 月 21 日至 4 月 20 日期间，任意滑动 10 d 的平均气温距平的最低值，单位为 ℃；H_i 表示当年倒春寒总日数，分母相当于特重级倒春寒过程日数标准下限值的两倍，若 $H_i > 20$，则仍令 $H_i = 20$。为方便用 100 乘以式中右侧各项之和取整后表示年度倒春寒指数值。

倒春寒灾害强度分级见表 3-7。

表 3-7　倒春寒灾害强度分级

灾害等级	年度倒春寒指数
特重	>157
重	115~157
中	63~114
轻	33~62
无	<33

3.2.2.3　冻　害

冻害是在 0 ℃ 以下的低温使作物体内结冰，对作物造成的伤害。不同作物不同器官发生冻害的温度指标不同，分别以 0 ℃ 以下负积温、历史极端最低气温、多年平均极端最低气温等表征冻害发生的强度。

3.2.2.4 霜 冻

据《作物霜冻害等级》（QX/T 88—2008），霜冻害是指由于气温下降，使植株茎、叶温度下降到 0 ℃以下，导致正在生长发育的植物受到冻伤，从而导致减产、品质下降或绝收。

霜冻灾害的发生，需要两个条件，一是作物处于生长发育状态，二是有霜冻发生。因此，分别根据前期温度状况（5 d 滑动平均气温 >5 ℃、前一日平均气温 >5 ℃）界定作物处于的生长发育状态，以当日最低气温（低于 0 ℃）界定是否有霜冻发生。

当霜冻发生时，最低气温的高低决定着霜冻的影响程度，因此以最低气温范围，来划分霜冻灾害的等级，霜冻等级指标见表 3 – 8。

表 3 – 8　霜冻等级指标

霜冻灾害条件	前 5 日滑动平均气温在 5 ℃以上，且前 1 日平均气温在 5 ℃以上				
霜冻等级	无	轻级	中级	重级	特重级
当日最低气温（Tmin）	$T_{min} \geqslant 0$	$-1 \leqslant T_{min} < 0$	$-3 \leqslant T_{min} < -1$	$-5 \leqslant T_{min} < -3$	$T_{min} < -5$
等级量化	0	1	2	3	4

作物霜冻灾害的轻重，用年度霜冻综合评价指数进行评价。基于逐日霜冻灾害判别等级，并进行等级量化，将等级量化值累加求和，得到作物的年度霜冻综合评价指数，综合评价指数的值越大则霜冻灾害影响程度越大。

3.3　西南地区突发性灾害（干旱、低温）监测预警系统

灾害监测预警是灾害防控工作的重要组成部分。通过集成应用前述指标和灾害强度表征方法，结合灾害监测预警工作的需要，建立了西南突发性灾害（干旱、低温）监测预警系统，实现对旱地作物干旱、稻田水稻干旱、霜冻、冻害、倒春寒、水稻抽穗扬花期低温等灾害的监测、预警和历史灾害结果计算等功能。

系统包括气象信息资料处理、低温监测预警、干旱实时监测、干旱预测预警、历史干旱计算、历史灾害查询等功能模块（图 3 – 16）。

图 3 – 16　西南突发性灾害（干旱、低温）监测预警系统界面

3.3.1　气象信息处理

气象信息处理模块实现了对实时气象观测资料、天气预报资料等数据的导入和查询，包括观测资料追加、预报资料更新、前期天气查询和未来天气查询等功能（图 3 – 17）。

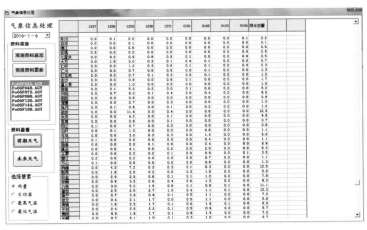

图 3 – 17　气象信息处理模块界面

3.3.2　低温监测预警

低温监测预警模块实现了根据冻害、霜冻、倒春寒、水稻抽穗扬花期低温等灾害标准对低温灾害的快速判断和技术方法的应用（图 3 – 18），输出结果包括逐日灾害状况、负积温、极端最低气温、灾害天数、最长天数、灾害等级等（图 3 – 19）。

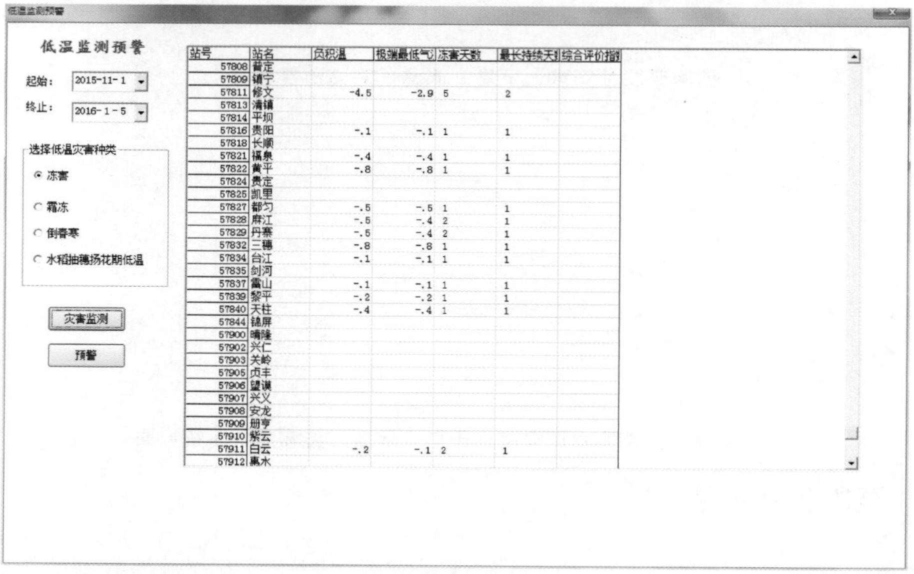

图 3-18　低温监测预警模块界面

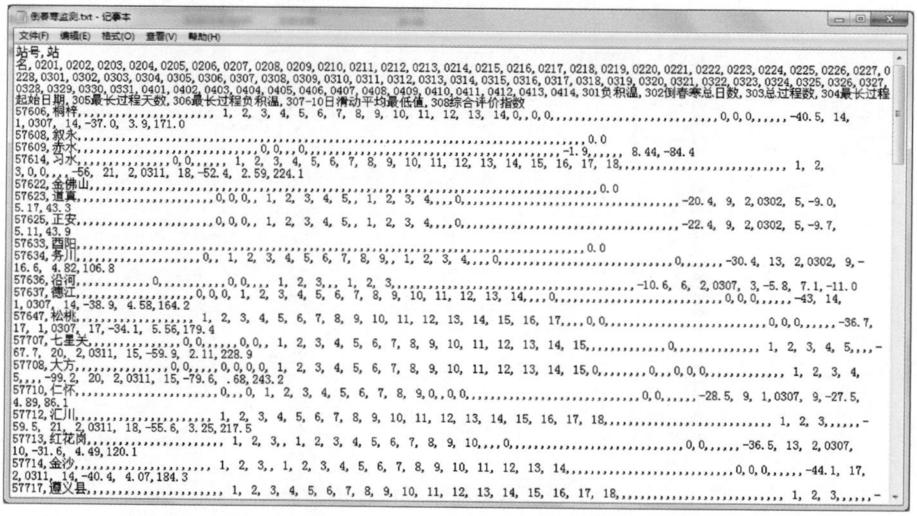

图 3-19　低温监测预警输出结果

3.3.3　干旱实时监测

干旱实时监测模块通过对土壤水分收支的计算、实现对土壤水分含量的逐日动态模拟，并基于旱地干旱农业气象指数、实现对干旱的监测（图 3-20）。输出结果包括各站逐日气温、降水、日照、有效降水、K、Kt、Kd、Ka、Kp、逐日耗水量、土壤有效水分含量、累积需水量、干旱指数等（图3-21）。

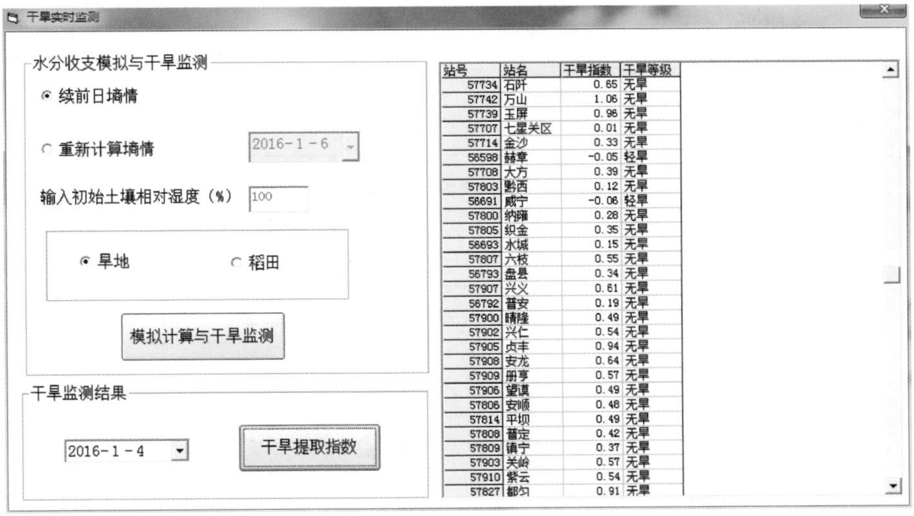

图3-20　干旱实时监测模块

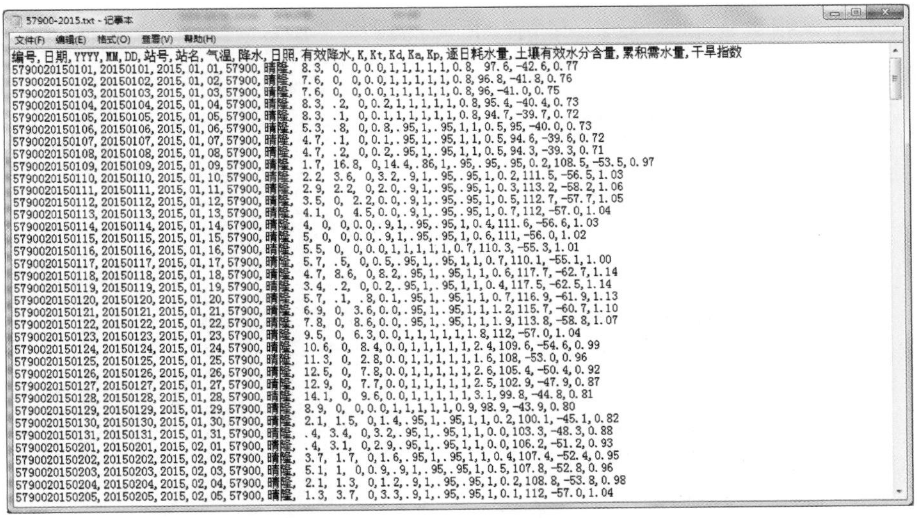

图3-21　干旱实时监测输出结果

3.3.4　干旱预测预警

干旱预测预警模块，结合气象观测资料，对天气预报信息进行定量化应用，能形成气象信息序列，并基于土壤水分收支模拟方法、结合干旱监测结果（土壤水分含量），实现对未来逐日土壤含水量的预测，进一步计算得到农业气象干旱指数，实现对干旱等级的预测；结合干旱监测结果和未来干旱演变趋势，实现干旱预警（图3－22）。

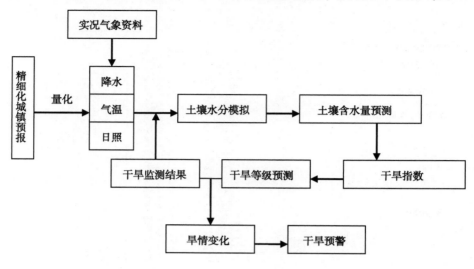

图3－22　干旱预测预警流程图

基于前述土壤水分预测模拟和干旱预测方法，结合气象资料序列，实现对各站未来5 d逐日干旱指数、旱情等级、旱情变化等的预测（图3－23），分别存储于干旱指数预测.txt、干旱等级预测.txt、干旱变化预测.txt、各站干旱预警.txt、预警信息汇总.txt等文件中。进而结合旱情变化，生成干旱预警信息，对未来出现干旱、旱情维持和旱情加重的地区实现干旱预警。

		指数+1	指数+2	指数+3	指数+4	指数+5	旱否+1	旱否+2	旱否+3	旱否+4	旱否+5	变化+1	变化+2	变化+3	变化+4	变化+5	预警
57807	六枝	0.57	0.67	0.78	0.89	1.00	无	无	无	无	无	无	无	无	无	无	
57741	碧江	1.14	1.18	1.18	1.18	1.18	无	无	无	无	无	无	无	无	无	无	
57647	松桃	1.18	1.18	1.18	1.18	1.18	无	无	无	无	无	无	无	无	无	无	
57637	德江	1.14	1.18	1.18	1.18	1.18	无	无	无	无	无	无	无	无	无	无	
57731	思南	1.14	1.18	1.18	1.18	1.18	无	无	无	无	无	无	无	无	无	无	
57736	江口	1.13	1.18	1.18	1.18	1.18	无	无	无	无	无	无	无	无	无	无	
57739	玉屏	1.14	1.18	1.18	1.18	1.18	无	无	无	无	无	无	无	无	无	无	
57742	万山	1.12	1.18	1.18	1.18	1.18	无	无	无	无	无	无	无	无	无	无	
57636	沿河	1.08	1.14	1.18	1.18	1.18	无	无	无	无	无	无	无	无	无	无	
57732	印江	1.15	1.18	1.18	1.18	1.18	无	无	无	无	无	无	无	无	无	无	
57734	石阡	1.14	1.18	1.18	1.18	1.18	无	无	无	无	无	无	无	无	无	无	
57907	兴义	0.42	0.51	0.62	0.74	0.84	无	无	无	无	无	无	无	无	无	无	
57900	晴隆	0.59	0.69	0.81	0.93	1.04	无	无	无	无	无	无	无	无	无	无	
56792	普安	0.41	0.51	0.62	0.73	0.83	无	无	无	无	无	无	无	无	无	无	
57902	兴仁	0.06	0.14	0.24	0.35	0.44	无	无	无	无	无	解除	无	无	无	无	
57908	安龙	0.47	0.55	0.64	0.73	0.82	无	无	无	无	无	无	无	无	无	无	
57909	册亨	0.68	0.76	0.85	0.93	1.02	无	无	无	无	无	无	无	无	无	无	
57905	贞丰	0.70	0.78	0.87	0.97	1.06	无	无	无	无	无	无	无	无	无	无	
57906	望谟	0.20	0.28	0.36	0.45	0.53	无	无	无	无	无	无	无	无	无	无	
57609	赤水	1.15	1.18	1.18	1.18	1.18	无	无	无	无	无	无	无	无	无	无	
57614	习水	1.18	1.18	1.18	1.18	1.18	无	无	无	无	无	无	无	无	无	无	
57606	桐梓	1.16	1.18	1.18	1.18	1.18	无	无	无	无	无	无	无	无	无	无	
57625	正安	1.17	1.18	1.18	1.18	1.18	无	无	无	无	无	无	无	无	无	无	
57623	道真	1.14	1.18	1.18	1.18	1.18	无	无	无	无	无	无	无	无	无	无	
57634	务川	1.11	1.18	1.18	1.18	1.18	无	无	无	无	无	无	无	无	无	无	
57710	仁怀	1.18	1.18	1.18	1.18	1.18	无	无	无	无	无	无	无	无	无	无	
57713	遵义	1.18	1.18	1.18	1.18	1.18	无	无	无	无	无	无	无	无	无	无	
57717	遵义县	1.18	1.18	1.18	1.18	1.18	无	无	无	无	无	无	无	无	无	无	
57720	绥阳	1.14	1.18	1.18	1.18	1.18	无	无	无	无	无	无	无	无	无	无	
57722	湄潭	1.14	1.18	1.18	1.18	1.18	无	无	无	无	无	无	无	无	无	无	
57723	凤冈	1.13	1.18	1.18	1.18	1.18	无	无	无	无	无	无	无	无	无	无	
57729	余庆	1.15	1.18	1.18	1.18	1.18	无	无	无	无	无	无	无	无	无	无	
57712	汇川	1.18	1.18	1.18	1.18	1.18	无	无	无	无	无	无	无	无	无	无	

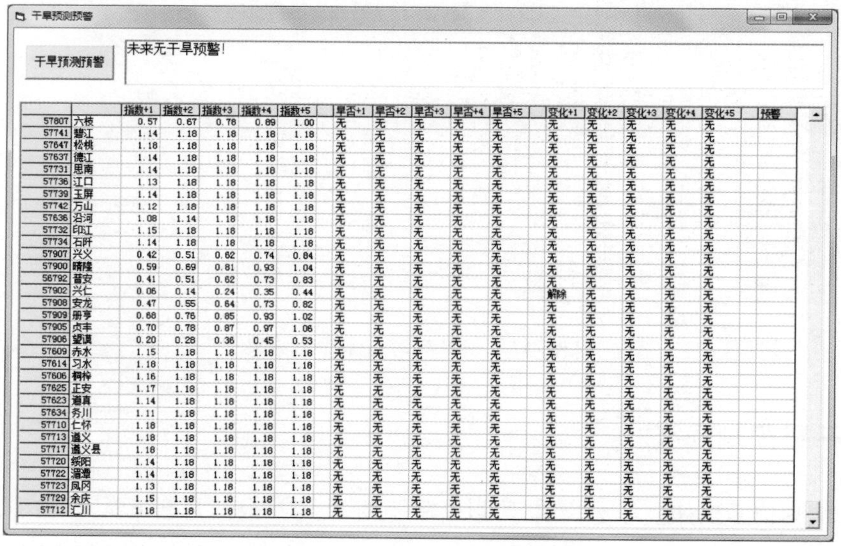

图3－23　干旱预测预警模块

3.3.5　历史干旱计算

土壤含水量是连续变化的过程，通过对历史逐日土壤水分含量的连续模拟（图 3 - 24），平滑由人为设定土壤水分含量初始值带来的误差，客观反映由气象等自然环境变化引起的干旱变化。系统实现了从 1961 年以来的旱地逐日土壤水分含量动态模拟和干旱指数计算；实现了历年 4—10 月的稻田水分含量进行模拟和干旱指数计算。输出结果包括历年各站逐日气温、降水、日照、有效降水、K、逐日耗水量、土壤有效水分含量，累积需水量，干旱指数等（图 3 - 25）。

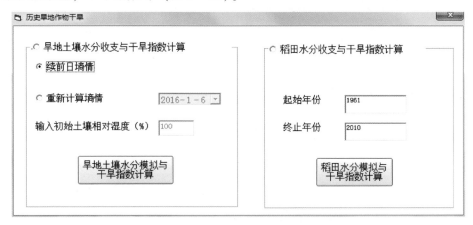

图 3 - 24　历史干旱计算模块

编号	日期	YYYY	MM	DD	站号	站名	气温	降水	日照	有效降水	K	Kt	Kd	Ea	Kp	逐日耗水量	土壤有效水分含量	累积需水量	干旱指数
565T119751030	19751030	1975	10	30	56571	西昌	11.9	1.7	.3	1.5	.9	1	.95	.95	1	0.7	60.3	-5.3	0.10
565T119751031	19751031	1975	10	31	56571	西昌	14.5	0	8.5	0.0	.9	1	.95	.95	1	1.5	58.8	-3.8	0.07
565T119751101	19751101	1975	11	01	56571	西昌	15	0	2.7	0.0	.9	1	.95	.95	1	1.2	55.4	-0.4	0.05
565T119751102	19751102	1975	11	02	56571	西昌	17.9	0	9.6	0.0	.9	1	.95	.95	1	2.2	55.4	-0.4	0.01
565T119751103	19751103	1975	11	03	56571	西昌	15.7	0	8.5	0.0	.9	1	.95	.95	1	1.6	53.8	1.2	-0.02
565T119751104	19751104	1975	11	04	56571	西昌	12.4	6.9	.8	6.6	.95	1	.95	1	1	1.6	59.6	-4.6	0.08
565T119751105	19751105	1975	11	05	56571	西昌	12.4	0	9.6	0.8	.95	1	.95	1	1	1.6	58.8	-3.8	0.07
565T119751106	19751106	1975	11	06	56571	西昌	15	0	8.9	0.0	.95	1	.95	1	1	1.6	57	-2.0	0.04
565T119751107	19751107	1975	11	07	56571	西昌	16.6	0	8.2	0.0	.95	1	.95	1	1	1.8	55.2	-0.2	0.00
565T119751108	19751108	1975	11	08	56571	西昌	15.8	0	9.9	0.0	.95	1	.95	1	1	1.8	53.4	1.7	-0.03
565T119751109	19751109	1975	11	09	56571	西昌	15.2	0	6.4	0.0	.95	1	.95	1	1	1.4	51.9	3.1	-0.06
565T119751110	19751110	1975	11	10	56571	西昌	17.3	0	7.8	0.0	1	1	1	1	1	1.7	50.2	4.8	-0.09
565T119751111	19751111	1975	11	11	56571	西昌	15.7	0	7.4	0.0	1	1	1	1	1	1.5	48.7	6.3	-0.11
565T119751112	19751112	1975	11	12	56571	西昌	10.3	16.6	0	14.3	.86	1	.95	.95	.95	0.6	62.4	-7.4	0.13
565T119751113	19751113	1975	11	13	56571	西昌	8.2	13	0	10.5	.81	1	.95	.95	1	0.6	72.3	-17.3	0.31
565T119751114	19751114	1975	11	14	56571	西昌	10.6	.1	4.9	0.1	.86	1	.95	.9	1	1.2	71.2	-16.2	0.29
565T119751115	19751115	1975	11	15	56571	西昌	13.3	.1	2.3	0.1	.86	1	.95	.9	1	1.2	70.1	-15.1	0.27
565T119751116	19751116	1975	11	16	56571	西昌	13.7	0	8.6	0.0	.86	1	.95	.9	1	1.9	68.2	-13.2	0.24
565T119751117	19751117	1975	11	17	56571	西昌	12.4	0	5.8	0.0	.86	1	.95	.9	1	1.4	66.8	-11.6	0.21
565T119751118	19751118	1975	11	18	56571	西昌	12.1	0	8.6	0.0	1	1	1	1	1	1.6	65.5	-10.5	0.19
565T119751119	19751119	1975	11	19	56571	西昌	11.3	0	8.7	0.0	1	1	1	1	1	1.5	64	-9.0	0.16
565T119751120	19751120	1975	11	20	56571	西昌	10.4	0	.8	0.0	1	1	1	1	1	0.7	64.3	-6.3	0.15
565T119751121	19751121	1975	11	21	56571	西昌	12.4	0	8.9	0.0	1	1	1	1	1	1.6	61.7	-6.7	0.12
565T119751122	19751122	1975	11	22	56571	西昌	8.7	0	8.6	0.0	1	1	1	1	1	0.8	61.1	-6.1	0.11
565T119751123	19751123	1975	11	23	56571	西昌	5.9	0	9.4	0.0	1	1	1	1	1	0.4	60.7	-5.7	0.10
565T119751124	19751124	1975	11	24	56571	西昌	6.1	0	9.6	0.0	1	1	1	1	1	0.4	60.3	-5.3	0.10
565T119751125	19751125	1975	11	25	56571	西昌	6.4	0	9.4	0.0	1	1	1	1	1	0.4	59.9	-4.9	0.09
565T119751126	19751126	1975	11	26	56571	西昌	7.2	0	6.9	0.0	1	1	1	1	1	0.8	59.1	-4.1	0.07
565T119751127	19751127	1975	11	27	56571	西昌	9	0	9.8	0.0	1	1	1	1	1	0.5	58.6	-3.6	0.07
565T119751128	19751128	1975	11	28	56571	西昌	10.6	0	4.4	0.0	1	1	1	1	1	0.4	57.7	-2.7	0.05

记录：672204　共有记录数：3246414

图 3 - 25　历史干旱计算输出结果

3.3.6　历史灾害查询

历史灾害资料查询子系统，实现了对历史灾害时空变化的直观便捷查询统计和分析制图（图 3 – 26 至图 3 – 31）。

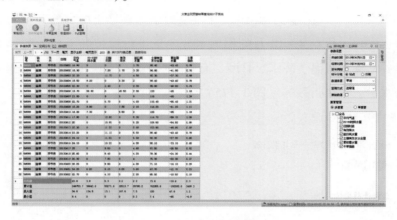

图 3 – 26　历史干旱数据视图

图 3 – 27　灾害资料查询检索菜单

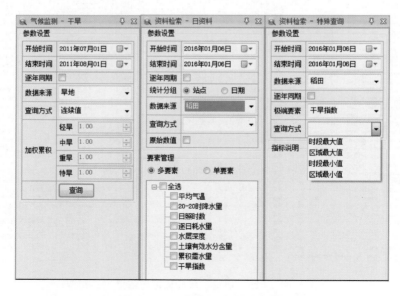

图 3 – 28　干旱监测检索查询界面

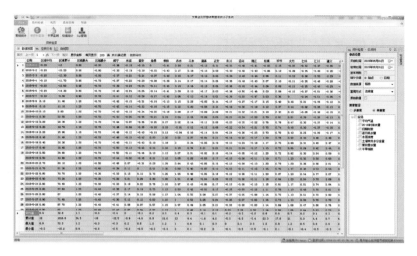

图 3 - 29　历年资料查询结果

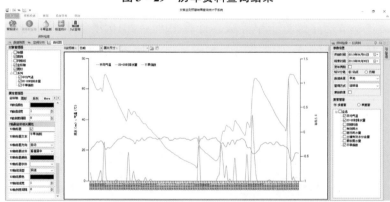

图 3 - 30　历年灾害曲线图

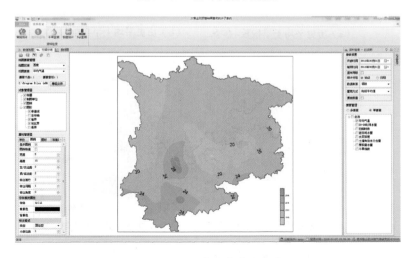

图 3 - 31　历史灾害空间分布

3.4 干旱和低温灾害时空特征

了解灾害发生发展过程、空间分布、时间变化，及其对作物生育的影响等，是有针对性地采取防控措施，做好监测预警和防灾减灾的重要前提和依据。基于历史灾害计算结果，应用历史 1981—2010 年 30 年平均值，对西南地区各月、各季节以及主要作物生长期内的干旱和低温灾害的时空分布特征进行了分析研究。

3.4.1 干 旱

3.4.1.1 干旱空间分布

（1）各季节干旱分布

选取各站各季节历年最重干旱等级，计算 1981—2010 年年平均，得到各站历史平均干旱指数。从图 3 - 32 中可以看出，西南地区不同季节均有不同程度的干旱发生，

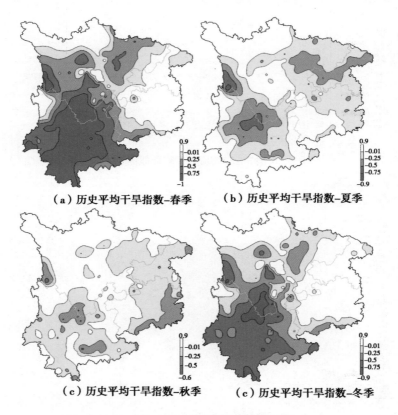

（a）历史平均干旱指数–春季　　（b）历史平均干旱指数–夏季

（c）历史平均干旱指数–秋季　　（c）历史平均干旱指数–冬季

图 3 - 32　西南地区各季节干旱程度空间分布

冬春季节干旱主要集中在云南大部、四川除西北部和东部边缘地区以外的大部、贵州西部和西南部边缘等区域，云南大部达到重度以上等级；夏秋季节干旱主要出现在四川东部和西南部、重庆大部、贵州东部以及云南大部地区，其中，四川东部至重庆中部一带夏季旱情相对较重，达到中度以上等级；四川西部边缘巴塘县、得荣县一带的金沙江干旱河谷地区，以及云南宾川县、永仁县、元谋县至四川攀枝花市一带，四季均出现较为严重的干旱。

（2）各月干旱分布

基于各月历史平均干旱指数（图3-33）可以看出，西南地区全年各月在不同区域均有不同程度的干旱发生，其中云南大部、四川西南部和西部边缘等地区，12月至次年6月中度以上干旱发生频繁，局部地区重度以上干旱发生频繁。其余月份大部地区为轻度干旱，其中8月重庆中北部地区多中度以上干旱。进一步对8月和9月累积干旱指数对比（图3-34）可见，西南地区东部干旱程度更重。

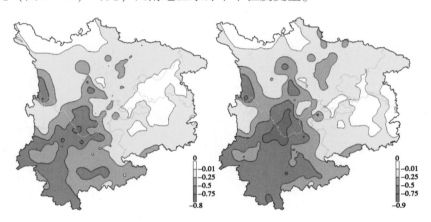

（a）历史平均干旱指数-1月　　　　　（b）历史平均干旱指数-2月

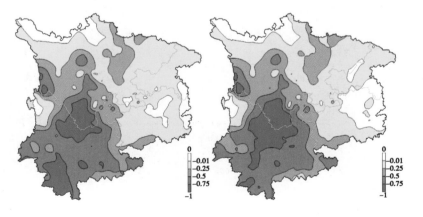

（c）历史平均干旱指数-3月　　　　　（d）历史平均干旱指数-4月

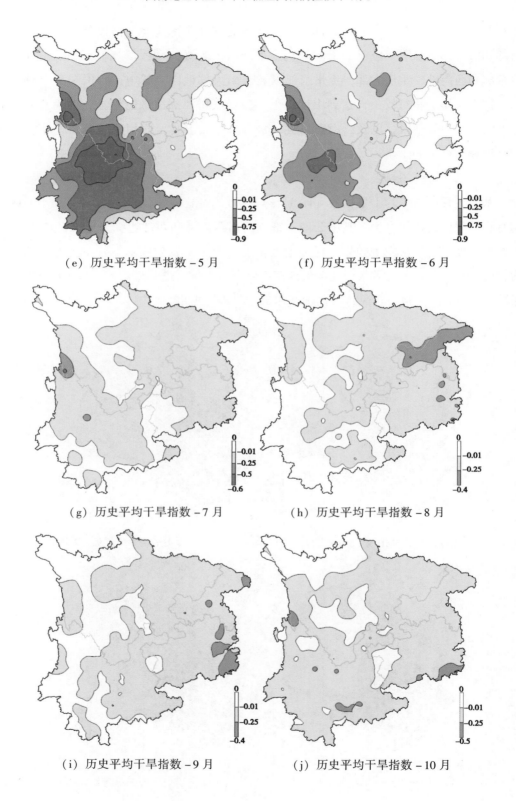

（e）历史平均干旱指数 – 5 月　　　　（f）历史平均干旱指数 – 6 月

（g）历史平均干旱指数 – 7 月　　　　（h）历史平均干旱指数 – 8 月

（i）历史平均干旱指数 – 9 月　　　　（j）历史平均干旱指数 – 10 月

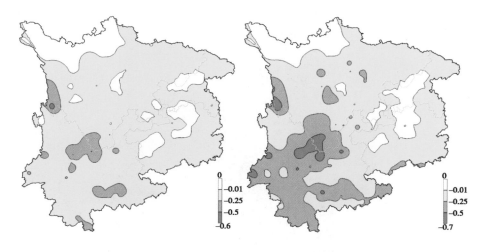

（k）历史平均干旱指数 – 11 月　　　　　（l）历史平均干旱指数 – 12 月

图 3 – 33　西南地区各月干旱程度空间分布

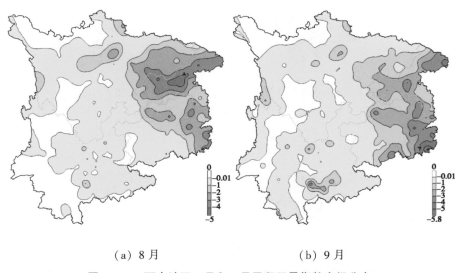

（a）8 月　　　　　　　　　　（b）9 月

图 3 – 34　西南地区 8 月和 9 月累积干旱指数空间分布

（3）作物生长期干旱分布

对各作物主要生长期内的干旱指数（图 3 – 35、图 3 – 36、图 3–37）分析显示，小麦生长期内各地均有不同程度的干旱，其中较重区域主要分布在在云南大部、四川西南部和南部地区；玉米生长前期（4—6 月）干旱较重区域主要分布在云南大部、四川西南部和南部，对玉米苗期生长影响较大；玉米后期干旱较重区域主要分布在四川东部、重庆大部和贵州东部地区，对玉米的灌浆成熟等影响较大；水稻移栽，干旱相对较重区域主要分布在云南和四川大部；分蘖至拔节孕穗期，干旱相对较重区域主要

81

分布在云南中部和北部以及四川北部的局部地区；抽穗至灌浆成熟期，干旱相对较重区域主要分布在四川东部、重庆大部和贵州中东部等地。

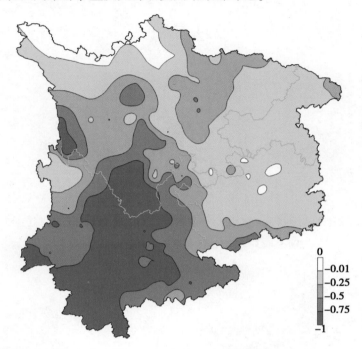

图 3 – 35　小麦生长期干旱指数分布（12 月至次年 4 月）

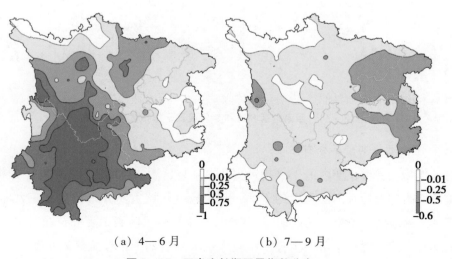

（a）4—6 月　　　　（b）7—9 月

图 3 – 36　玉米生长期干旱指数分布

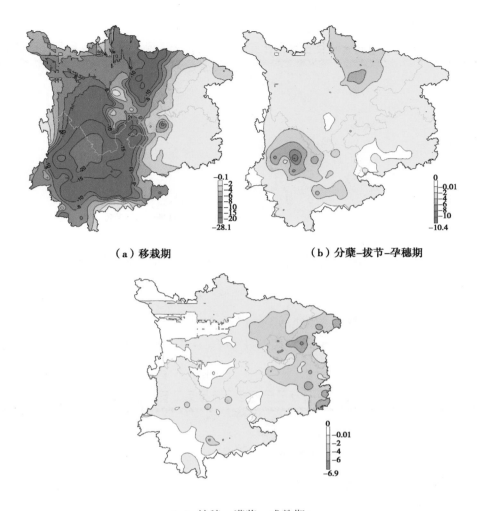

（a）移栽期 （b）分蘖–拔节–孕穗期

（c）抽穗–灌浆–成熟期

图 3 – 37 水稻生长期累积干旱指数分布

3.4.1.2 干旱时间分布

各省选取不同区域的代表站，将无旱时的干旱指数统一记为 0 值，计算全年逐日 30 年平均干旱指数值，以了解干旱在年内不同时段的分布情况。

（1）旱地干旱

四川分别选取平武县、理塘县、双流县、会理县、达州市达川区代表其北部、西部、中部、南部和东部地区。从变化图（图 3 – 38）可以看出，北部、中部和南部地区，干旱时段主要出现在 11 月至次年 6 月，其中南部地区干旱春季旱情相对最重，达到重度等级；西部地区干旱主要出现在 1—6 月，为轻度等级；东部地区旱情相对较轻，仅 8—9 月有轻度干旱。

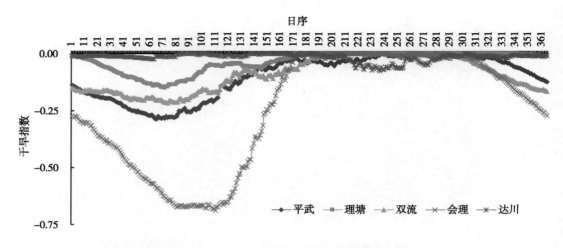

图 3 - 38 四川代表站点逐日平均干旱指数变化

云南选取大关、丽江、腾冲、双柏、罗平、勐海分别代表其东北部、西北部、西部、中部、东部和南部地区,从逐日干旱指数分布图(图 3 - 39)可以看出,云南各地干旱主要出现在 11 月至次年 6 月,其中西北部、南部、中部地区春季达到重度等级。

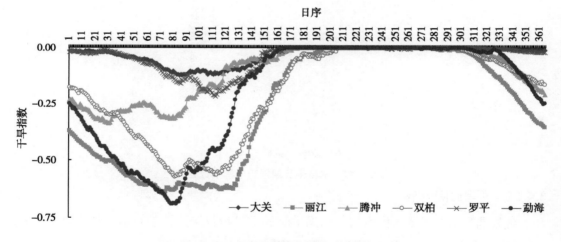

图 3 - 39 云南代表站点逐日平均干旱指数变化

贵州选取盘县、正安、锦屏、花溪、罗甸分别代表其西部、北部、东部、中部和南部区域。从全年干旱指数变化(图 3 - 40)可以看出,各地干旱出现时段有较大差异。西部地区干旱主要出现在冬春季,其中春季相对更重,达到中度等级;南部低热地区干旱出现在除 5—7 月以外的其余月份,其中 10 月至次年 3 月干旱相对更重,达到中度等级;东部地区干旱主要出现在 7—12 月,其中 8—10 月相对更重,平均为轻度等级;中部和北部地区干旱主要出现在 8—9 月,平均为轻级,其中中部地区春季有轻度干旱时段。

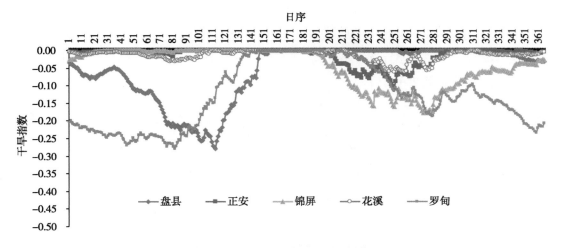

图 3 – 40 贵州代表站点逐日平均干旱指数变化

重庆分别选取城口、巫山、永川、涪陵、秀山代表其北部、南部、西部、中部和东北部地区，从逐日干旱指数变化（图 3 – 41）可见，重庆各地平均干旱等级为轻级，其中 8—10 月各地均有干旱，中部和西部地区春季有轻度干旱，此外东北部地区 11 月至次年 4 月，均有不同程度干旱。

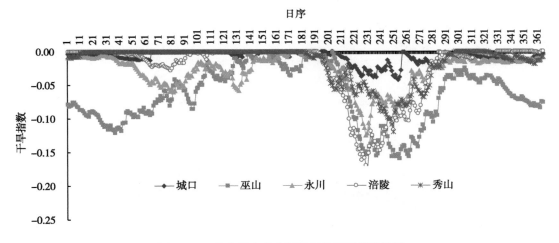

图 3 – 41 重庆代表站点逐日平均干旱指数变化

综合而言，西南地区各地干旱出现时段存在较大差异，但主要包括冬春旱和夏秋旱两种特征，其中四川和云南大部地区以冬春旱为主，贵州和重庆以夏秋干旱为主。

（2）稻田干旱

选取各省市不同区域的代表站，对稻田干旱指数（图 3 – 42）进行了分析。从中可以看出，云南和四川大部地区水稻生长前期水分相对欠缺，稻田干旱比较显著，不同的地区干旱持续时间和程度有差异。局地全生育期均有不同程度的干旱发生。

重庆和贵州包括前期干旱和后期干旱两个时段，贵州西部地区，前期干旱显著，后期基本无旱；东部地区干旱主要出现在后期（8—9月）。其余地区除6—7月外，前期和后期均有不同程度的干旱。

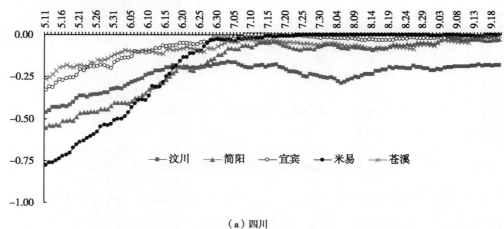

（a）四川

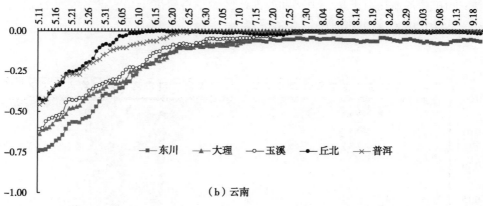

（b）云南

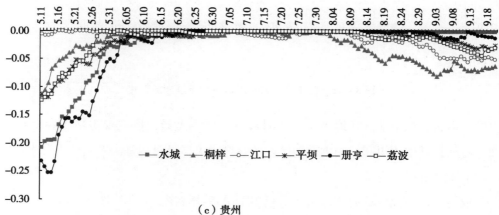

（c）贵州

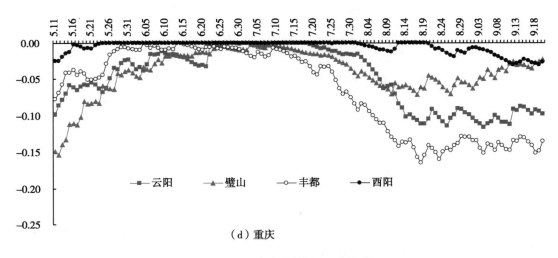

（d）重庆

图 3 – 42　各省代表站稻田干旱指数

3.4.1.3　干旱历史变化

分别对小麦、玉米、水稻主要生长期内的累积干旱指数计算平均并取绝对值，得到西南区域小麦生长后期、玉米生长前期、玉米生长后期、水稻移栽期、水稻分蘖 – 拔节期、水稻抽穗 – 灌浆成熟期等历年累积干旱指数序列。

1961 年以来，西南地区各作物生长期内均有不同程度的干旱发生，但增减趋势均不显著。从历年累积干旱指数序列演变图（图 3 – 43）可以看出：水稻移栽期干旱相对较重的年份有 1963、1969、1977、1979、1987、1994、2005、2014 年；水稻分蘖至拔节期干旱相对较重有 1961、1967、1969、1977、1979、1983、1993、1996、2001、2006、2010、2013 年；水稻抽穗至灌浆成熟期干旱相对较重的年份有 1966、1972、1990、1992、1994、1997、2006、2011 年。

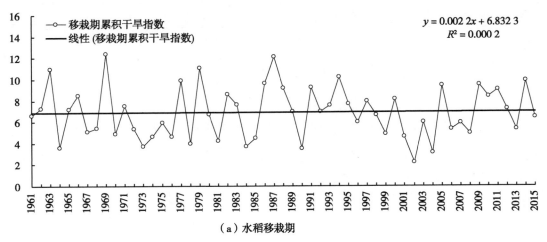

（a）水稻移栽期

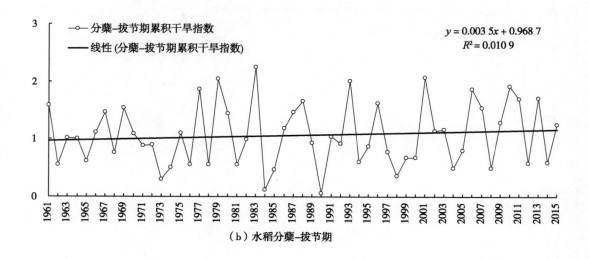

（b）水稻分蘖–拔节期

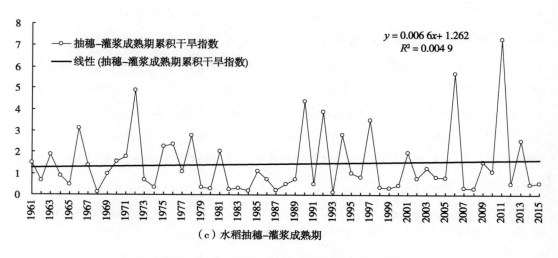

（c）水稻抽穗–灌浆成熟期

图 3 – 43　水稻不同生育期内历年干旱指数演变

　　玉米生长前期（4—6 月）较为严重的干旱年份分别为 1963、1966、1969、1979、1987 年；玉米生长后期（7—9 月）干旱较重的年份分别为 1966、1972、1990、1992、1997、2001、2006、2011 年，详见图 3 – 44。

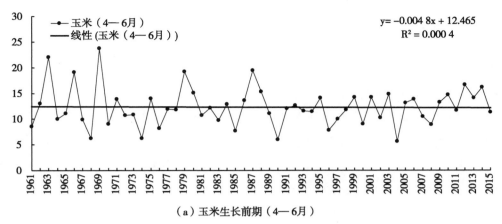

（a）玉米生长前期（4—6月）

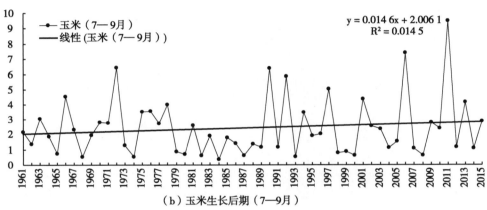

（b）玉米生长后期（7—9月）

图 3 – 44　玉米不同生育期内历年干旱指数演变

小麦生长期分别在 1962、1968、1978、1998、2009、2012 年发生了相对较为严重的干旱，详见图 3 – 45。

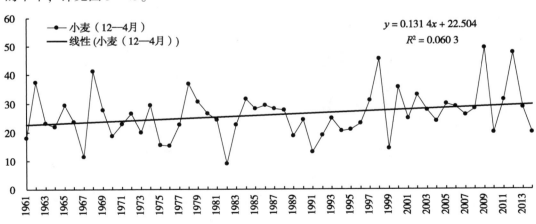

图 3 – 45　小麦生育期内（12 月至次年 4 月）历年干旱指数演变

3.4.2 低温

3.4.2.1 低温空间分布

（1）水稻抽穗扬花期低温

从近 30 年西南地区水稻抽穗扬花期低温平均综合评价指数分布图（图 3 - 46）来看，水稻抽穗扬花期低温灾害主要发生在贵州中西部、云南东部和西北部、四川西部等地区，其中相对较重的区域主要出现在贵州中西部、云南东部以及四川南部和北部部分地区，平均达到中度以上等级，局地达到特重级。

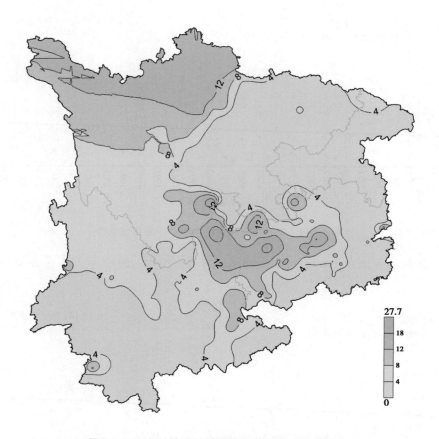

图 3 - 46　水稻抽穗扬花期低温综合评价指数分布

（2）倒春寒

从西南地区历年平均倒春寒指数空间分布图（图 3 – 47）来看，倒春寒达到中度等级的区域主要分布在贵州大部、云南东部和南部、四川南部等地区。

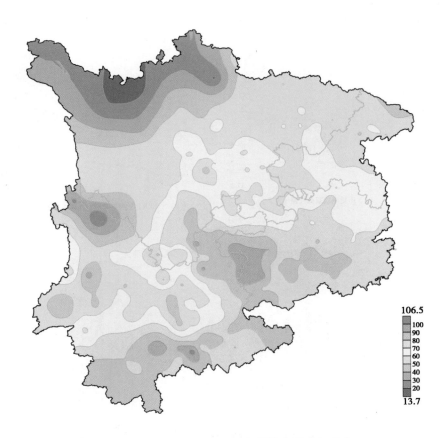

图 3 – 47　西南地区历年平均倒春寒指数空间分布

（3）冻　害

从历史极端最低气温、历年平均极端最低气温、以及负积温等（图 3 – 48）可以看出，川西高原以及云南西北部等高海拔地区是冻害相对最重的区域，云南中部以南、四川盆地中东部、重庆中部、贵州南部等地区冻害相对较轻。

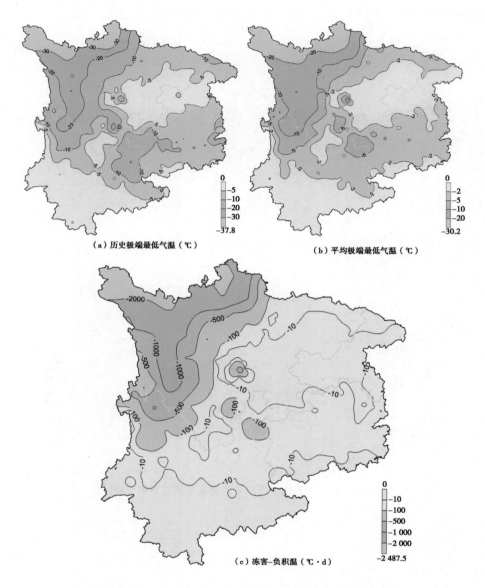

(a) 历史极端最低气温（℃）

(b) 平均极端最低气温（℃）

(c) 冻害-负积温（℃·d）

**图3-48　历史极端最低气温、平均极端最低气温
和负积温分布**

（4）霜　冻

从西南地区霜冻综合评价指数、霜冻过程最低气温、霜冻日数以及霜冻过程等级等指标分布图（图3-49）可以看出，霜冻相对较重区域主要集中在云南北部、四川西部等海拔相对较高地区。

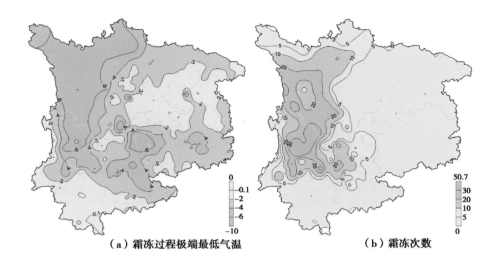

（a）霜冻过程极端最低气温　　　　　　　（b）霜冻次数

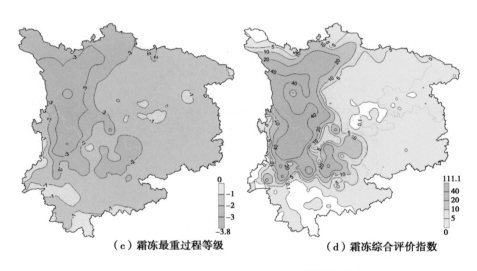

（c）霜冻最重过程等级　　　　　　　　（d）霜冻综合评价指数

图 3-49　西南地区霜冻灾害各项指标空间分布

3.4.2.2　低温时间分布

从水稻抽穗扬花期低温、倒春寒、冻害以及倒春寒等逐日站数变化图（图 3-50 至图 3-53）可以看出，西南地区水稻抽穗扬花期的低温危害于 8 月中旬开始到 9 月上旬呈上升趋势；倒春寒主要出现在 3 月；11 月到 3 月均有冻害发生，其中冬季出现范围最大；10 月至 4 月均有霜冻发生，其中 12 月至 2 月相对高发。

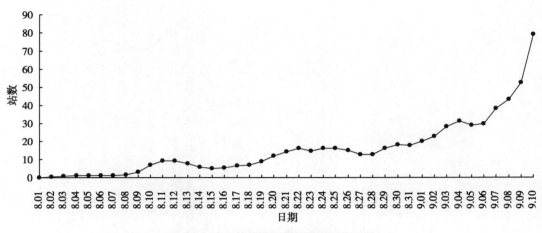

图 3 - 50　水稻抽穗扬花期逐日站数变化

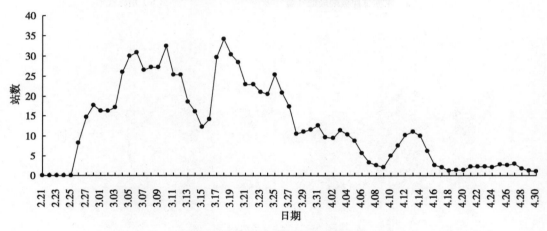

图 3 - 51　逐日出现倒春寒站数变化

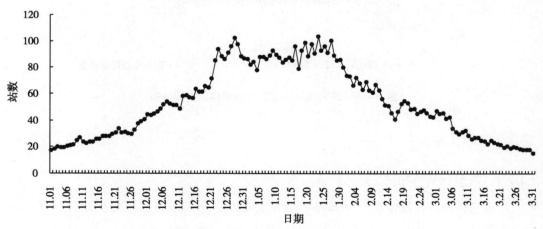

图 3 - 52　逐日出现冻害站数变化

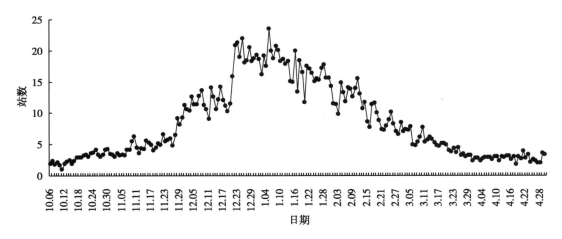

图 3 – 53　逐日出现霜冻站数变化

3.4.2.3　低温历史变化

从西南地区水稻抽穗扬花期低温平均综合评价指数、平均倒春寒指数、冻害各项指数以及霜冻指数等的历年演变趋势（图 3 – 54 至图 3 – 57）来看，西南地区作物低温冷害和冻害均呈现不明显的减少趋势。其中，水稻抽穗扬花期低温区域平均综合评价指数呈现波动变化，无显著增减趋势，但 2002 年为异常严重的年份；倒春寒历年西南区域平均指数在轻到中级范围内波动，无显著增减趋势，2011 年倒春寒相对较为严重；冻害呈现一定减弱趋势，但仍有较大的不确定性；霜冻综合评价指数和平均霜冻次数，均呈现下降趋势，达到 $\alpha = 0.01$ 的显著水平，但 2010 年和 2013 年霜冻灾害相对较重。

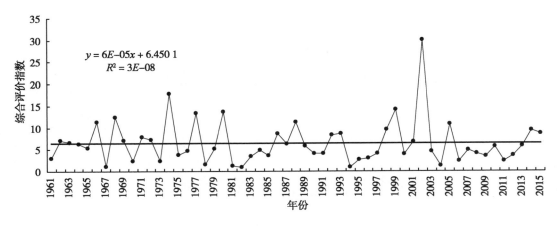

图 3 – 54　西南地区水稻抽穗扬花期低温综合评价指数历史演变

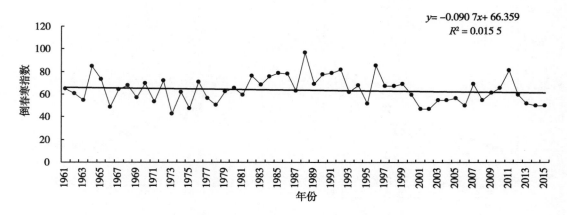

图 3 – 55　西南地区平均倒春寒指数历史演变

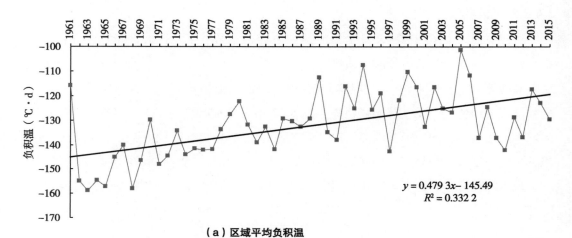

（a）区域平均负积温

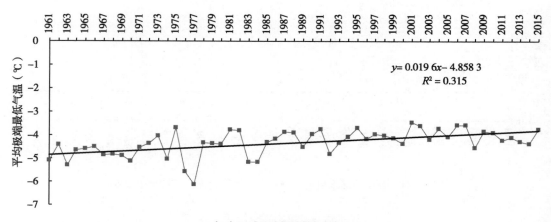

（b）区域平均极端最低气温

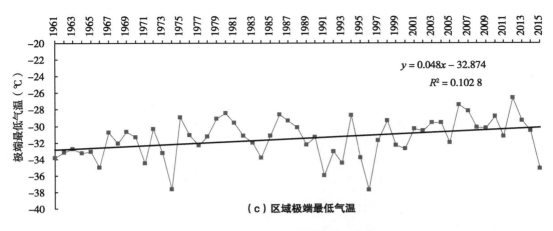

（c）区域极端最低气温

图 3 – 56 西南地区冻害各项指数历年演变

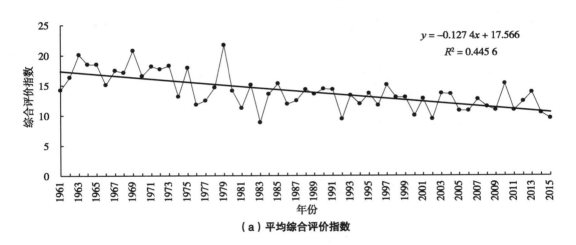

（a）平均综合评价指数

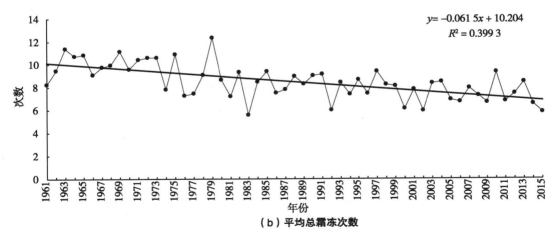

（b）平均总霜冻次数

图 3 – 57 西南地区霜冻平均综合评价指数和平均总霜冻次数历史演变

3.4.3　农业灾害综合分区

根据前述西南地区灾害时空特征，可根据不同地区主要影响的灾害，结合地形、气候、农业生产等，对西南地区进行综合分区（图 3 – 58）。

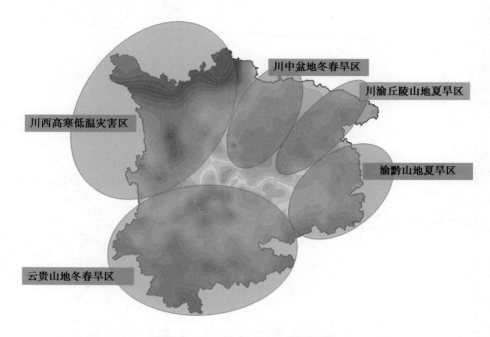

图 3 – 58　西南区农业灾害分区图

（1）川西高寒低温灾害区

包括四川西部大部地区和云南西北部地区，该区域以牧业为主，种植业相对较少，一年一熟，早春和秋季易遭受低温冻害和霜冻灾害。

（2）云贵山地冬春旱区

包括云南大部、四川南部、贵州西部，是重要的粮食生产区，该区域冬春季较温暖，干湿季明显，雨季开始前易出现持续少雨天气。此外，夏末秋初，易出现低温灾害，影响水稻正常扬花授粉。该区以冬春干旱为主，春季、夏末秋初时有低温灾害出现。

（3）川中盆地冬春旱区

包括四川中东部和重庆西部，该区域以丘陵为主，主要农业灾害是冬春干旱，同时夏旱时有发生。

（4）川渝丘陵山地夏旱区

包括四川东部及重庆大部，以夏旱灾害为主，夏季易出现高温干旱天气，低温灾害相对较轻。

（5）渝黔山地夏旱区

包括贵州中东部和重庆南部地区，该区域以复杂山地为主，地形破碎，起伏较大，是典型的山地农业区，因灌溉能力不足，土壤保蓄水分能力有限，夏季易出现季节性干旱。此外，海拔较高地区，夏末秋初易出现低温灾害，影响水稻正常扬花授粉。该区域主要农业灾害是夏季干旱，同时春季倒春寒和水稻抽穗扬花期低温冷害也对农业生产造成较大威胁。

第4章　主要粮食作物抗逆品种鉴选

抗逆品种鉴选与应用，有助于增强作物抗逆能力，减轻灾害危害。作物抗逆性是在土壤水分过多或过少、温度过高或过低以及其他环境因子异常导致的逆境中，作物通过生理过程或形态改变来抵消逆境造成的不利影响，维持作物基本生长的能力。不同地区逆境特征不同，而不同作物不同生育阶段对逆境的敏感性也不同。因此，鉴定作物抗逆指标，并选取适宜当地气候特征的抗逆品种，对粮食作物生产的稳定性有极为重要的作用。

4.1　水稻抗逆品种鉴选

4.1.1　水稻耐低温、耐旱鉴定指标

4.1.1.1　水稻耐低温鉴定指标

在水稻的不同生长时期，不同的冷害类型，其相对应的耐低温鉴定和评价指标也各不相同。一般认为籼稻比粳稻对低温胁迫更加敏感。对于籼稻和粳稻，不同生长发育阶段它们对低温敏感的临界温度也不同，耐低温鉴定中应对不同亚种采用不同的低温来加以区分，但在实际中采用的耐低温鉴定方法并没有严格区分两个亚种的低温处理强度，还有待完善。

（1）低温处理方法

要鉴定作物的耐冷性，首先要给作物创造一个适当的低温胁迫环境，然后选择恰当的指标来区分作物间的耐冷性差异，目前低温处理方法主要有自然低温处理法、地下深冷水串流灌溉法、恒温冷水循环灌溉法、人工气候法。

自然低温处理法：将供试品种分期播种，以自然低温造成低温胁迫，直接按照作物结实率、产量或生长状况来评价品种的耐冷性，此方法与生产实际相近，适合对大量的育种材料进行筛选，但受自然低温发生的时期和强度影响，重复性差。

地下深冷水串流灌溉法：将材料栽种于水泥池中，以地下深冷水灌溉，可调节水

深，该方法的特点可保证每年都有较为可靠的耐冷性鉴定结果，但不同成熟期的材料受到冷水处理的时间长短不一，对精确评价各材料的耐冷性尚有欠缺之处。

恒温冷水循环灌溉法：利用冷水制造机和温度控制装置使循环灌溉水的水温处于设定的范围内，一般设定的水温为 19.0 ± 0.2 ℃，使从开始进入生殖生长至完成受精期间的稻株受到可人为调控的冷水处理，其他时期的生长条件正常，最后以结实率来评价其耐冷性。该方法的特点在于保证了鉴定的高精度，进而使之能够鉴别耐冷性差别较小的材料，同时较充分地利用了水资源，其欠缺之处同于串流灌溉鉴定。

人工气候法：利用人工气候箱（室），人为地控制温、光、湿，对材料进行培养和耐冷性鉴定，该方法适宜于开展高精度的耐冷性鉴定和研究，特别是耐冷性遗传和生理方面的研究，但耗电多，一次性处理材料有限。

（2）耐冷性指标

水稻耐冷性鉴定指标大致可分为形态指标、生长发育指标和生理生化指标。形态指标有根系发达程度、叶片的形态以及分蘖数、穗的长度等。生长发育指标有存活率、死苗率、叶赤枯度、萎蔫率及花药长度等。生理生化指标有叶片外渗电导率、MDA 含量、脯氨酸含量、茎秆溢泌量及可溶性糖含量等。

芽期耐冷性鉴定。芽期耐冷性鉴定方法比较一致。以成苗率作为指标进行芽期耐低温的鉴定与评价［成苗率（%）＝（活苗数/出芽总数）×100］。种子萌发后（芽长约 5 mm），在 5 ℃条件下处理 10 d，然后在常温下恢复 10 d，按照成苗率进行抗冷性等级划分。

苗期耐冷性鉴定。苗期耐低温鉴定方法比较多样，最常见的苗期耐低温鉴定方法及指标有：冷处理后幼苗叶片的卷曲程度，叶色变化、苗高，幼苗萎缩率，幼苗死亡率四种。幼苗萎缩率即在正常条件下培植水稻幼苗至 3 叶期，在 5 ℃相对湿度 70% ～ 80% 光照 12 h 下低温处理 4 d，而后常温恢复，恢复至第 6 d 以叶片凋萎程度为依据来判断。幼苗枯死率也是将正常生长的 2 ～ 3 叶期水稻幼苗于 5 ℃、相对湿度 70% ～ 80%，光照 12 h，光强为 2 万 ～ 3 万 Lux 下处理 7 d，常温恢复 6 d 调查幼苗枯死率。幼苗枯死率的评价标准如下：1 级，幼苗枯死率为 0% ～ 20%；2 级，幼苗枯死率为 21% ～ 30%；3 级，幼苗枯死率为 31% ～ 40%；4 级，幼苗枯死率为 41% ～ 50%；5 级，幼苗枯死率为 51% ～ 60%；6 级，幼苗枯死率为 61% ～ 70%；7 级，幼苗枯死率为 71% ～ 80%；8 级，幼苗枯死率为 81% ～ 90%；9 级，幼苗枯死率为 91% ～ 100%。

孕穗期耐低温鉴定。研究表明，水稻孕穗期中小孢子形成初期及花粉母细胞减数分裂期对低温反应最敏感。孕穗期耐低温一般以水稻空壳率作判定指标，分为以下 9 级：1 级：空壳率为 1% ～ 10%；2 级：空壳率为 11% ～ 20%；3 级：空壳率为 21% ～ 30%；

4 级：空壳率为 31% ~ 40%；5 级：空壳率为 41% ~ 50%；6 级：空壳率为 51% ~ 60%；7 级：空壳率为 61% ~ 70%；8 级：空壳率为 71% ~ 80%；9 级：空壳率为 81% ~ 90%。

开花期耐冷性鉴定。开花期耐低温鉴定一般从水稻抽穗期开始，于 15 ~ 17 ℃（对于粳稻一般采用 15 ℃，而对于籼稻一般采用 17 ℃）下低温处理 5 ~ 10 d 后常温恢复，待成熟后，调查空壳率，分级方法同孕穗期。耐低温鉴定评价指标为相对结实率。相对结实率指处理单株平均每穗的实粒数占大田平均每穗实粒数的百分比。

4.1.1.2 水稻耐旱性鉴定指标

（1）水稻耐旱性鉴定方法

水稻的抗旱鉴定实际是根据水稻抗旱能力大小对其进行筛选、评价。水稻由于本身的遗传性以及环境长期互相作用的影响，其抗旱性表现因地、因时而异，目前还无法对其精确地衡量。自然环境鉴定法、人工环境鉴定法、实验室鉴定法是当前水稻抗旱性鉴定的主要方法。

自然环境鉴定法。在自然条件下以灌水来调节控制土壤中水分，实现程度不同的干旱胁迫环境，以对水稻形态或产量所受到的影响来评价其抗旱性。

人工环境鉴定法。在可人为控制的环境下，以不同生育期内干旱胁迫对生理生化过程、生长发育或者产量的影响来评价其抗旱性。

自然环境和人工环境鉴定法都存在着明显缺点，如周期长、易受环境影响等。

实验室鉴定法。通过生理生化指标在实验室测定来评价其抗旱性。一些生理生化指标如植株或叶片的水势、叶绿素、脱落酸和脯氨酸含量等都与作物抗旱性存在相关性。这些指标因环境和生育期的变化而异，且单一的生理生化指标并不能全面鉴定材料的抗旱性。

（2）水稻耐旱性鉴定指标

形态指标、生长指标、生理生化指标、产量指标和综合指标是关水稻抗旱性鉴定的主要指标。

形态指标。形态指标主要包括根系、株高、穗茎粗、有效穗数、穗长、每穗实际粒数、卷叶程度、谷粒宽、剑叶长、倒二节间长等。较理想的水稻抗旱株型是根量大、根粗且长、叶片较宽、较厚、叶长较短、叶数略多、株型收敛。

生长指标。生长指标主要有产量指标、生长发育指标、种子相对发芽率、反复干旱幼苗存活率、相对抽穗日数、结实率等。

生理生化指标。生理生化指标如光合作用、呼吸作用、气孔阻力、相对含水量、可溶性物质含量、自由水和束缚水含量、某些酶的活性、脯氨酸含量、叶水势、渗透

势、渗透调节能力等。

水稻抗旱性是一种受多个基因控制的综合性状，任何单项机理的研究都有一定的局限性，故要从形态、生理、生化等指标中，选出几个显著影响抗旱性的指标，通过综合分析和判断，对水稻进行的抗旱性鉴定才能更加科学有效（全瑞兰等，2015）。有研究提出了以多项生理指标，运用产量、脯氨酸含量、质膜相对透性、单株有效分蘖数、结实率等综合指标选用耐旱品种（张燕之等，1996）。

4.1.2　水稻品种抗旱性对比试验

4.1.2.1　试验概况

试验于 2014 年在贵州省荔波县开展，试验品种选择隆两优 1025、C 两优华占、江优 919、福优 325、锋优 85、中浙优 1 号（CK）。试验地海拔 526 m，试验田前作为冬闲田，光照充足，排灌方便，肥力中上等，土壤为青黑泥田。

试验共设 6 个处理，随机区组排列，重复 3 次，小区规格 4 m×7 m、面积 28 m²，栽秧方式为宽窄行，株行距为 20 cm×（20 cm＋30 cm），每小区 16 行，每行 32 丛，共 512 丛，密度 183 000 丛/hm²，每丛栽 2 棵谷秧。

试验区 2014 年 4—10 月，≥0 ℃的活动积温为 5 174.8 ℃，比常年同期偏多 183.8 ℃，比上年偏多 185.8 ℃；总降水量为 1 074.3 mm，分别比常年同期和上年偏多 2.5% 和 28.5%；总雨日为 107 d，分别比常年同期和上年偏多 13 d 和偏少 8 d；总日照时数为 760.3 h，比常年同期偏少 1.4%，比上年偏少 12.6%。

试验采用旱育秧，4 月 8 日播种，5 月 15 日移栽，秧龄 37 d，叶龄 2 叶 1 心。移栽前大田进行 3 犁 3 耙，施腐熟的厩肥 15 000 kg/hm²，施控肥（N∶P∶K＝22∶10∶10）450 kg/hm²，过磷酸钙 750 kg/hm²，硅钙肥 750 kg/hm²，氯化钾 150 kg/hm²。栽后浅水，在返青期内保持水层 3 ~4 cm 维持 5 d。薄水分蘖，排浅保持 1 ~2 cm，秧苗茎蘖数达目标穗数的 85% ~90% 晒田控苗，穗分化至扬花期保持 3 ~4 cm 浅水，灌浆至成熟期实行间歇灌溉，收获前 7 ~10 d 断水落干。6 月 2 日、6 月 20 日、7 月 1 日、7 月 20 日、8 月 10 日用吡虫啉、环业一号、丙环唑、吡虫·异丙威、治粉高、稻瘟灵交替防治稻飞虱、稻纵卷叶螟、纹枯病、稻瘟病等病虫害。9 月 13 日收获。

4.1.2.2　结果与分析

（1）参试品种生育期特性

从表 4-1 可看出，在播种期、移栽期及田间管理水平相同条件下，中浙优 1 号全生育期最长为 137 d；江优 919 全生育期最短为 132 d，比对照少 5 d；锋优 85 比对照少

1 d，C 两优华占比对照少 2 d，隆两优 1025、福优 325 比对照少 3 d。

表 4 - 1　参试品种生育期特性

品种名称	播种期 （月 - 日）	移栽期 （月 - 日）	秧龄 （d）	始穗期 （月 - 日）	齐穗期 （月 - 日）	成熟期 （月 - 日）	全生育期 （d）
隆两优 1025	4 - 20	5 - 15	25	8 - 1	8 - 8	9 - 1	134
C 两优华占	4 - 20	5 - 15	25	8 - 2	8 - 9	9 - 3	135
江优 919	4 - 20	5 - 15	25	7 - 28	8 - 12	8 - 29	132
福优 325	4 - 20	5 - 15	25	8 - 1	8 - 6	9 - 1	134
锋优 85	4 - 20	5 - 15	25	8 - 3	8 - 4	9 - 3	136
中浙优 1 号（CK）	4 - 20	5 - 15	25	8 - 1	8 - 6	9 - 4	137

（2）参试品种主要经济性状

从表 4 - 2 可以看出，参试品种的有效穗 217.7 万 ~ 267.1 万穗/hm²，株高 94.5 ~ 111.9 cm，穗长 22.7 ~ 27.5 cm，穗总粒数 161.2 ~ 205.5 粒，穗实粒数 143.5 ~ 178.6 粒，结实率 82.8% ~ 90.3%，千粒重 29.1 ~ 34.1 g。锋优 85 理论产量最高，为 10 589.0kg/hm²，江优 919 最低，为 8 211.5kg/hm²。

表 4 - 2　参试品种主要经济性状

品种名称	有效穗 （万穗/hm²）	株高 （cm）	穗长 （cm）	穗粒数 （粒）	穗实粒 （粒）	结实率 （%）	千粒重 （g）	理论产量 （kg/hm²）
隆两优 1025	234.2	110.7	23.8	161.2	143.5	89.0	34.1	9 740.5
C 两优华占	267.1	94.5	24.7	168.7	152.3	90.3	29.5	10 200.9
江优 919	217.7	102.8	27.5	179.9	148.9	82.8	29.8	8 211.5
福优 325	230.5	111.9	23.6	163.1	146.1	89.6	33.7	9 647.5
锋优 85	228.7	110.0	22.7	205.5	178.6	86.9	30.5	10 589.0
中浙优 1 号（CK）	239.7	106.9	24.7	170.3	149.7	87.9	29.1	8 874.6

（3）参试品种产量表现

从表 4 - 3 可以看出，锋优 85 的产量最高，为 10 850.5 kg/hm²，比对照中浙优 1 号（9 202.8 kg/hm²）增产 17.90%，居第 1 位；C 两优华占的产量排第 2 位，为 10 469.6 kg/hm²，比对照增产 29.64%；隆两优 1025 产量排第 3 位，为 9 843.35 kg/hm²，比对照增产 6.96%；福优 325 产量排第 4 位，为 9 793.35 kg/hm²，比对照增产 6.42%；江优 919 产量排第 6 位，为 8 483.76 kg/hm²，比对照减产 7.81%。

经方差分析结果表明：$F_{区组间} = 0.632 < F_{0.05} = 4.10$，各区组间差异不显著，$F_{处理间} = 44.327 > F_{0.01} = 5.64$，各处理间产量存在显著性差异。经 Duncan 新复极差法进行多重比较结果表明：锋优 85 和 C 两优华占差异不显著，但极显著优于隆两优 1025、江优

919、福优 325、中浙优 1 号（CK），隆两优 1025 和福优 325 差异不显著，但极显著优于江优 919 和中浙优 1 号（CK），中浙优 1 号极显著优于江优 919。

表 4-3　参试品种产量结果

品种	小区产量/kg				折合产量（kg/hm²）	较对照（±%）	位次	差异显著性	
	Ⅰ	Ⅱ	Ⅲ	平均				0.05	0.01
隆两优 1025	28.4	26.8	27.5	27.6	9 843.4	7.0	3	b	B
C 两优华占	29.7	28.9	29.3	29.3	10 469.6	13.8	2	a	A
江优 919	24.1	23.6	23.6	23.8	8 483.8	-7.8	6	d	D
福优 325	26.7	28.3	27.3	27.4	9 793.6	6.4	4	b	B
锋优 85	31.2	29.9	30.1	30.4	10 850.5	17.9	1	a	A
中浙优 1 号（CK）	25.6	26.2	25.5	25.8	9 202.8	0.0	5	c	C

试验结果表明，供试的 6 个品种中，锋优 85 的产量最高，达 10 850.54 kg/hm²，比对照中浙优 1 号增产 17.90%，增产效果显著，并且具有品种优、抗旱性好、抗倒伏能力强及抗病能力较强等优势，在荔波县具有很高的推广价值。

4.2　玉米抗逆品种鉴选

4.2.1　玉米抗旱鉴定指标

玉米抗旱是多种性状的综合表现，其本质是由基因型决定的。但玉米受干旱胁迫后，其形态及生理生化代谢上发生了重大的变化，因此这些生理生化代谢指标则从不同角度和程度上反映了玉米品种的抗旱性。进行抗旱育种除了要有较好的抗旱玉米自交系种质资源外，其次就是要对品种抗旱性进行准确的鉴定和评价，这是完成玉米抗旱性品种选育的保障（刘鹏等，2009）。准确地鉴定玉米品种的抗旱性，是进行玉米抗旱育种、培育抗旱玉米品种的基础。玉米不同品种对干旱的适应性和抗御能力不同，在生理生化及形态结构均表现出相应的差异性。近年来人们在抗旱性鉴定指标体系的构建取得一些研究进展，这为玉米抗旱品种的鉴定奠定了坚实基础。玉米抗旱性指标可分为产量指标、形态指标和生理生化指标等。这些指标为抗旱性材料的鉴定、筛选、利用以及新品种新材料的创制奠定了基础。

4.2.1.1　玉米产量指标与玉米抗旱性

针对于作物生产来说，其抗旱性主要表现在产量方面。因而，许多学者认为评价玉米抗旱性应以其在干旱情况下能否稳产高产为依据。因此产量指标是玉米品种抗旱性鉴定的最重要指标（刘鹏等，2009）。产量指标包括敏感指数、耐旱指数、算术平均

生产力、几何平均生产力、抗旱系数、抗旱指数等（张振平等，2007；黎裕等，2004；付凤玲等，2003）

黎裕等（2004）通过对121个玉米杂交种的干旱胁迫强度、几何平均生产力、耐旱指数、抗旱系数、干旱伤害指数、抗旱指数、算术平均生产力和干旱敏感指数进行比较，认为耐旱指数是玉米抗旱杂交种筛选的良好指标，抗旱指数是玉米种质资源抗旱性鉴定评价的良好指标。张振平等（2007）通过13个玉米品种分析结果可知，算术平均生产力、几何平均生产力和耐旱指数可作为鉴定抗旱性的首选指标；耐旱指数能更好地作为不同地点和不同环境条件下进行抗旱性鉴定的筛选指标。路贵和等（2005）通过对84份我国目前生产上主推杂交种的亲本进行抗旱性研究，结果可得穗长、行粒数、穗粒数、百粒重的抗旱系数材料间差异达显著或极显著水平，表明玉米穗部形状与抗旱性密切相关。张卫星等（2007）研究表明干旱条件下，穗粗与抗旱系数显著相关，干旱胁迫产量、行粒数、穗长、穗粗、穗粒数与抗旱指数呈极显著正相关，这些指标均可用于抗旱性鉴定。

4.2.1.2　玉米形态指标与玉米抗旱性

玉米形态结构和水分的吸收和散失有密切关系，良好的形态结构是作物适应干旱的重要机制之一。形态指标的鉴定较为直接和简单，在抗旱性研究中应用的比较多，尤其是地上部分形态指标应用较广（李运朝等，2004）。已有研究表明，根、茎、叶和抽雄至吐丝间隔（ASI）等形态指标都与玉米的抗旱性密切相关（王泽立等，1998；Bolaños，Edmeades，1993）。

根系是作物直接感受土壤水分信号并吸收土壤水分的器官，直接关系到植株对水分的吸收和利用率。根系大、深和密是抗旱作物的基本特征，具有较多的深层根以及根系较长的品种抗旱性强。叶形、叶色与取向亦与抗旱性有关，淡绿和黄绿色叶片可以反射更多的光，维持较低的叶温而减少水分散失。吴子恺等（1994）提出理想型抗旱玉米的概念：在干旱土壤条件下能出苗生长，苗期有较高的根苗比，在细胞中能活跃地积累溶质，叶直立、深绿色，并且有蜡质层；在干旱条件下通常不卷叶，在干旱胁迫下叶片能在低水势下维持基本功能，取消胁迫后，能迅速恢复。开花期果穗生长迅速，因而在干旱胁迫下有短的ASI。雄穗小，株高较矮。以相对低的强度传递土壤干旱信号，气孔对脱落酸不过度敏感，在良好灌溉条件下具多穗性，在干旱条件下结单穗而不败育。

4.2.1.3　玉米生理指标与玉米抗旱性

（1）叶片水势

玉米叶水势高低是表示植株水分含量的重要指标。干旱胁迫下抗旱性较弱的玉米杂交种细胞内水分明显减少，叶水势降幅较大，细胞受害加重；而抗旱性较强的玉米杂交种叶水势降幅则相对较小，其叶水势变化反映杂交间抗旱性的差异（宋凤斌等，2004）。大量研究表明：在正常供水条件下，抗旱品种的叶水势较低；在干旱胁迫下所有玉米品种的叶水势均降低，但抗旱品种的叶水势降低不明显。

（2）叶片相对含水量

相对含水量是指植物组织实际含水量占组织饱和含水量的百分比，常被用来表示植株在遭受水分胁迫后的水分亏缺程度。不同玉米基因型叶片的保水能力与各自交系的抗旱系数间呈极显著的相关关系（张宝石等，1996）。抗旱性强的品种由于细胞内有较强的粘性、亲水能力高，在干旱胁迫下抗脱水能力强；而抗旱性弱的品种则抗脱水能力较弱。

（3）相对电导率

原生质膜是对水分变化最敏感的部位，水分胁迫会造成原生质膜的损伤，使质膜稳定性降低，透性增大，细胞内含物外渗，电导率升高。张宝石（1996）等研究表明，玉米受旱后的相对电导率与耐旱性呈显著的负相关，受旱后相对电导率稳定性高的基因型是耐旱基因型。斐英杰（1992）等对 67 个玉米品种幼苗叶片的电解质渗透与抗旱性关系的分析表明，电解质渗透率与耐旱性为极显著的负相关，且灵敏度较高，是鉴定玉米幼苗耐旱性的较好指标。

（4）抽雄和吐丝间隔时间

抽雄和吐丝间隔时间是一个高度遗传的性状，研究表明玉米在水分胁迫下，吐丝延迟时间短，抽雄和吐丝间隔时间短的品种抗旱性较强；反之，其抗旱性较差（韩金龙，2010）。

4.2.1.4　玉米生化指标与玉米抗旱性

（1）酶活性

在正常情况下，植物体内活性氧的产生与清除处于平衡状态，不会导致植物细胞伤害。但在逆境胁迫下，这种平衡将遭到破坏而有利于活性氧的产生，所积累的活性氧可引发细胞膜脂过氧化，造成膜系统的损伤（白向历，2009）。SOD、CAT 和 POD 是生物体内的保护性酶，在清除生物自由基上担负着重要的功能。抗旱性强的基因型，在干旱胁迫下 SOD、CAT 和 POD 的活性较高，能有效地清除活性氧，阻抑膜脂过氧化。王振镒等（1989）研究表明，随土壤水势下降，抗旱玉米叶片的 SOD 活性明显上升，不抗旱玉米则变化不大；玉米 POD 活性虽然上升，但不耐旱品种上升幅度小或上升后又下降。葛体达等（2005）在研究长期水分胁迫对夏玉米根叶保护酶活性及膜脂过氧化作用的影响中指出，在水分胁迫下，玉米根系与叶片保护酶 SOD、CAT、POD

活性均在生长发育前中期显著升高而后期下降。

（2）脱落酸（ABA）含量

早期关于脱落酸与植物抗旱性研究表明，干旱胁迫可诱导细胞合成脱落酸，脱落酸的积累与植物品种间抗旱性强弱有关，因此，把脱落酸的含量作为抗旱性鉴定的指标之一（郝格格等，2009）。脱落酸是一种植物生长调节剂，正常条件下植物体内含量很少，水分胁迫可以增加脱落酸，减少细胞分裂素 CK 的水平，从而改变细胞膜的特性，使气孔关闭，减少蒸腾，保持水分。在干旱胁迫下，植物叶片的脱落酸含量可增加数十倍，且抗旱型品种比不抗旱品种积累更多的脱落酸。但也有人认为，干旱诱导产生的脱落酸与植株的耐旱性没有直接关系，脱落酸可能是植株水分亏缺的化学信号，该信号传递并启动了基因表达产生特异的干旱适应性蛋白质。

（3）干旱诱导蛋白

植物对干旱的适应能力不仅与环境因素诸如干旱强度相关，而且植物的抗旱能力也受逆境条件下基因表达的控制。在一定干旱胁迫诱导下，耐旱植物能进行相关抗旱基因的表达，随之产生一系列形态、生理生化等方面的变化而表现出较强的抗旱性。近年来研究表明，干旱胁迫能诱导植物产生特异蛋白（王尊欣等，2014）。目前报道已有热休克蛋白表达和渗透胁迫蛋白表达等，但这些新蛋白的结构和功能以及与抗旱生理生化过程的关系值得进一步研究。

（4）脯氨酸（Pro）含量

游离脯氨酸在受水分胁迫时可出现大量的积累（邵艳军，2006）。研究表明，在干旱胁迫下，当植物组织水势下降到一定阈值后，玉米叶片即开始积累游离脯氨酸，由此认为可以将游离脯氨酸含量作为表示玉米抗旱性鉴定的生理指标。抗旱性强的作物体内游离脯氨酸含量高，随生长发育的进程，游离脯氨酸含量逐渐降低。李国等（2009）归纳起来，主要有以下 3 种观点：①植株在干旱条件下累积的游离脯氨酸和田间的抗旱性相关，游离脯氨酸可作为筛选抗旱品种的指标；②植株内游离脯氨酸的相对变化率与品种的抗旱性密切相关；③植物抗旱性差异与累积的游离脯氨酸的多少无关，不宜将它作为筛选抗旱品种的指标。总之，脯氨酸积累量的多少与玉米抗旱性的关系存在分歧，有待进一步研究。

4.2.2　玉米耐旱性模拟试验

以 63 份自交系和 5 份杂交种为研究材料，模拟干旱条件下对玉米材料的吸水速率、贮藏物质转运效率、种子萌发抗指数、MDA 与 Pro 含量变化等进行研究。

4.2.2.1　吸水速率

以 20%（ - 0.6 MPa）的 PEG - 6000 溶液模拟干旱胁迫，以清水作为对照（CK），每隔 12 h 测定一次胁迫与 CK 的种子重量（g），直至种子萌动。参照徐蕊等（2009）的方法，测定不同玉米种子的吸水速率：取 60 粒种子，分 3 个重复，每重复 20 粒；在培养皿中加入 50 mL 浓度为 25% 的 PEG - 6000 溶液；将 20 粒种子放入盛有溶液的培养皿，放入前将种子清理干净，并称重（W1）；对照同样设置 3 次重复，以蒸馏水代替 PEG - 6000 溶液，同样称重；每隔 12 h 称重 1 次，称重时，将培养皿中的种子取出，用吸水纸吸干表面附着的溶液后，称重，记录重量值（W2），直至种子萌动（判定标准：50% 种子的胚芽与胚根均超过 1 mm）；计算每重复下的种子吸水速率：种子绝对吸水速率（%）=（W2 - W1）/W1 × 100%，种子相对吸水速率（%）= 胁迫条件下的绝度吸水速率/对照条件下的绝对吸水速率。

结果显示，自交系在胁迫下绝对吸水速率的变幅在 33.13% ~ 48.20%，相应 CK 的变幅为 49.31% ~ 71.19%；杂交种在胁迫下吸水速率的变幅则为 34.39% ~ 42.04%，相应 CK 的变幅为 54.99% ~ 66.47%。从相对吸水速率（胁迫/CK）的变化来看，自交系的变幅为 59.67% ~ 72.37%，杂交种的为 59.52% ~ 64.37%。在这些研究材料中，有 4 份自交系（8、9、26、827）表现出了较高的绝对吸水速率与相对吸水速率，2 份杂交种（西大 985 与西大 211）表现出了较高的绝对吸水速率与相对吸水速率。不同胁迫强度下玉米种子的吸水速率见图 4 - 1。

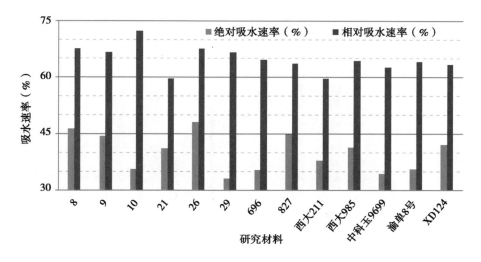

图 4 - 1　不同胁迫强度下玉米种子的吸水速率

4.2.2.2　贮藏物质转运效率

选取整齐一致的种子 150 粒，分 3 个重复，用 75% 酒精溶液消毒 3 min，用灭菌蒸馏水充分冲洗，灭菌滤纸吸干附着水后，置于 25 ℃培养箱中，用纸床发芽，每个重复分别加入 20 mL 灭菌蒸馏水（空白，CK）、5%（-0.1 MPa）、10%（-0.2 MPa）、15%（-0.4 MPa）、20%（-0.6 MPa）共 5 个不同浓度的 PEG - 6 000溶液，调查第 2、第 4、第 6、第 8 d 发芽种子数，计数胚芽与胚根长度均超过 1 mm 的籽粒。第 8 d 剪下萌发的根和芽，放入铝盒置于烘箱中，105 ℃杀青，80 ℃烘干至恒重后，测定苗干重（徐蕊等，2009；李向东等，2011）。

参照下式计算贮藏物质转运效率（%）（Bouslama，Schapaugh，1984）及其相对转运效率：

贮藏物质转运效率（%）=（芽+根）干重/（芽+根+籽粒）干重×100%；

贮藏物质相对转运效率=胁迫条件下贮藏物质转运效率/对照条件下贮藏物质转运效率。

结果显示，有 2 份自交系（21、35）在 5%与 10%浓度的 PEG 胁迫下，贮藏物质转运效率超过或接近 CK，4 份自交系（32、35、37、797）在 20%浓度的 PEG 胁迫下具有一定程度的转运效率，其中 3 份（32、35、37）的相对转运效率较高。除此以外，随着胁迫程度的加强，绝大部分研究材料（包括自交系与杂交种）的贮藏物质转运效率呈递减趋势，并且在最高浓度 PEG（20%，-0.6 MPa）胁迫下，其转运效率为 0，即在该强度的胁迫下，大部分种子不能正常萌发。

不同胁迫强度下玉米种子的贮藏物质相对转运效率见图 4 - 2。

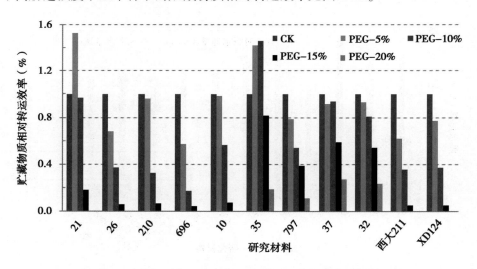

图 4 - 2 不同胁迫强度下玉米种子的贮藏物质相对转运效率

4.2.2.3 种子萌发抗旱指数

试验操作同前。各参数的计算公式如下（Bouslama，Schapaugh，1984）。

种子萌发抗旱指数 = 水分胁迫下种子萌发指数/对照种子萌发指数

种子萌发指数 = $1.00 \times nd_2 + 0.75 \times nd_4 + 0.50 \times nd_6 + 0.25 \times nd_8$（$nd_i$ 表示第 i 天的种子萌发率）

相对发芽势（％）= 处理发芽势/对照发芽势 × 100%

相对发芽率（％）= 处理发芽率/对照发芽率 × 100%

结果显示，5 份自交系（21、26、32、35、37）在一种或多种浓度的 PEG 胁迫下表现出超过 CK 的种子萌发抗旱指数，并且 35 与 37 在 5%、10% 与 15% 等 3 个浓度的 PEG 胁迫下，种子萌发抗旱指数均超过 CK，并且这 2 个自交系的该指标在 PEG – 20% 的胁迫强度下，仍然具有相对较高的萌发潜力，其种子萌发抗旱指数分别为 35% 与 74%。

不同胁迫强度下玉米材料种子的萌发抗旱指数见图 4 – 3。

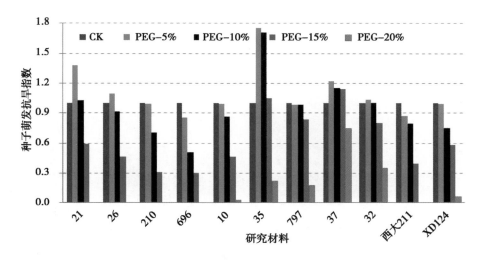

图 4 – 3　不同胁迫强度下玉米材料种子的萌发抗旱指数

4.2.2.4　活性氧清除酶系统

每个材料取 3 粒种子，先用 75% 酒精消毒，在用灭菌蒸馏水冲洗干净后，种在盛有蛭石的小培养钵内。用灭菌蒸馏水（空白，CK）、5%（– 0.1 MPa）、10%（– 0.2 MPa）、15%（– 0.4 MPa）、20%（– 0.6 MPa）5 个不同浓度 PEG 溶液浇灌，当各材料长至 3 叶 1 心时，采集叶片剪碎混合，测定各材料在不同浓度 PEG 处理下 SOD、POD、CAT 活性（徐蕊等，2009；李向东等，2011），并计算其相对活性：胁迫条件下的酶活性/对照条件下的酶活性。

玉米植株在遭受干旱等灾害时，植株体内会迅速积累大量的活性氧（超氧阴离子与羟基自由基等），破坏细胞壁，影响机体的正常生理代谢。因此，植株的活性氧清除系统活性的强弱，在很大程度上决定了该品种对干旱等灾害因子的耐受性潜力。该系统主要包括 3 种不同的酶：SOD，主要功能在于将超氧阴离子歧化为 H_2O_2；POD，在 H_2O_2 作用下，氧化机体内的有毒物质；CAT，是将 H_2O_2 分解为 H_2O。此外，在植株体内，有多个生理指标可以反应机体对干旱胁迫的响应程度，丙二醛（MDA）与脯氨酸（Pro）较为常用，在一定程度上，其活性越低，表明研究材料对干旱胁迫的反应越不敏感。

（1）SOD

从相对 SOD 活性（胁迫下的 SOD 活性/CK 的 SOD 活性）变化来看，不同浓度的 PEG 胁迫处理，导致研究材料的 SOD 活性出现不同程度变化，并且随着胁迫强度的增强，SOD 活性呈递降趋势。在所有分析的研究材料中，有 5 份自交系（30、210、10、22、56）与 2 份杂交种（西大 211、西大 985）在 PEG – 5% 胁迫下具有超过 CK 的 SOD 活性；1 份自交系（6）在 PEG – 5% 胁迫下 SOD 活性与 CK 一致。

不同胁迫强度下玉米材料的相对 SOD 活性见图 4 – 4。

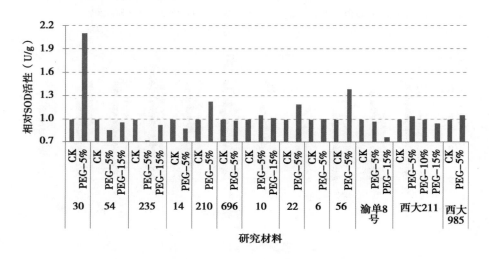

图 4 – 4   不同胁迫强度下玉米材料的相对 SOD 活性

（2）POD

从相对 POD 活性（胁迫下的 POD 活性/CK 的 POD 活性）变化来看，不同浓度的 PEG 胁迫处理，导致研究材料的 POD 活性出现不同程度变化，并且随着胁迫强度的增强，POD 活性呈递降趋势。在所有分析的研究材料中，有 4 份自交系（30、696、22、6）与 1 份杂交种（西大 211）在 PEG – 5% 或 PEG – 15% 胁迫下具有超过 CK 的 POD 活性；1 份自交系（56）在 PEG – 5% 胁迫下 POD 活性与 CK 一致。不同胁迫强度下玉米材料的相对 POD 活性见图 4 – 5。

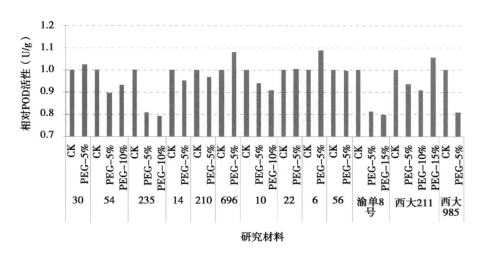

图 4 - 5　不同胁迫强度下玉米材料的相对 POD 活性

（3）CAT

从相对 CAT 活性（胁迫下的 CAT 活性/CK 的 CAT 活性）变化来看，不同浓度的 PEG 胁迫处理，导致研究材料的 CAT 活性出现不同程度变化，并且随着胁迫强度的增强，CAT 活性呈递降趋势。在所有分析的研究材料中，有 2 份自交系（14、210）与 2 份杂交种（西大 211、西大 985）在 PEG - 5% 或 PEG - 10% 胁迫下具有超过 CK 的 CAT 活性。

不同胁迫强度下玉米材料的相对 CAT 活性见图 4 - 6。

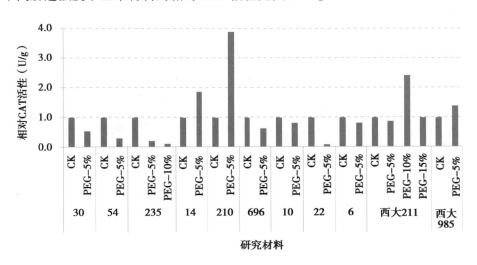

图 4 - 6　不同胁迫强度下玉米材料的相对 CAT 活性

4.2.2.5　MDA 与 Pro 含量变化

试验处理同 4. 2. 3. 4，测定各材料在不同浓度 PEG 处理下丙二醛（MDA）与脯氨酸（Pro）的含量，并通过胁迫条条件下的含量与对照条件下的含量比值计算 MDA 与 Pro 的相对含量。

玉米植株在遭受干旱等灾害时，植株体内有多个生理指标可以反应机体对干旱胁迫的响应程度，丙二醛（MDA）与脯氨酸（Pro）较为常用，在一定程度上，其含量越低，表明研究材料对干旱胁迫的反应越不敏感。

从相对 MDA 含量（胁迫下的 MDA 含量/CK 的 MDA 含量）和相对 Pro 含量（胁迫下的 Pro 含量/CK 的 Pro 含量）变化来看，不同浓度的 PEG 胁迫处理，导致研究材料的 MDA 含量和 Pro 含量出现不同程度变化，并且随着胁迫强度的增强呈递降趋势。

在所有分析的研究材料中，有 5 份自交系（30、54、235、14、10）与 2 份杂交种（渝单 8 号、西大 211）在 PEG – 5% 或 PEG – 10% 胁迫下具有超过 CK 的 MDA 含量；1 份自交系（696）在 PEG – 5% 胁迫下 MDA 含量与 CK 一致。不同胁迫强度下玉米材料的相对 MDA 含量见图 4 – 7。

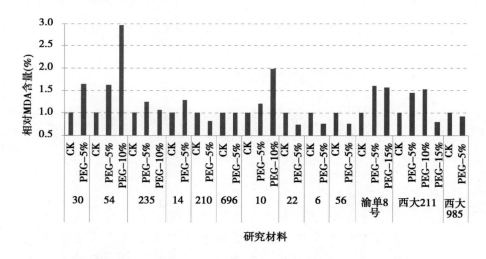

图 4 – 7　不同胁迫强度下玉米材料的相对 MDA 含量

在所有分析的研究材料中，有 2 份自交系（54、210）与 1 份杂交种（渝单 8 号）在 PEG – 5% 或 PEG – 15% 胁迫下具有超过 CK 的 Pro 含量。不同胁迫强度下玉米材料的相对脯氨酸（Pro）含量见图 4 – 8。

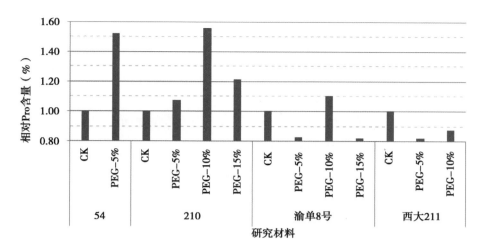

图 4 – 8　不同胁迫强度下玉米材料的相对 Pro 含量

4.2.2.6　叶绿素含量

试验操作同 4.2.3.4，当各材料长至 3 叶 1 心时，参照 Lichtenthaler 等（1987）的方法测定叶片中叶绿素及其组份的含量，并计算叶绿素 a 和叶绿素 b 的值。

玉米植株在遭受干旱胁迫后，其叶片会萎蔫，严重时甚至会枯死，从而导致光合作用的急剧下降，影响同化产物的积累。因此干旱胁迫下植株叶片中叶绿素构成及其含量，也会显示研究材料对干旱胁迫的响应。从相对叶绿素含量（胁迫/CK）来看，有 4 份自交系（54、235、10、56）的叶绿素 a、叶绿素 b 以及总叶绿素含量超过 CK；1 份杂交种（渝单 8 号）的叶绿素 b 与总叶绿素含量超过 CK；2 份自交系（56、210）与 1 份杂交种（西大 985）的叶绿素 a/叶绿素 b 比值超过 CK。不同胁迫强度下玉米材料叶绿素含量的相对变化见图 4 – 9。

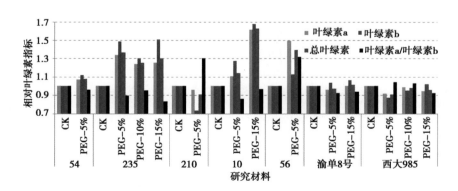

图 4 – 9　不同胁迫强度下玉米材料叶绿素含量的相对变化

4.2.2.7 试验小结

在模拟干旱下对研究材料进行种子萌发研究与苗期生理相关检测，初步筛选出 13 份抗旱能力较强的材料，包括 11 份自交系与 2 份杂交种。这 13 份鉴选出的材料的试验小结如下。

在胁迫条件下种子萌发阶段：21、26、10、210 在轻度胁迫下有较高的萌发潜力；32、35、37 在轻度与重度胁迫下均有较高的萌发潜力。

在苗期的生理抗旱层面：10、210、30、22、6、56、西大 211、西大 985 具有较高潜力。

在苗期光合作用层面：210、56、西大 985 具有较高潜力。

4.2.3 玉米耐旱和短生育期品种资源筛选

在云南省不同区域（滇东北、滇中、滇南）选择云南省种植的主要玉米品种进行抗旱性品种筛选（表 4 - 5）。通过常规非抗旱栽培措施种植，旨在筛选出在干旱条件下有较好的生长表现和产量效益、且生育期较短的品种。

通过小区对比试验，观测记录个品种生育期，产量等资料。

表 4 - 5　云南不同区域玉米耐旱和短生育期品种筛选

宣威（滇东北）				曲靖（滇中）				墨江（滇南）			
品种名称	生育期(d)	亩产(kg)	亩产排名	品种名称	生育期(d)	亩产(kg)	亩产排名	品种名称	生育期(d)	亩产(kg)	亩产排名
云瑞 123	148	794.73	1	云瑞 666	131	778.6	1	云瑞 505	112	797.8	1
YR71	152	793.94	2	云瑞 10 号	133	770.3	2	云瑞 336	110	785.9	2
YR212	149	778.83	3	云瑞 407	131	763.1	3	云瑞 10 号	112	771.5	3
临玉 10	151	729.76	4	保 A7	127	752.1	4	德玉 8 号	115	742.9	4
云瑞 339	154	710.28	5	临玉 8 号	133	740.2	5	云瑞 556	109	739	5
云瑞 505	149	708.05	6	云瑞 220	130	735.3	6	云瑞 339	107	732.9	6
云瑞 556	149	696.67	7	云瑞 999	134	722.3	7	云瑞 518	109	729	7
云瑞 668	141	694.86	8	保 A4	130	714.1	8	云瑞 958	109	727.3	8
云瑞 108	141	689.01	9	云瑞 222	131	713.1	9	云瑞 407	105	726.9	9
YR253	148	676.04	10	云瑞 88	128	708.3	10	德玉 15 号	122	726.5	10
云瑞 220	144	653.18	11	得玉 15 号	126	706.3	11	云瑞 668	112	721.2	11
临玉 8	147	652.4	12	得单 3 号	134	692.7	12	云瑞 666	119	711.1	12
云瑞 222	157	651.32	13	云瑞 336	129	677.8	13	云瑞 62	119	704.2	13
YR88	144	640.82	14	云瑞 556	134	670.2	14	保 A10	103	696.2	14
云瑞 958	144	633.36	15	云瑞 396	127	656.3	15	海禾 2 号	102	689.4	15

（续表）

宣威（滇东北）				曲靖（滇中）				墨江（滇南）			
品种名称	生育期(d)	亩产(kg)	亩产排名	品种名称	生育期(d)	亩产(kg)	亩产排名	品种名称	生育期(d)	亩产(kg)	亩产排名
大白玉 9 号	151	626.31	16	临玉 9 号	130	654.4	16	临玉 10 号	112	688.8	16
YR494	146	625.7	17	云瑞 505	131	648.3	17	云瑞 222	118	678	17
云瑞 10	145	622.23	18	临玉 10 号	129	638.3	18	YR88	111	660.5	18
云瑞 336	150	615.96	19	保 A10	127	632..8	19	临玉 9 号	120	653.9	19
德玉 15 号	146	614.96	20	云瑞 89	132	620.6	20	云瑞 11	120	639.6	20
宣黄单 4 号	142	606.95	21	保 A1	129	608.9	21	得单 3 号	120	636.5	21
云瑞 518	146	604.32	22	云瑞 62	132	591.1	22	保 A4	116	613.4	22
得单 3 号	156	599.65	23	云瑞 11 号	135	588.8	23	云瑞 89	115	596.6	23
云瑞 11	157	595.94	24	云瑞 668	134	574.2	24	保 A1	115	594.8	24
得单 5 号	146	586.82	25	云瑞 518	129	573.7	25	保 A7	118	593.2	25
云瑞 62	153	566.45	26	云瑞 958	130	569.9	26	云瑞 396	114	590.7	26
临玉 9	151	562.33	27	大玉 10 号	133	569.4	27	云瑞 220	111	559.4	27
云瑞 89	158	538.85	28	大白玉 9 号	137	562.9	28	得单 5 号	111	531.1	28
大玉 10 号	158	511.16	29	德玉 5 号	128	536.7	29				
云瑞 666	154	507.51	30	云瑞 339	128	552.3	30				
云瑞 407	157	487.03	31								
云瑞 396	147	481.64	32								

由表 4 - 5 可知：宣威（滇东北）示范筛选玉米品种生育期为 141～158 d，跨度为 18 d，其中"云瑞 108"和"云瑞 668"生育期最短（141 d），但产量相对较高，分别为 689.01 kg/亩和 694.86 kg/亩，在所有 32 个品种中排名 9 和 8 位。曲靖（滇中）示范筛选玉米品种生育期为 126～137 d，跨度为 12 d，其中生育期较短、产量较高的品种有"保 A7""得玉 15"和"云瑞 88"，生育期分别为 127 d、126 d 和128 d，产量分别为 752.1 kg/亩、706.3 kg/亩和 708 kg/亩，在 30 个品种中排名 2、11 和 10 位。墨江示范筛选玉米品种生育期为 102～122 d，跨度为 21 d，其中生育期在 110 d 以内的玉米品种有"海禾 2 号""保 A10""云瑞 407""云瑞 339""云瑞958""云瑞 518"和"云瑞 556"，且产量差异较小，跨度 689.4 kg/亩～739 kg/亩；其中，"云瑞 505""云瑞 336"和"云瑞 10 号" 3 个品种生育期为 112 d、110 d 和112 d，产量为 797.8 kg/亩、785.9 kg/亩和 771.5 kg/亩，产量排名位于前三。3 个试验地点从北到南玉米生育期依次缩短，筛选的生育期较短产量较高的玉米品种依次增加，宣威、曲靖和墨江筛选出的较为合适的品种个数依次为 2 个、3 个和 3 个，适

宜进一步推广示范。

4.2.4 玉米品种抗耐旱性对比鉴选

4.2.4.1 试验材料

试验地块：开阳县城关镇顶方村白泥组。

试验品种：金玉 819、山玉 7 号、义农玉 188、筑黄 3 号（CK）、惠玉 0806、惠玉 908、金玉 838 7 个品种。

试验肥料：有机肥为充分腐熟的农家肥。化肥有尿素（赤天化生产 N≥46%）、普钙（开阳白马磷肥厂生产 P_2O_5≥16%）、氯化钾（进口氯化钾 K_2O≥60%）。

4.2.4.2 试验设计

处理设计：处理 1 金玉 819；处理 2 山玉 7 号；处理 3 义农玉 188；处理 4 筑黄 3 号（CK）；处理 5 惠玉 0806；处理 6 惠玉 908；处理 7 金玉 838。

小区设计：小区长 4 m、宽 4 m，面积 16 m^2。种植规格（83 + 40）×33 cm，即（2.5 + 1.2）×1 尺，每小区种植 3 个双行，每行种植 12 株，每小区种植 72 株。

田间设计：试验区组间处理随机排列，设 3 个重复。处理间距宽 30 cm。区组间走道宽 50 cm。四周走道宽 50 cm，保护区 2 m。

干旱对不同玉米品种影响试验田间种植示意图见图 4 – 10。

1	2	3	4（CK）	5	6	7
2	3	1	7	6	5	4（CK）
7	6	5	4（CK）	3	2	1

图 4 – 10 干旱对不同玉米品种影响试验田间种植示意图

4.2.4.3 试验操作情况

适时播种：4 月 11 日播种，按营养块育苗技术育苗。

施足底肥：每小区窝施厩肥 40 kg、普钙 0.5 kg、复合肥 0.5 kg、氯化钾 0.3 kg，每小区 40 kg 优质粪水浇施后移栽。

规范种植：根据设计密度拉绳打窝，先将化肥混均窝施，再窝施厩肥，移栽后浇施粪水肥再细土覆盖。

适时苗肥，玉米长至 8~9 叶时，即 5 月 22 日结合中耕除草进行每小区施尿素 0.35 kg。

重施穗肥：玉米抽穗前一周，即 6 月 28 日每小区施尿素 0.65 kg，同时进行中耕培土。

4.2.4.4 试验产量分析

（1）生育期

参试品种各生育时期的表现：义农玉 188、惠玉 0806、金玉 838 3 个品种与对照筑黄 3 号（CK）相比，在出苗期、拔节期和抽雄期基本相同；金玉 819 比对照早 1 d；惠玉 908 与对照相比晚 2 d。成熟期金玉 819 比对照早 3 d；义农玉 188、惠玉 0806、金玉 838 与对照相比，成熟期基本相同；惠玉 908 与对照相比，约晚 5 d;山玉 7 号与对照相比晚 2 d。

通过试验产量验收表看出：7 金玉 838 品种，无论是从理论测产还是实测，其产量最高，都有明显的抗旱作用，其次是金玉 819、农玉 188，和山玉 7 号，产量最低，其抗旱能力低。产量具体为金玉 838＞金玉 819＞惠玉 908＞义农玉 188＞惠玉 0806＞筑黄 3 号（CK）＞山玉 7 号。

不同玉米品种对干旱影响生育期见表 4－6。

表 4－6 不同玉米品种对干旱影响生育期（月/日）

处理名称	播种期	出苗期	移栽期	拔节期	抽雄期	灌浆期	成熟期	收获期	全生育期（d）
金玉 819	4.11	4.16	4.22	5.26	7.10	7.19	8.10	9.12	120
山玉 7 号	4.11	4.18	4.22	5.30	7.12	7.22	8.15	9.12	125
义农玉 188	4.11	4.17	4.22	5.28	7.11	7.20	8.13	9.12	123
筑黄 3 号（CK）	4.11	4.17	4.22	5.28	7.11	7.20	8.13	9.12	123
惠玉 0806	4.11	4.17	4.22	5.28	7.11	7.20	8.13	9.12	123
惠玉 908	4.11	4.19	4.22	5.31	7.13	7.22	8.18	9.12	128
金玉 838	4.11	4.17	4.22	5.28	7.11	7.20	8.13	9.12	123

（2）经济性状考

干旱不同玉米品种对影响经济性状考见表 4－7。

表 4－7 不同玉米品种对干旱影响经济性状考种

处理	株高（cm）	穗位高（cm）	穗长（cm）	秃尖长（cm）	穗行数（行）	穗粒数（粒）	百粒重（g）	理论单产（kg/亩）	名次
金玉 819	280.2	116.0	24.6	1.0	18.4	794.8	31.5	751.1	2
山玉 7 号	272.8	120.0	20.6	1.4	16.4	650.4	30.4	593.2	6

（续表）

处　理	株高（cm）	穗位高（cm）	穗长（cm）	秃尖长（cm）	穗行数（行）	穗粒数（粒）	百粒重（g）	理论单产（kg/亩）	名次
义农玉 188	261.0	112.0	21.2	1.0	18	741.3	31.1	691.6	3
筑黄 3 号（CK）	286.6	124.0	24.8	2.0	16	652	30.2	590.7	7
惠玉 0806	266.2	124.0	22.2	1.2	16.6	683.6	32.1	658.3	5
惠玉 908	231.0	113.6	23.4	1.8	16.4	679	32.6	664.1	4
金玉 838	307.4	137.0	23.2	1.2	17.6	791.2	32.6	773.8	1

（3）试验产量

对干旱不同玉米品种影响试验产量见表 4 – 8。

表 4 – 8　不同玉米品种对干旱影响试验

处　理	样点产量（kg）				平均产量（kg/亩）	出田亩产（kg/亩）	折合亩产（kg/亩）	名次
	I	II	III	总计				
金玉 819	34.0	36.0	35.0	105.0	35.0	1 458.4	729.2	2
山玉 7 号	23.5	26.0	31.5	81.0	27.0	1 125.0	562.5	7
义农玉 188	24.5	30.0	32.0	86.5	28.8	1 200.1	600.0	4
筑黄 3 号（CK）	24.5	30.0	28.0	82.5	27.5	1 145.9	573.0	6
惠玉 0806	25.0	28.0	30.0	83.0	27.7	1 152.8	576.4	5
惠玉 908	29.5	32.0	34.0	95.5	31.8	1 326.5	663.3	3
金玉 838	31.0	35.0	41.0	107.0	35.7	1 486.2	743.1	1

4.2.4.5　试验结果分析

对干旱影响不同玉米品种试验方差分析见表 4 – 9。方差显著水平评价结果分析见表 4 – 10。

表 4 – 9　不同玉米品种对干旱影响试验方差分析

变异来源	自由度	平方和	均方	F 值	F0.05	F0.01
区组间	2	114.1	57.0	16.9	3.9	6.9
处理间	6	242.3	40.4	11.9	3.0	4.8
误差	12	40.6	3.4			
总变异	20	397.0				

表 4 – 10　方差显著水平评价结果分析

处理	平均数	5%差异	1%差异
金玉 838	35.6	a	A

（续表）

处理	平均数	5%差异	1%差异
金玉 819	35.0	ab	A
惠玉 908	31.8	bc	AB
义农玉 188	28.8	cd	B
惠玉 0806	27.6	d	B
筑黄 3 号（CK）	27.5	d	B
山玉 7 号	27.0	d	B

从方差分析结果来看，区组间、处理间产量差异都极显著；从方差显著水平评价结果来看，各品种抗旱情况是金玉 838 和金玉 819 最强，其次是义农玉 188、惠玉 908、惠玉 0806、筑黄 3 号（CK）、山玉 7 号。

4.2.4.6　试验小结

金玉 838 和金玉 819 与对照筑黄 3 号（CK）相比较有极显著的产量差异，具有显著抗旱能力。因此，建议推广金玉 838 和金玉 819 两个品种。

4.3　小麦抗旱品种鉴选

不同品种的小麦对干旱胁迫的抗性差异较大，鉴选具有抗旱性小麦品种是非常重要的育种环节。小麦是西南地区的主要旱地作物，对西南地区不同小麦品种在不同生育期抗旱性指标的表现分析以及对小麦抗旱性指标的鉴定，可以使西南地区小麦品种的抗旱性评价更具有科学性。

4.3.1　小麦抗旱鉴定指标

从植物生态角度来讲，小麦在应对干旱时，水分是限制性因子，这一限制性因子利用效率的高低标志着小麦抗旱能力的大小。而水分利用率的大小与小麦形态和生理过程调节有密切关系。作物在遭受水分亏欠时，会表现出如加快生育进程、卷曲叶片、关闭气孔，减少蒸腾和维持较高叶片持水力等一系列的生理和形态变化以达到逃旱、避旱和耐旱及生存与繁衍的目的（景蕊莲，2007）。因此，小麦的抗旱性是一个复杂的生物学性状，涉及生理生化、形态结构、生长发育和产量等诸多基因控制，复杂数量性状表现为小麦抗旱性的多因素作用结果。

4.3.1.1　形态鉴定指标

叶片作为植物最重要的营养生长器官，在干旱条件下，小麦叶片会发生一系列形态结构的改变，因而利用部分形态指标可以进行抗旱性鉴定。抗旱性强的作物形态特征为叶片小且细胞个体小、表皮层和叶脉发达、蜡质层与角质层较厚、叶表面具有茸毛、栅栏组织发达，叶形、叶色与叶基角等一系列特征均与抗旱性有关（高吉寅，1983）。干旱条件下，小麦通过增加叶片角质层或表皮毛结构，增大栅栏组织/海绵组织比例，调整气孔密度以及气孔孔径等有效减少植物蒸腾作用从而有效地增强小麦的抗旱性（朱志华，1996；苟作旺，2008；Barakat *et al*，2010；Sarieva *et al*，2010）。此外，株型特征也是重要的形态指标。

（1）种子萌发指标

就西南地区小麦而言，萌发期的抗旱性非常关键，关系着以后的苗全、苗齐和苗壮。干旱条件下，通过种子萌发的多项指标来检测小麦种子的抗旱性。研究显示，种子吸水力与作物的抗旱性正相关，吸水力强的种子在干旱胁迫下能保持较高的发芽势、发芽率和发芽指数，而吸水弱的种子则相反（景蕊莲，2003；张雅倩，2010），小麦种子萌发期抗旱性鉴定表明，初生根数可作为抗旱性鉴定参考指标。Rebetzke（2007）认为，干旱胁迫条件下种子萌发期的胚芽鞘长度、胚根长度和胚根数等可作为衡量种子早期抗旱性重要的形态指标。因此，干旱胁迫下种子的发芽势、发芽率、苗高、胚芽鞘长度、胚根长、胚根数等可作为小麦萌芽期的抗旱能力指标。

（2）根系发育指标

植物根的生长发育直接影响地上部分的生长，根系活力是植物有效抵抗干旱胁迫的重要因素（张雅倩，2010），因此植物的根部形态指标也可以指示植物抗旱性的强弱。干旱条件下，小麦根系通过改变其形态结构，如根部细胞结构、胚根数、根长、根重、根密度以及根冠比来适应植物根部缺水，从而增加植物对干旱胁迫的耐性（景蕊莲，1998；孙存华，2003；欧巧明，2005）。王曙光等（2013）以小麦幼苗的最大根长和根冠比为形态指标研究小麦苗期的抗旱性。

4.3.1.2　生理生化鉴定指标

干旱胁迫对小麦的水分运输、光合作用、呼吸作用和营养运输等生理过程都会产生影响。干旱条件下，小麦通过渗透调节维持一定的膨压，延迟卷叶和死叶的时间，保障根系生长和水分吸收，维持光合作用和呼吸作用等生理过程的正常进行。因此，小麦抗旱性的生理生化指标主要有水分状况指标、渗透调节能力、光合特性等方面。

（1）水分状况指标

水分状况指标主要有水势、叶片相对含水量、叶片脱水速率、茎叶耐化学脱水性等。干旱胁迫下，小麦叶片水势和叶片相对含水量都能反应水分供应与蒸腾之间的平衡关系，可作为小麦抗旱性的参考（岳虹，2002）。干旱耐受型小麦具有较高的相对水分质量分数和果聚糖累积量（韩翠英，2015）。

（2）渗透调节物质及渗透调节能力

渗透调节是植物适应干旱逆境的重要生理机制，渗透调节能力是植物抵抗干旱胁迫的途径之一。作物在干旱胁迫下，细胞质膜受到损伤并使膜透性增加，用外渗电导率、Ca^{2+}浓度、丙二醛含量可以衡量细胞膜结构伤害的程度，其含量多少可以评价作物渗透调节能力大小。干旱条件下，植物脱落酸的积累，会导致气孔关闭，或增加离子向木质部运输，提高植物的抗旱性（范永利，2004；周述波，2005）。小麦叶片中 ABA 含量能反应小麦的抗旱能力（闫洁，2006；于茜，2010）。在干旱胁迫下，植物会产生活性氧，从而受到氧化胁迫，但同时植物在受到氧化胁迫时会生成一系列能够清除活性氧的酶系和抗氧化物质。酶系统主要包括 SOD、CAT、POD 等，这些酶类含量都可以作为小麦抗旱指标（谭晓荣，2007；于茜，2010）。干旱胁迫下，植物体内会合成和积累大量的有机和无机物质，以提高植株的渗透调节能力，甘露醇、脯氨酸、甜菜碱、可溶性糖、无机离子等含量都可以作为小麦抗旱性鉴定的生理生化指标（费明慧，2011）。

（3）光合特性指标

干旱胁迫下光合能力的变化也是作物抗旱重要的研究领域，光合作用强度和气孔导度都可以作为评价小麦抗旱性的一个重要生理学参数（Sarieva et al，2010，Dong et al，2011，Jiang et al，2011）。在干旱条件下保持比较高的光合速率说明小麦的抗旱性较好。光合特性主要通过光合速率、蒸腾速率、气孔导度、胞间二氧化碳浓度、水分利用效率等表示。通常抗旱性强的作物气孔小而多下陷，但气孔数量、开度、密度等与抗旱性的关系目前存在争论（胡又厘，1992；刘飞虎，2001）。

4.3.1.3　分子鉴定指标

随着分子生物技术的飞速发展，对小麦逆境胁迫应答基因的转录调控进行分析，结合分子标记定位技术，人们陆续从多种植物体内分离到一系列抗旱相关基因，为改良作物抗旱性提供了新的机遇。研究者通过对不同品种小麦进行 SSR 分析，检测其等位基因（高秀琴，2008；盖红梅，2009；赵军海，2009；张玲丽，2010），对品种进行区分，并分离出与抗旱相关的大量基因（景蕊莲，1999；高宁，2003；Yousufzai，2007）。

4.3.1.4　农艺性状指标

干旱胁迫后与小麦形态及产量相关的农艺性状，如株高、叶面积、穗长、穗下节长度、穗数和产量构成等因素也能够反映小麦抗旱性。干旱胁迫下的产量试验被当作一个最可靠的抗旱性指标，常常用于品种抗旱性的最终鉴定。张灿军等（2007）认为，籽粒产量是最重要的、综合的、根本的小麦品种抗旱性鉴定指标。王相权等

（2014）、罗影（2015）、李雪等（2015）以籽粒产量为核心指标，辅助以穗数、穗粒数和千粒重、株高等农艺性状作为小麦抗旱性考察的重要鉴定指标。

4.3.1.5　综合指标

小麦的抗旱性不仅与品种基因型、形态性状及生理生化反应等有关，而且受干旱发生的时期、强度及持续时间的影响，因此小麦的抗旱性是一个复杂的数量性状。为了防止单一指标的片面性，需要详细分析各类抗旱性指标在小麦各个生育期内的表现，分析生育期对抗旱性指标的影响，选择科学有效的指标，准确的衡量小麦的抗旱性，对小麦抗旱性做出正确评价。赖运平（2009）提出了抗旱敏感指数、抗旱伤害指数、抗旱胁迫系数、抗旱指数等抗旱性评价指标。其中抗旱胁迫系数法适用于评价同一基因型不同发育时期的抗旱性（武仙山，2008），是较常用的抗旱系数鉴定指标。抗旱胁迫系数＝胁迫处理下选定指标测定值/对照处理下指标测定值，可以直观的分析作物在正常水分条件与干旱胁迫条件下品种材料的稳产性，比值小于1，说明材料对干旱胁迫敏感；比值接近1，说明材料对干旱胁迫不敏感；而比值大于1的材料在干旱条件下生长更具优势。武仙山（2008）通过生理指标与干旱指数的综合分析提出不同水分条件下，应采取不同生理性状来鉴定小麦抗旱性。

4.3.2　耐萌发期干旱的小麦品种筛选

萌发期干旱是影响小麦播种立苗的重要因素，筛选耐萌发期干旱的小麦品种，可以提高小麦对不良环境的适应性和立苗质量。

试验在遮雨棚中进行，参试的品种有41个，包括2000年以后审定的主推小麦品种15个，2012年以后审定的新品种13个，土壤含水量设置两个，分别为25%（CK）和18%（轻度干旱）。每盆播种30粒，播种后覆土2 cm，萌发期间不再进行灌溉。

调查内容有出苗率、出苗势、根长等。

小麦萌发期干旱的小麦品种筛选见图4-11。

图4-11　小麦萌发期干旱的小麦品种筛选

干旱条件下不同品种的出苗率和出苗势均受到不同程度的影响，萌发力较强的品种有绵杂麦 168、川麦 55、川麦 60 等，出苗率在 95％ 以上，出苗指数在 70％ 左右，超过参试的多数品种。

萌发期干旱对不同品种发芽率和发芽指数的影响见图 4 - 12。

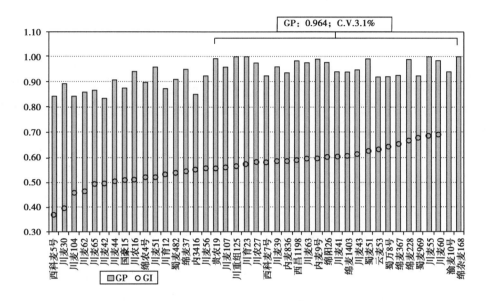

图 4 - 12　萌发期干旱对不同品种发芽率和发芽指数的影响

采取合理的栽培管理技术，是做好灾害防控的重要内容。科学合理的灾害防控技术，有助于增强作物抗逆性，减轻灾害发生程度，降低灾害对作物的直接危害。本章分别从耕作覆盖技术、抗逆播栽技术、机械化生产技术、水肥调控技术等方面梳理了适宜西南地区的干旱和低温灾害防控关键栽培技术。

第5章 干旱和低温灾害防控关键耕作栽培技术

合理的耕作栽培管理有助于增强作物抗逆性，降低灾害危害程度，减少作物因灾损失。本章分别从耕作覆盖技术、抗逆播栽技术、机械化生产技术、水肥调控技术等方面梳理了西南地区干旱和低温灾害防控关键耕作栽培技术。

5.1 耕作覆盖技术

5.1.1 稻茬麦免耕抗逆栽培技术

20世纪80年代以前，西南地区小麦均采用翻耕方式栽培。由于秋雨频繁，小麦整地播种阶段土壤湿度高，耕翻难度大，强行耕作往往会破坏土壤结构，造成粗耕滥种。另一方面，西南麦区冬春季降雨较少，易发生干旱，翻耕后土壤表层水分大量蒸发，加剧了干旱危害。在此背景下，免耕技术在西南地区稻茬田中逐渐发展起来，免耕主要采用免耕撬窝点播方式。

（1）应用效果

在40点次的小区对比试验中，免耕较翻耕增产的有37点次，增产显著的有24点次。免耕处理平均产量6 255 kg/hm²，较翻耕增产6.7%。在92点次大区对比试验中，免耕较翻耕增产的有88个点次，平均产量4 971 kg/hm²，较翻耕增产9.7%。大区对比中，冬春较干旱的盆西平原有60个点次，免耕平均产量5 079 kg/hm²，较翻耕增产7.7%；湿害比较重的盆东南及盆中有32个点次，免耕平均产量4 728 kg/hm²，较翻耕增产12.8%。总体看来，在秋绵雨多的区域，免耕增产率可达10%以上，且可节约生产成本，提高经济效益。

（2）抗逆增产机理

免耕小麦播种浅、出苗阻力小，出苗速度、出苗率和出苗整齐度均优于翻耕，具有较强的开端优势。免耕小麦分蘖发生早，低位分蘖、有效分蘖多，苗健壮，而翻耕小麦分蘖发生少且迟。在基本苗一致的条件下，免耕小麦的分蘖主要集中在第1、第2

叶位，而翻耕小麦第 1 叶位的分蘖往往缺失。免耕小麦的苗期生长优势可一直保持到生育后期，在分蘖、拔节、抽穗和灌浆期，其单株叶面积、叶面积指数和生物产量均高于翻耕小麦，表现出更强的群体光合生产力。

免耕栽培对小麦根系发育也有促进作用。多点对比试验结果表明，免耕小麦单株次生根数比翻耕小麦多 3.8%～27.6%，平均多 16.0%，差异达显著水平。灌浆期 32 P 示踪标记试验中，在标记后的 3 d、8 d 和 13 d，免耕小麦脉冲数分别比翻耕小麦高 18.0%、63.0% 和 69.2%。免耕小麦在根系数量和活力上均优于翻耕小麦，这不仅为地上部分健壮生长提供保证，也提高了小麦抗倒能力。

免耕减少土壤扰动，保持水稻土原有的土壤毛管和孔道体系，避免过湿耕对土壤结构的破坏。一方面减少土壤水分蒸发，提高保水能力，另一方面，深层土壤水分可以源源不断地沿着毛管上升，增强土壤的保水抗旱力。冬干春旱地区免耕田小麦苗期土壤含水量比翻耕田高 2.6%～7.1%。

5.1.2　稻茬麦免耕精量露播稻草覆盖技术

早期的免耕栽培技术较好地解决了迟播、湿害等生产问题，但播种方式以"撬窝点播"为主，仍存在费工费力和劳动成本偏高问题。另一方面，随着农村生活条件的改善，秸秆不再成为主要燃料，农民往往采取就地焚烧的办法加以处理，造成秸秆资源的浪费，且带来严重的空气污染。针对新的生产形势，四川省农业科学院研究形成了以精量露播、稻草覆盖为核心的"免耕精量露播稻草覆盖栽培技术"，具有明显的保温、调湿、改良和培肥土壤，抑制杂草、节本和增产增收效应，实现了高产与简化高效、当季高产与持续发展的有机结合。

（1）技术要点

播前开沟排水、化学除草。在水稻散籽之后及时开沟排水，播前一周整理田面秸秆，化学除草。

适期精量播种。采用 2J－2 型人力播种机播种，基本苗 225 万/hm² 左右。2J－2 型简易人力播种机操作简便，在确保机械性能稳定基础上，播种过程中还需注意走步端直、步频适中，使麦苗成窝成行，分布规则，不重播、漏播。

播种后覆盖稻草。播种后撒施基肥，覆盖稻草，尽量做到厚薄均匀，无空隙。

（2）应用效果

在 20 点次的小区试验中，精量露播稻草覆盖技术（简称露播覆草）平均单产 6 745.5 kg/hm²，比旋耕机播增产 11.3%，比免耕撬窝点播增产 6.5%，其产量变幅也较小。25 点次的同田大区对比试验中，露播覆草处理平均单产 6 547.5 kg/hm²，比旋耕机播增产11.6%，比免耕撬窝点播增产8.5%。从产量构成上看，该技术成穗数较多，穗粒数也有所增加。

露播覆草技术不仅具有增产作用，还可节本增效，其平均用工600 h/hm²，比撬窝点播减少57.5%，比旋耕机播减少12.5%，纯收益则较后两者分别增加22.1%和56.1%。该技术能明显减轻干旱与湿害危害；稻草覆盖还田，有效改良土壤，培肥地力，使土壤保水调肥能力增强。

（3）抗逆增产机理

该技术的增产机理是免耕与秸秆覆盖的综合作用，具体表现在：免耕未打乱土层，保持了水稻土原有的土壤毛管和孔道体系，土壤容重适宜，土壤结构和表土层明显优于翻耕。

免耕土壤未经翻动，前茬根系留于表土层，大量稻草覆盖于土表，大大增加了水分下渗孔隙，减少水分蒸发，提高土壤保蓄水分的能力。另一方面，使用该技术能有效地排除积水，减轻湿害。湿田免耕配合深沟高厢，多余水分可随地表径流顺沟排出，利于降湿。

露播栽培因种子紧贴土表，加之稻草带来的增温作用，使其发芽出苗快，生长优势明显；高峰苗4年均值比旋耕机播提高24.2%。从同一生育时段来看，露播覆草栽培在分蘖期的总茎蘖数为530个/m²，比旋耕机播高17.7%，冬至苗为789个/m²，比旋耕机播高32.1%。尤为重要的是，在分蘖处于两极分化的拔节期，精量露播稻草覆盖栽培平均单株带蘖数仍达到1.86个，比旋耕机播高31.0%，且叶片数达到4片以上的分蘖占68.8%，而旋耕机播仅为40.9%。露播覆草栽培小麦分蘖早、分蘖势强、大分蘖多、高峰苗提早，均有利于成穗。

5.1.3 稻茬麦半旋机播抗逆栽培技术

传统水稻多由人工收获，田面非常平整。随着水稻机械收获的面积扩大、大型收割机的增多，收获过程对土壤产生了较大的破坏作用，土壤板结、田面坑洼不平、秸秆杂乱无章，这种生产条件的变化对下茬小麦播种质量产生了严重影响。为进一步提高生产效率和播种质量，提高小麦的抗逆减灾能力，四川省农业科学院以播种机具改良为基础，研制集成了"稻茬麦半旋机播抗逆栽培技术"。

（1）技术要点

前茬水稻用半喂入收割机收获，在水稻收获过程中，稻草即被切成6~8 cm的短截，自然分布于地表。小麦采用"2BMFDC-6型"或"2BMFDC-8型"小麦免耕带旋播种机播种。机具破除种植行的土表硬壳和根茬，种子播落于墒情较好的浅沟底部，碎土和根茬混合盖种。在免耕条件下只需一次作业，就实现开沟、播种、施肥、盖种、还草等多道工序。泥土和秸秆对种子混合覆盖，提高了出苗质量和抗旱能力。

（2）应用效果

据多年多点试验示范结果，与人工撒播盖草方式相比，该技术田间麦苗均匀度提高 30%~45%，用种量降低 25.0%~38.9%，播种成本节约 28.0%，生产效率提高 30%~40%，产量提高 10%~15%，效益提高 25%~50%。2015 年，该技术在广汉市连山镇创造了四川省年度最高产量 10 314 kg/hm²。目前，该技术已连续 5 年被四川省列为主推技术，在长江上游麦区得到广泛应用。

（3）抗逆增产机理

该技术在免耕条件下实施，播种时仅对播种带浅旋耕，带间免耕，前面所提到的免耕栽培优势在本技术中也有体现。机械化播种提高了小麦的出苗率和出苗均匀度，增强了开端优势，提高了抵御后期灾害的能力。

秸秆覆盖在抗旱抗逆中也发挥了重要作用，在广汉市连山镇开展的半旋机播不同秸秆还田量试验中，不同处理方式的穗数差异较为明显，12 t/hm² 还田量处理有效穗数较其他处理增加 6.6%~7.9%，差异达显著水平。增加秸秆还田，也利于穗部发育，秸秆还田处理的结实小穗数均明显高于无秸秆还田处理，增幅 5.7% 以上，穗粒数增加 1.9%~4.2%。由于穗数和穗粒数的增加，秸秆还田处理的产量较无秸秆处理有不同程度的增加。

秸秆覆盖影响地表与外界的热量交换，进而影响耕层土壤昼夜温度变化。从拔节期以前的测试结果看，稻草覆盖还田有明显的保温效果，和无覆盖处理相比，8：00 不同深度土壤温度增加 0.2~1.2 ℃，在环境温度较高的出苗期，随着秸秆覆盖量的增加土壤温度呈升高趋势。而 15：00 各处理方式的土壤温度变化因环境温度不同而异，在环境温度相对较高的苗期和冬至期，秸秆覆盖处理 0~10 m 土温均低于无覆盖处理，随着秸秆覆盖量的增加土壤表层温度还呈下降趋势，25 m 土温各处理方式的差异较小；在环境温度相对较低的拔节期初期，秸秆覆盖处理 0~25 m 土壤温度均高于无覆盖处理，增幅 0.36~0.95 ℃。

稻草覆盖还田除具有保温作用外，还有明显的保湿效果。试验期间，在 12 月 1 日至次年 1 月 20 日，降雨量仅有 3.0 mm 情况下，拔节初期秸秆覆盖处理不同耕层土壤含水量均显著高于无覆盖处理，0~5 cm，5~10 cm，10~20 cm 和 20~40 cm 均高 1.9%~6.6%。

5.1.4 玉米免耕（少耕）栽培技术

（1）试验设计

试验于 2013 年在贵州开阳县城关镇温泉村进行。试验设 3 因子 4 水平 12 个处理。即 A1 处理，采用（3.5 + 1.5）尺 × 0.78 尺，每小区种 8 行、24 株/行，共计 192 株；A2 处理，采用（3.5 + 1.5）尺 × 0.64 尺，每小区种植 8 行、28 株/行，共计 224 株；A3 处理，采用（3.5 + 1.5）尺 × 0.56 尺，每小区种植 8 行、32 株/行，共计 256 株。B1 处理，免耕 + 起垄 + 稻草覆盖；B2 处理，翻犁 + 起垄 + 稻草覆盖；B3 处理，翻犁 + 稻草覆盖；B4 处理，免耕 + 稻草覆盖。每个小区长 6 m、宽 6 m，面积 36 m²。

（2）试验过程

营养块育苗：按玉米营养块育苗技术，4 月 1 日进行种子处理，同时进行营养块制作。4 月 2 日进行营养块育苗播种。4 月 5 日出苗，4 月 12 日用清粪水浇施秧苗肥，4 月 15 日开始揭膜炼苗待移栽。

试验移栽：4 月 12 日用草甘膦除草剂 3 kg 对水 100 kg 对试验田进行喷雾除草。4 月 18 日，先按试验方案要求的施肥方法施足基肥，再按试验田间种植图和各处理小区的种植规格进行规范移栽，移栽后用有机清粪水浇施，最后用稻草覆盖。

田间管理：4 月 26 日每处理小区用尿素 0.5 kg 对清粪水 1 担浇施。6 月 14 日用 4.5% 高效氯氰菊酯乳油每亩 30 ~ 60 mL 或用 40% 辛硫磷乳油 1 000 倍液喷雾防治玉米粘虫。6 月 28 日每小区用尿素 1 kg 株间穴施，施后进行培土。7 月 6 日用 40% 的异稻瘟净乳剂 600 倍液喷雾防治玉米大小斑病。

（3）试验结果

以翻犁 + 稻草为对照比较，增效最高的种植方式是免耕 + 起垄 + 稻草覆盖处理，净增收 100 元以上；其次是免耕 + 稻草覆盖，净增收 80 元以上。

5.1.5 旱地秋季秸秆覆盖保墒技术

西南地区旱地小麦分布在丘陵坡台地上，多与玉米、烤烟等作物套作种植。套作玉米一般于 7 月至 8 月收获，收后农民随即将玉米秆砍倒移至田外堆放，或自然立在田间，待到小麦播前再将其移走，往往费工费力。另一方面，小麦在播种阶段和冬春时节常遭遇干旱，严重影响立苗和苗期生长。对此，四川省农业科学院研究集成了"旱地秋季秸秆覆盖保墒技术"。

（1）技术要点

小麦、玉米规范套作，玉米收获后将其秸秆就地覆盖在种植带上，10 月底将腐烂未尽部分移开，随即耕整机播小麦，播后再将残留秸秆覆盖于小麦行间。

（2）应用效果

该技术不仅简化秸秆还田程序，利于培肥，且能有效抑制杂草滋生（降低80%以上）、纳雨造墒（播种时耕层土壤含水量增加6.0%～21.3%）、提高小麦立苗质量（出苗率提高2.0%～8.9%）及生物量和产量（表5-1），在西南地区旱地有很好的适应性，已在川中丘陵多个县市广泛应用。

表5-1 不同处理方式下小麦产量及地上部生物量

处理	产量（kg/hm²）	收获指数	地上部生物量（kg/hm²）			
			播种-分蘖	分蘖-拔节	拔节-开花	开花-成熟
2012/13						
CK	2 924	0.496	59	279	3 455	1 691
T1	4 151	0.498	88	393	4 623	1 366
T2	3 926	0.496	86	433	4 399	1 056
T3	3 603	0.498	84	285	3 594	2 231
2013/14						
CK	5 854	0.510	281	878	6 874	3 291
T1	5 928	0.513	305	879	6 636	2 913
T2	5 958	0.509	292	942	6 831	2 708
T3	6 058	0.505	312	932	6 859	3 058
与产量相关性	0.895**	0.948**	0.900**	0.880**	0.966**	

注：CK：无秸秆覆盖（对照）；T1：CK＋播种后及拔节期各浇水1次；T2：玉米收获后秸秆就地覆盖＋小麦播后无秸秆覆盖；T3：玉米收获后秸秆就地覆盖＋小麦播后行间整秆覆盖。

（3）抗逆增产机理

本技术增产最关键的因素在于秸秆覆盖后土壤墒情的改善。秸秆覆盖对保持土壤表层含水量有明显优势，但随土壤深度增加，处理间差异逐渐缩小（图5-1）。

与无覆盖的CK、T1相比，两个覆盖处理0～10 cm土壤含水量在拔节前显著提高，尤其是干旱的2012/13年度，至灌浆中期仍有显著差异；10～20 cm土层的土壤含水量，2012/13年度在播种前和成熟期，2013/14年度在播种前和拔节期，覆盖处理显著高于CK；而20～40 cm土层的土壤含水量，两个年度在处理间均无显著差异。

干旱年，与CK相比，秸秆覆盖和灌水均显著提高水分利用效率，T1、T2、T3处理无显著差异，分别较CK高27.2%、29.6%和18.8%。而在湿润年，各处理的水分

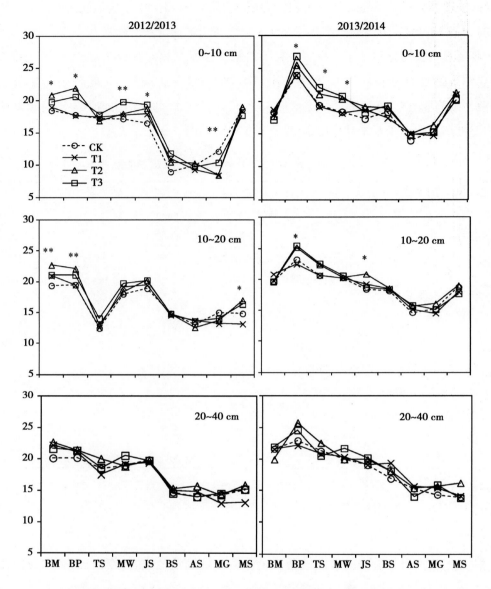

BM：覆盖前；BP：播种前；TS：分蘖期；MW：越冬期；JS：拔节期；BS：孕穗期；AS：开花期；MG：灌浆中期；MS：成熟期。* 和 ** 表示处理间在 $P < 0.05$ 和 $P < 0.01$ 水平显著差异

图5–1　不同处理方式下小麦生育阶段的土壤含水量（%）

利用效率无显著差异。相关分析表明，水分利用效率与产量呈极显著正相关，干旱年份相关程度更大。

　　主要生育期的比根长在处理间均无显著差异。根长密度、根质量密度和根表面积密度的表现趋势相近。拔节期处理间无显著差异，分蘖期 T1 显著高于 CK，其他处理与 CK 无显著差异；开花期 T2 显著高于 CK 处理，其他处理与 CK 差异较小（表 5 - 2）。各处理根系主要集中于 0 ~ 10 cm，10 cm 以下急剧减少。在 0 ~ 10 cm 土层，T1、T2 和 T3 的根长密度和根表面积密度均低于 CK，而在 10 ~ 20 cm 和 20 ~ 30 cm 土层则高于 CK。拔节期 10 ~ 20 cm 土层 T2 的根长密度显著高于 CK，开花期 T3 处理显著高于 CK（表 5 - 2）。说明秸秆覆盖有促进根系下移的作用，而灌水处理对不同土层的根系参数较 CK 无优势，甚至表层根长密度和根表面积密度显著低于 CK。

表 5 - 2 不同处理的小麦根干重、根冠比及 0 ~ 30cm 土层根系生长特性（简阳，2013—2014 年）

处理	根干重 (g/m²)	根冠比	0 ~ 30 cm 土层			
			比根长 (g/m)	根长密度 (cm/cm³)	根质量密度 ($\times 10^{-4}$ g/cm³)	根表面积密度 (cm²/cm³)
分蘖期						
CK	6.93	0.123	24.61	0.120	0.462	0.037
T1	9.57	0.157	29.92	0.191	0.638	0.059
T2	7.88	0.135	27.09	0.139	0.525	0.043
T3	7.00	0.112	26.43	0.114	0.467	0.034
拔节期						
CK	58.78	0.254	23.81	0.474	1.819	0.114
T1	47.64	0.201	20.81	0.388	1.769	0.118
T2	70.99	0.288	20.92	0.385	1.959	0.113
T3	53.08	0.213	20.03	0.459	1.588	0.117
开花期						
CK	44.59	0.028	25.77	0.289	1.652	0.079
T1	45.38	0.029	17.63	0.355	1.805	0.102
T2	59.98	0.037	23.11	0.402	2.543	0.193
T3	40.47	0.025	19.69	0.395	1.741	0.115

5.1.6 旱地垄播沟覆耕作技术

西南地区玉米主要种植在坡耕地，坡耕地土壤侵蚀面积广，江河中 80% 泥沙来源于坡耕地，严重的水土流失导致地力下降，造成大面积低产田。针对以上问题，四川省农科院研究提出了以保墒培肥、抗逆增产为目标"旱地垄播沟覆耕作技术"。

（1）技术要点

种植模式为小麦/玉米/红薯（豆类）间套种；耕作带幅宽根据具体条件可以 6 尺

开厢"双三〇"或5尺开厢"双二五"种植。小麦种植由平作改为垄高20 cm的横坡或顺坡垄作，收获后，将秸秆覆盖于沟底。冬季对预留空行进行深翻，促进风化增厚土层；同时增种豆科绿肥，种植玉米时刈割就地还田。玉米种植由平作改为沟底种植，收获后秸秆就地覆盖。甘薯栽前作垄为利用小麦垄免耕栽插，甘薯收获后定向移垄，将小麦垄至原玉米种植带，实现轮耕。

（2）应用效果

研究结果表明，中带顺坡垄作+秸秆覆盖、宽带顺坡垄作+秸秆覆盖、宽带横坡垄作+秸秆覆盖、中带常规平作的全年土壤流失量分别为1 128.8、1 142.1、919.1、1 718.0 kg/hm^2；全年土壤径流量分别为196.2、171.2、154.5、228.6 m^3/hm^2；垄作和秸秆覆盖的土壤流失量和径流量显著低于对照常规平作。这是由于秸秆覆盖减少了雨滴对土壤的直接冲击，防止土壤结皮，保持土壤良好的通透性，同时垄作提高土壤蓄水保墒的能力，减少或滞后地表径流的产生，其中横坡垄作较之顺坡垄作有较为封闭的结构，能分散截留雨水和泥沙，水土保持效果最好。

5.2 抗逆播栽技术

5.2.1 播栽期对低温的避灾减灾作用

西南地区小麦生育期间遭遇的灾害主要有干旱、低温、湿害以及高温逼熟等，其中干旱和低温对旱地小麦的危害较大，而湿害主要发生在稻茬田中。适期播种，可以提高小麦出苗质量和抗旱能力，降低孕穗期低温危害。播种太早，在春季易遭遇低温导致小花不育。2008年四川遭遇低温雨雪天气，罗江县部分被整块冻死的小麦，都是在10月20日前后播种的，遭遇低温时已拔节，生育期提前，耐冻能力显著下降。而播种太迟，易遭遇出苗期干旱，造成出苗率和苗情质量下降。

四川小麦品种多为春性，但春性强弱存在差别，以春性中熟品种居多。表5-3表明，自10月15日开始，随着播种期的推迟，单穗不实低位小花数呈下降趋势，穗粒数呈先升高再降低趋势。低温是导致低位小花不育的主要因素，播期较早，生育进程提前，遭遇低温冷害的风险增加，对于春性较强的品种尤为如此。川育12、川麦56、南30-2等品种在10月22日之前播种，单穗不实低位小花数达10个以上。春性中熟品种如川麦104、蜀麦969等受低温冷害的影响相对较小，播期弹性较大。

综合产量形成的各因素，春性较强的品种以10月底播种较安全，春性中熟品种以

10 月 25 日前后播种为宜，春性较弱品种播期还可再适当提前。

表 5－3　播种期对不同小麦品种结实的影响（广汉，2014—2015 年）

品种	单穗不实一、二位小花数					穗粒数				
	15/10	22/10	29/10	5/11	12/11	15/10	22/10	29/10	5/11	12/11
川麦 42	5.3	4.5	2.9	2.2	2.4	41.6	41.0	38.9	43.0	36.8
川麦 55	3.2	5.2	2.1	2.2	1.9	51.3	53.0	50.0	49.1	46.1
川麦 56	17.0	8.1	2.7	4.1	3.2	26.7	37.6	40.3	32.6	32.2
川麦 104	1.4	1.0	1.2	1.2	0.8	44.3	42.9	41.3	41.8	39.5
蜀麦 969	3.6	3.8	3.2	2.9	2.6	40.5	37.6	39.1	36.9	38.2
川农 16	8.0	5.2	3.9	5.9	4.1	35.5	40.1	34.8	31.9	30.7
川育 12	36.3	18.8	4.3	4.2	5.0	9.1	36.0	43.9	41.8	41.1
南 30－2	34.0	13.9	2.9	3.0	5.5	15.6	37.9	42.4	43.8	38.1
13071	5.2	2.5	2.5	3.0	4.1	49.1	31.7	44.2	44.1	40.2
12147	5.0	3.1	2.8	3.3	3.2	34.9	48.8	39.2	32.7	32.3
Mean	11.9	6.6	2.9	3.2	3.3	34.9	40.7	41.4	39.8	37.5

5.2.2　播栽技术对干旱的避灾减灾作用

5.2.2.1　旱地小麦机播抗逆增产技术研究

四川丘陵旱地主要作物播栽收主要依靠人工完成，播种管理粗放，群体质量差，抗逆能力弱。通过小型机具的引进研发，可提高播种质量，创造高产群体，提高生育中后期的抗逆能力。小麦机播适应性试验研究表明，机播不仅大幅提高播种效率，且能优化麦苗田间分布状态，改善不同生育阶段个体和群体质量，抵御季节性干旱、低温冷害等灾害能力显著增强，不同土壤类型表现一致，不同机型处理的产量均较传统"人工挖窝点播"方式播种增加 10% 以上，纯收益增加 25% 以上（表 5－4、表 5－5）。和具有播种施肥功能的 2BSF－4 型播种机机相比，仅具有播种功能的 2B－4 型播种机操作更加灵活轻便，播种质量和产量更具优势，对旱地的适应性也更强。

表 5－4　不同播种方式对小麦播种质量的影响

土类	处理	种子有效覆盖比例（%）	盖种厚度（cm）	植株分散度（cm²/株）
粘壤	人工挖窝点播	100.0	5.26	16.1
	2B－4 机播	99.0	5.72	40.8
	2BFS－4 机播	93.4	2.28	36.6

（续表）

土类	处理	种子有效覆盖比例 （%）	盖种厚度 （cm）	植株分散度 （cm²/株）
	人工挖窝点播	100.0	5.57	16.7
砂壤	2B－4 机播	99.0	5.41	40.3
	2BFS－4 机播	92.9	2.89	33.7

表5–5　不同播种方式小麦籽粒产量及产量构成比较

土类	播种机型	播种效率 （h/亩）	播种成本 （元/亩）	有效穗 （10⁴/亩）	穗粒数	千粒质量 g	籽粒产量 （kg/亩）	纯收益 （元/亩）
	人工挖窝点播	20.9	73.3	13.2	42.7	50.4	277.6	171.6
粘壤	2B－4 机播	1.3	20.4	13.6	45.1	51.6	306.5	272.9
	2BFS－4 机播	0.5	20.5	14.6	45.6	50.4	299.2	265.2
	人工挖窝点播	20.5	73.0	14.1	47.4	46.7	277.8	171.8
砂壤	2B－4 机播	1.2	20.3	16.8	45.2	46.9	319.2	308.5
	2BFS－4 机播	0.5	20.6	17.1	43.9	47.0	305.7	249.7

5.2.2.2　不同播深和土壤水分对玉米出苗质量的影响

播种立苗质量直接影响作物出苗以后的长势和抗逆性，通过设置不同播深和土壤水分等处理，研究播种技术对玉米出苗质量的影响。结果表明，不同水分、播深处理间出苗率差异达到极显著水平，且水分与播深也存在极显著互作效应。6 cm 播深的出苗率显著高于其他播深，品种间反应一致；"上干下湿"处理的出苗率显著高于其他处理，但品种反应不一致。总体而言，采用"上干下湿"的水分处理以及 6 cm 播深有利于提高玉米出苗率（表 5–6）。

表5–6　播深和土壤水分对不同玉米品种出苗率的影响（%）

处理	成单 30	长玉 13	总体
W1	81.11 a A	65.56　ab A	73.33　a A
W2	54.44　c B	60.00　ab A	57.22　b B
W3	70.00　ab AB	74.44　a A	72.22　a A
W4	71.11　ab AB	54.44　b A	62.78　ab AB
W5	61.11　bc AB	58.89　ab A	60.00　b AB
D1	58.00　b B	52.67　b A	55.33　c B
D2	81.33　a A	68.00　a A	74.67　a A
D3	63.33　b B	67.33　a A	65.33　b AB

注：W1：上层土壤田间持水量 40% + 下层田间持水量 80%；W2：上层田间持水量 80% + 下层田间持水量 40%；W3：上层田间持水量 40% + 下层田间持水量 60%；W4：上层田间持水量 60% + 下层田间持水量 40%；W5：上下层土体田间持水量均为 60%。D1：播深 9 cm；D2：播深 3 cm；D3：播深 6 cm。

5.2.2.3　播栽期对玉米的抗旱减灾作用

川中丘陵区夏旱和伏旱发生频率较高，夏玉米因干旱影响导致产量不高不稳，本研究通过设置不同播种期，探索夏玉米能够避灾增产的适播期。

试验地点在四川省三台县建设镇，选择蠡玉 16、仲玉 3 号两个品种，设置 4/20、5/20、6/10 3 个播种期。

进行苗期长势、产量和产量结构等观测。

试验在遭遇严重的夏旱和伏旱背景下，不同播期玉米产量差异明显。5 月 20 日播种的玉米遭遇产量低谷，此播期前后的玉米抽穗开花阶段正好遭遇高温伏旱，受精率极低，空株率在 60% 以上，产量仅有 100 kg/亩左右。在 4 月下旬播种，虽然可以在开花期避过干旱，但在灌浆期仍处于干旱频繁的阶段，籽粒灌浆充实度下降，千粒重较低。6 月上旬播种，开花期和灌浆期均可避开干旱，产量有明显优势。不同品种的生育期和品种特性不同，其抗旱能力也有差异，在播期较早的 4 月 20 日，蠡玉 16 的产量高于仲玉 3 号，而在 5 月 20 日以后播种，仲玉 3 号的产量高于蠡玉 16。因此，川中丘陵区夏玉米安全播期在 6 月 10 日。不同播期玉米产量结果见表 5 - 7。

表 5 - 7　不同播期玉米产量结果

播种期（月/日）	品种	产量（kg/亩）	空株率（%）	千粒重（g）
4/20	蠡玉 16	279.4	6.0	20.1
	仲玉 3 号	162.0	15.0	13.0
5/20	蠡玉 16	64.9	65	29.1
	仲玉 3 号	104.9	60	25.8
6/10	蠡玉 16	373.1	3.1	28.4
	仲玉 3 号	412.4	3.0	24.2

5.2.2.4　玉米马铃薯间作水分利用

（1）研究目的

本试验采用盖板方式保持蒸发背景一致，利用水量平衡公式对玉米马铃薯的蒸腾用水情况进行研究，得出在玉米马铃薯间作中，不同含水量条件下，不同种植模式的蒸腾耗水量及蒸腾水分利用效率，间作作物之间是否发生水分的竞争状况，以及作物之间的水分利用关系会对植株生长造成的影响。

（2）实验设计

试验为双因素盆栽试验，因素一为种植模式，因素二为土壤含水量。试验材料为玉米（品种为"云瑞 88 号"）、马铃薯（品种为"会 - 2"）。所有处理均作 15 次重复，共 135 盆，盆的规格为（32 + 30）×28，各因素及处理如下。

因素一：不同种植模式（图 5 - 2）

单作玉米、单作马铃薯、玉米马铃薯混作（间作模式）。

图 5 - 2　种植模式

因素二：不同土壤含水量

最高含水量为饱和含水量 80%，中间含水量为 65%，最低含水量为 50%；预备试验确认最高含水量设置为 80%，高于此供水水平时，盆底部会有水渗漏；最低供水水平设置为 45%，低于此供水水平时，植株有死亡现象。

试验处理如表 5 - 8 所示。

表 5 - 8　试验处理

处理	土壤含水量	种植模式
1	50%	单作玉米
2	50%	间作
3	50%	单作马铃薯
4	65%	单作玉米
5	65%	间作
6	65%	单作马铃薯
7	80%	单作玉米
8	80%	间作
9	80%	单作马铃薯

预备试验确定饱和含水量：将栽培基质浇透水，覆膜以防止蒸发，静置让水分下渗；24 h 后，水分已充分下渗，掠去表层土壤，用环刀取样，记环刀自重为 W；冲洗环刀壁附着的基质，用纱布封环刀底部；托盘内放置水和花泥，花泥表面略高于水面，纱布封底的环刀放于花泥上吸水；48 h 后对环刀称重，每 1 h 称重 1 次，当两次称重数值不再变化时，计数值 W_1。将充分吸水的环刀放入烘箱，充分烘干，12 h 后对环刀称重，每 1 h 称重 1 次，当两次称重数值不再变化时，计数值 W_2。

饱和含水量 = （$W_1 - W_2$）/（$W_2 - W$）

经预备试验确定，饱和含水量为 64.8%。

（3）实验过程

种植管理

马铃薯：5 月 23 日，播种于沙地，底层放置薄膜以防止根系深扎，区分头尾以利出苗整齐；覆土，厚度不超过 1 cm；苗高 10 cm 时单主茎移栽（既便于消除种子不一致导致的苗大小差异，也避免了多主茎导致的对盖板生长口的破坏）。玉米：马铃薯移栽时播种玉米，每穴 2 棵种子，苗高 5 cm 时间苗。统一进行病虫害防治管理，不进行试验控制。

水分控制

①盖板：6 月 15 日时，间苗并盖板，以消除蒸发对植株蒸腾的影响；盖板为 50 cn×50 cm 的吹塑纸，以中线为轴心距中点 9 cm 打圆孔（半径为 5 cm）；②校正土壤含水量：根据设定土壤含水量，可以计算出在相应含水量下盆总重的目标值，即 W_1（相应土壤含水量时盆总重目标值）= 12 kg（介质充分干燥后重量）+ 12 kg×64.8%（饱和含水量）×3 个土壤含水量梯度 + W_3（植株重量），盆总重的目标值与实际值之差即为校正值，通过加入校正值对应的水量，即可使各处理含水量至设定含水量；③确定浇水量：校正 24 h 或 48 h 日后再次称重，与盆总重目标值之差即为此水分条件下此处理的 1~2 d 耗水量，可计算出单日耗水量；并以该数值为浇水量（认为每天以此量浇一次可使土壤恢复至设定含水量）；随着植株生长，其长势变化，蒸腾量会相应变化，以每 7~8 d 为一个周期，认为周期内长势变化差异不大；下个周期起始的 1~2 d，每个处理采集一盆植株，清洗干净称量其鲜重，重新校正含水量并确定浇水量。

（4）试验结果

作物蒸腾速率反映了作物对水分的利用能力和利用效率。由表 5-9 可知，无论是在 50% 含水量还是在 65% 含水量条件下，7 月之前单作玉米和单作马铃薯植株水分蒸腾量大于双盆间作处理，但从 7 月开始直至收获，在 50% 和 65% 含水量条件下，双盆间作处理的水分蒸腾量大于玉米和马铃薯单作处理之和。整体而言，间作能提高作物光合作用及水分利用效率，在 50% 含水量条件下，双盆间作水分蒸发量大于玉米和马铃薯单作之和，在同等土壤含水量条件下，间作处理的玉米和马铃薯对土壤中水分的吸收能力更强。在最适土壤含水量（65% 土壤含水量总生物量大于 50% 土壤含水量处理）条件下，间作处理在整个生育期内的总蒸腾量为 7 635 g/盆，而在 50% 含水量条件下，间作处理总蒸腾量为 6 596.13 g/盆，在低土壤含水量条件下，玉米马铃薯间作能够在合适条件下更高效地利用土壤中的水分。在高水分含量条件下，玉米和马铃薯均受到不同程度的抑制，呈现出水分蒸腾量显著减少的趋势。总体可以得出，玉米马铃薯间作较单作处理能够在一定程度上增加作物抵抗干旱的能力。

表 5－9　不同时期不同种植方式对植株水分蒸腾的影响（g/盆）

日期	水分含量								
	50%			65%			80%		
	马铃薯单作	间作	单作玉米	马铃薯单作	间作	玉米单作	马铃薯单作	间作	玉米单作
6.17—6.23	258.86e	135.29b	84.05a	218.37d	138.53b	91.51a			
6.23—7.1	257.27d	173.19b	107.47a	332.98e	203.77c	117.71a	264.73d	234.02cd	250.41d
7.1—7.11	1174.16f	894.26d	606.52a	1215.6f	987.21e	726.24c	977.18e	885.12d	673.6b
7.11—7.18	564.04d	530.99c	417.49a	526.19bc	594.54f	503.27b			
7.18—7.25	668.75c	739.52d	699.72cd	881.32e	940.14f	893.15e	406.23b	379.12b	268.84a
7.25—8.2	814.79a	853.62b	847.49b	902.93c	999.34d	983.63d			
8.2—8.9	749.03c	947.51e	967.8e	748.81c	1 123.19g	1 073.03f	494.65a	581.67b	796.46d
8.9—8.16	717.22a	891.93c	839.52b	704a	918.37cd	937.68d			
8.16—8.24	705c	1 114.67d	1 290.17e	544.75b	1 349.58e	1 595.43f	445.67a	670.5c	1 020.88d
8.24—9.2	182.34b	315.2c	428.5de	160.75ab	380.72d	466.72e	148a		292c

玉米和马铃薯生长对土壤含水量的需求不同，玉米生长最适土壤含水量高于马铃薯。在玉米最适土壤含水量（含水量较高但在正常范围内）条件下，玉米马铃薯间作能对水分差异化利用，较玉米马铃薯单作，能更高效地利用水分。而在较低含水量条件下，玉米与马铃薯间作较玉米单作处理能够获取更多的水分，有助于干物质积累及植株生长，而马铃薯受间作玉米影响较小，整体上，间作系统仍表现出水分高效利用的规律。

5.2.2.5　玉米高密度高产栽培技术

选择近年来经过品比等试验产量表现较好的玉米品种，进行种植规格和密度的高产试验，通过增加群体密度，减轻因春旱造成的出苗不齐，基本苗数不够，应对该区域干旱对玉米个体生长发育的不利影响力，达到减少产量损失或增产的目的。

（1）试验概况

试验地位于云南省石林县西街口镇雨布宜村，海拔 1 905 m，试验区面积 2.5 亩。供试玉米品种为云瑞 999。试验为密度试验，共 4 个处理，采取随机区组设计，每处理重复 3 次,共 12 个小区,每个小区面积 9.6 m×9 m。种植规格及密度见表 5－10。

表 5－10　种植规格

处理	宽行（cm）	窄行（cm）	株距（cm）	密度（株/亩）
A	80	40	22	5 500
B	80	40	18.5	6 000
C	80	40	15.9	7 000
CK	80	40	20	5 000

（2）试验结果

由表 5－11 可知,不同密度处理玉米产量差异不显著,密度为 7 000 株/亩的产量最高,为 1 010.505 kg/亩,其次为密度为 5 500 株/亩,产量最低的为 6 000 株/亩。其中,密度为 7 000 株/亩的比密度为 5 000 株/亩的增产 190.5 kg,增幅 23.2%;密度为 5 500 株/亩的比密度为 5 000 株/亩的增加 138.7 kg,增幅达 16.9%;密度为 6 000 株/亩的比密度为 5 000 株/亩的增产 128.7 kg,增幅 15.7%。从以上数据可知,在密度大于 5 000 株/亩的水平上,高密度种植玉米亩产量比对照提高 15%以上。试验年度,在玉米全生育期,雨水充沛,玉米苗期生长旺盛,产量较往年亦有所增加。

表 5－11　不同密度条件下玉米产量分析　　　　（单位:kg/亩）

处理	1	2	3	平均亩产	排名
A	1 027.18	940.47	908.45	958.7	2
B	1 084.54	931.8	829.75	948.7	3
C	1 053.193	1 057.195	921.127	1 010.5	1
CK	890	800	770	820	4

5.2.2.6　玉米不同覆膜抗旱栽培技术

采取不同玉米覆膜种植措施,增强玉米集雨保墒作用,提高水分利用效率,提高玉米抗旱能力,增加土地生产力。

（1）试验概况

试验地位于云南省宣威市农业局现代农业示范基地,海拔 1 904.2 m,土壤为沙性红壤。多年平均气温 13.4℃,最高年平均温 14.6℃,最低年平均温 12.7℃。多年平均日照 2 018.5 h,日照百分率为 47%。多年平均降水量为 975.2 mm,其降水量的时间分布不均匀,全年分为明显的干、湿两季(即每年 11 月至次年 5 月中旬和每年 5 月下旬—10 月)。

供试作物为玉米宣黄单13号。试验采用单因素随机区组设计，4个处理，3次重复，12个小区，小区面积30 m² （5 m×6 m）。试验处理为：A：玉米地膜覆盖膜侧种植；B：玉米地膜覆盖开沟种植；C：玉米地膜覆盖打塘种植；D：玉米地膜覆盖平垄种植。

（2）试验结果

由表5-12可知，不同覆膜栽培方式下的玉米产量之间并没有达到极显著差异（$P > 0.05$），但是，玉米地膜覆盖开沟种植浇水亩产比膜侧种植浇水亩产高101.39 kg，增幅为11.48%，玉米地膜覆盖开沟种植不浇水亩产比玉米地膜覆盖平垄种植不浇水亩产高39.42 kg，增幅4.55%；玉米地膜覆盖开沟种植浇水亩产比不浇水亩产高77.89 kg，增幅8.59%，说明玉米地膜覆盖开沟种植具有最明显的增产优势，浇水比不浇水更增产。浇水亩产是开沟种植＞打塘种植＞平垄种植＞膜侧种植，不浇水亩产是开沟种植＞打塘种植＞膜侧种植＞平垄种植，平均亩产是开沟种植＞打塘种植＞膜侧种植＞平垄种植，说明开沟种植和打塘种植更具有增产优势。玉米地膜覆盖膜侧种植浇水亩产和浇水亩产只相差3.31 kg，说明膜侧种植方式下浇水和不浇水影响并不大。玉米地膜覆盖打塘种植浇水亩产比不浇水亩产高出29.27 kg，增幅3.33%，说明打塘模式下浇水比不浇水具有一定的增产优势。

表5-12　不同覆膜栽培方式对玉米产量的影响

处理	浇水亩产（kg/亩）	不浇水亩产（kg/亩）	平均（kg/亩）
膜侧	883.06ab	886.369 1a	884.71
沟播	984.45b	906.562 42b	945.51
塘播	906.88ab	877.607 98ab	892.25
平垄	850.26a	867.137 37ab	858.70

综上所述，浇水处理和不浇水处理总体相差不大，其中玉米地膜覆盖开沟种植和玉米地膜覆盖打塘种植可以显著提高作物产量，浇水和不浇水都是开沟种植亩产最高，即玉米地膜覆盖开沟种植在浇水时产量最高。

5.3　机械化技术

5.3.1　机械化生产技术与灾害防控的关系

西南地区地形以丘陵山地为主，耕地坡度大、地块零散，不适宜机械化作业，整体机械化水平较低。为提高生产效率和种植效益，西南地区各省近年也陆续引进或研发了一些中小型机械，并完善配套技术加以推广。目前在粮油作物上应用比较广泛的有耕整机、谷物播种机、插秧机、收割机秸秆还田机等。机械化生产技术与灾害防控的关系主要体现在以下几个方面：一是提高农事作业效率，实现作物适期播种（移栽）、收获，减少不利气候条件的影响；二是提高播种或插秧质量，构建高质量的群体，提高抗逆能力；三是完成人力难以完成的农事操作，间接提高作物抗灾减灾能力，如秸秆还田机可以实现秸秆粉碎还田，利于保墒抗旱和培肥增产。

5.3.2 旱地小麦机械化抗逆生产技术

机械化生产技术可以实现作物适期播种、收获，避免不良气候对作物生长发育和产量的影响，尤其是播种技术还可提高立苗质量，建立开端优势，提高作物中后期的抗逆能力。稻茬麦的机械化生产技术在本章第一节已有所提及，本节不再赘述。从目前情况看，旱地玉米机械化生产技术仍处于研发阶段，应用面积较小。旱地小麦机械化生产技术进展较为突出，故本节以旱地小麦播种技术为例作介绍。

西南山区丘陵耕地小而分散，坡陡路窄，大中型机械难以进田作业，且主体种植模式为小麦/玉米/甘薯（大豆）套作，小麦播种时田间仍有大豆或红薯尚未收获，更增加了机械作业的难度。针对区域生产生态条件，四川省农业科学院与农机部门合作，研制出 2B－4、2B－5、2BSF－4 系列由微耕机驱动的小型小麦播种机。该系列播种机机型小巧，移动、转运方便，操作简单；播幅 1 m，与套作生产条件相适应；排种管采用开放式设计，能避免湿黏土壤堵塞管口，且能提高盖种质量。另外在镇压轮两侧加装驱动齿，可降低前进阻力，且便于控制排种。以该播种机为基础研制集成了"旱地小麦带式机播技术"，连续 3 年被农业部列为主推技术，在西南地区推广应用。

（1）机播技术对旱地小麦播种质量的影响

以传统稀大窝（CK）为对照，选择 2B－4、2BSF－4 两种机型，在四川省简阳市研究了不同播种方式对旱地小麦播种质量、生长发育与产量建成的影响。从两年的平均结果来看（表 5－4），人工操作的稀大窝（CK）种子覆盖最好，单播机处理与之相近，而播种施肥一体机较差。2BFS－4 处理属垂直分层设计（种子在上、肥料在下），受微耕机动力限制，播种深度较浅，盖种厚度明显小于 CK 和 2B－4 处理，特别在田面不平整区域种子易裸露在外。2B－4 和 2BSF－4 处理采用条播方式播种，植株的分散度较好，尤其是 2B－4 处理；而 CK 因种子聚集在一起，植株分散度较差。

（2）机播技术对旱地小麦生长发育的影响

2011 年，播种阶段高温少雨，播后出苗缓慢，尤以 CK 和 2BFS - 4 处理最为明显。分蘖盛期个体性状在不同播种方式之间差异显著，以 2B - 4 最好，2BFS - 4 和 CK 相当，且两种土壤类型表现趋势一致（表 5 - 13）。不同播种方式间的个体性状差异从苗期一直持续到成熟期。2012 年，播种阶段雨水充沛，出苗迅速而整齐，不同处理之间个体差异较小，除分蘖盛期单茎干重之外，均未达到显著差异水平。

受个体质量和群体大小的共同影响，2011 年度不同播种方式之间的群体质量差异与个体性状表现趋势相近（表 5 - 14）。分蘖盛期 2B - 4 处理的叶面积指数（LAI）、干物质重均显著高于其余两个处理，2BFS - 4 略高于 CK，2 个土壤类型趋势一致；拔节期不同处理之间的 LAI 和干物质重均存在显著差异，2B - 4 最高、2BFS - 4 次之、CK 最低；生育后期（开花期、成熟期）处理之间的差距有所缩小，但仍以 2B - 4 最高，CK 最低。2012 年度，处理之间群体质量差异总体较小，但 2BFS - 4 略优于其余 2 个处理。总体来看，机播处理有利于小麦的生长发育。

表 5 - 13　主要生育时期不同播种方式小麦个体性状差异

年份	土类	处理	分蘖盛期			拔节期			开花期		成熟期
			单株分蘖数	单茎叶面积（cm²）	单茎干质量（g）	第 1 蘖叶龄	单茎叶面积（cm²）	单茎干质量（g）	单茎叶面积（cm²）	单茎干质量（g）	单茎干质量（g）
2011	粘壤	CK	0.76	11.4	0.049	1.05c	24.12	0.144	136.9	2.71	4.27
		2B - 4	0.99	23.3	0.097	1.94	42.56	0.261	148.9	3.36	4.67
		2BFS - 4	1.19	12.1	0.051	1.62	29.10	0.173	152.4	3.26	4.26
	砂壤	CK	0.95	12.0	0.054	1.09c	25.16	0.156	135.4	2.54	4.00
		2B - 4	1.86	24.0	0.103	2.05	43.40	0.268	156.0	3.00	4.20
		2BFS - 4	1.43	10.6	0.047	1.68	22.52	0.139	124.2	2.36	3.88
2012	粘壤	CK	1.25	19.5	0.151	2.20	66.65	0.326	117.1	3.34	4.52
		2B - 4	1.27	18.7	0.202	2.37	61.84	0.328	101.1	3.31	4.42
		2BFS - 4	1.07	17.2	0.183	2.61	63.01	0.314	106.8	3.44	4.32
	砂壤	CK	1.28	—	—	55.15	0.313	131.4	3.19	3.94	
		2B - 4	1.70	—	—	60.67	0.306	130.5	2.89	3.74	
		2BFS - 4	1.11	—	—	59.67	0.358	142.7	3.17	4.01	

表 5 – 14　主要生育时期不同播种方式小麦群体质量差异

| 年份 | 土类 | 处理 | 分蘖盛期 | | 拔节期 | | 开花期 | | 成熟期 |
			LAI	干物质质量 (kg/hm²)	LAI	干物质质量 (kg/hm²)	LAI	干物质质量 (kg/hm²)	干物质质量 (kg/hm²)
2011	粘壤	CK	0.13	56	0.48	290	2.48	4 912	7 740
		2 – 4	0.37	154	1.01	618	2.93	6 621	9 200
		2FS – 4	0.16	68	0.81	480	3.30	7 071	9 224
	砂壤	CK	0.16	72	0.59	364	2.68	5 025	7 913
		2 – 4	0.48	207	1.54	950	4.09	7 876	10 991
		2FS – 4	0.17	74	0.77	471	3.40	6 469	10 648
2012	粘壤	CK	0.30	239	2.02	985	2.55	7 278	9 681
		2 – 4	0.30	327	1.88	943	2.27	7 116	9 322
		2FS – 4	0.33	348	1.95	974	2.45	7 890	9 571
	砂壤	CK	—	—	1.62	919	2.98	7 239	8 847
		2 – 4	—	—	2.04	1 030	3.23	7 152	8 981
		2FS – 4	—	—	1.97	1 180	3.52	7815	9 588

（3）机播技术对旱地小麦产量及产量构成的影响

籽粒产量各年各土壤类型均为 CK 显著低于其他两个处理，2B – 4 略高于 2BFS – 4 （表 5 – 15）。籽粒产量差异主要源于单位面积穗数和千粒重两个因素。CK 处理的穗数除 2012 年度的黏壤外，均显著低于其他处理，千粒重也低于其他处理。单位面积粒数即穗数和穗粒数之乘积，其表现趋势总体与穗数一致，机播处理远高于 CK。选择适宜的机播方式，对于提高旱地小麦的抗逆性和产量有重要意义。

表 5 – 15　不同播种方式小麦籽粒产量及产量构成比较

年份	土类	处理	有效穗 (10⁴/hm²)	穗粒数	千粒质量 (g)	单位面积粒数 (10⁴/hm²)	籽粒产量 (kg/hm²)	收获指数
2011	粘壤	CK	182	39.1	51.5	7 089	3 852	0.419
		2 – 4	197	42.8	53.5	8 430	4 265	0.426
		2FS – 4	217	45.1	51.8	9 784	4 139	0.477
	砂壤	CK	198	45.9	49.2	9 076	4 094	0.493
		2 – 4	262	42.4	49.4	11 111	4 828	0.434
		2FS – 4	274	40.5	49.3	11 091	4 456	0.447

（续表）

年份	土类	处理	有效穗 （$10^4/hm^2$）	穗粒数	千粒质量 （g）	单位面积粒数 （$10^4/hm^2$）	籽粒产量 （kg/hm^2）	收获指数
2012	粘壤	CK	215	46.3	49.2	9 925	4 475	0.413
		2-4	211	47.4	49.7	10 000	4 931	0.399
		2FS-4	222	46.1	48.9	10 208	4 836	0.395
	砂壤	CK	225	48.9	44.2	10 981	4 240	0.390
		2-4	241	48.0	44.4	11 532	4 747	0.399
		2FS-4	239	47.3	44.7	11 312	4 714	0.389

5.4 水肥调控技术

5.4.1 水肥因子与灾害的关系

水分和养分为作物生长所必须，但作物种类不同，对水分、养分需求不同。土壤水分过多，易产生湿害，影响作物根系正常呼吸和生长发育，而土壤水分过低，则易产生干旱，对作物生长也有不利影响。根据土壤墒情进行排水或补充灌溉，对于减少湿害或干旱危害，维持作物正常的发育有极为重要的意义。养分与抗逆减灾的关系更多体现在提高作物的健壮程度或加速作物在遭遇灾害后的恢复两方面。水肥是否得当，作物产量是一个重要的评判指标，产量的形成是作物与周围环境条件持续作用的综合结果。

5.4.2 作物灾害水肥调控技术

5.4.2.1 小麦水肥调控技术

（1）稻茬小麦肥料调控技术

稻茬田土壤类型以水稻土为主，肥力相对较高，土层深厚，地下水位高，渠系发达，灌溉排水方便，是小麦的高产区。四川盆地稻茬田土壤肥力高，不施肥的小麦单产在4 000~6 500 kg/hm²，施用中等水平的氮肥（120~150 kg/hm²）单产可达 7 500 kg/hm² 以上。土壤质地、肥力以及环境条件不同，氮肥的增产效果不一致，总体趋势是随着施氮量的增加，增产幅度下降，在 180~200 kg/hm² 施氮范围内多数区域可达到最高产量，施氮量继续增加，产量稳中有降（图 5-3）。

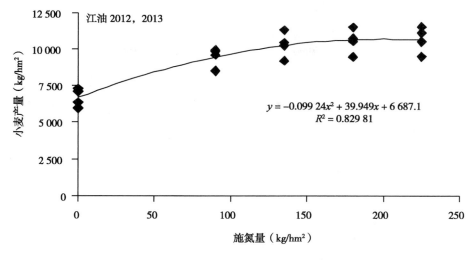

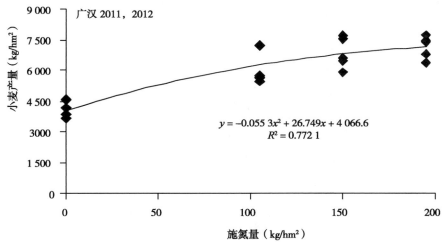

图 5 - 3　施氮量对四川盆地稻茬小麦产量的影响

施氮量对产量的影响还受品种类型、分配比例、种植密度、水分条件等因素影响。氮肥分配比例试验表明，施氮量较低时（90 kg/hm²），全部作底肥的产量高于底肥 + 拔节肥处理；施氮量较高时（150 kg/hm²），适当追肥效果更好。种植密度和施氮量也有互作效应，尤其是施氮水平较低时更为明显。同一施氮量下，中高基本苗处理（225 ~ 270 苗/m²）的产量高于低基本苗处理（150 苗/m²）。水分条件也是影响氮肥利用的重要因素，丰雨年的氮素利用效率高于干旱年。

施氮后产量的增加主要源于穗数和穗粒数的提高，不同区域表现一致（图 5 - 4）。在试验施氮范围内（0 ~ 225 kg/hm²），穗数的增幅逐渐降低，和产量的变化趋势一致，而穗粒数呈持续上升的趋势，穗粒数较少的品种增幅更为明显。源于穗数和穗粒数的

增加，单位面积粒数随施氮量的提高也大幅增加。和氮空白处理相比，广汉 135 ~
195 kg/hm² 施氮范围内，单位面积粒数增加 55.2% ~ 86.2%，江油 90 ~ 225 kg/hm² 施
氮范围内增加 26.6% ~ 45.6%。千粒重随着施氮量的增加下降趋势明显，和氮空白处
理相比，广汉 135 ~ 195 kg/hm² 施氮范围内千粒重下降 4.0% ~ 10.0%，江油 90 ~
225 kg/hm²施氮范围内下降 3.4% ~ 7.2%，可能是由于单位面积籽粒数目增加后，植
株自我调控所致。

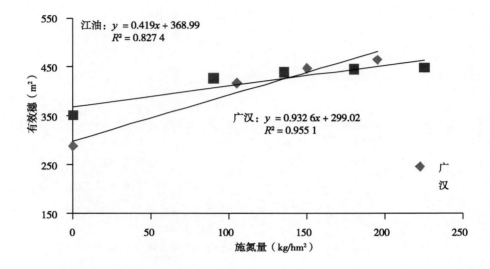

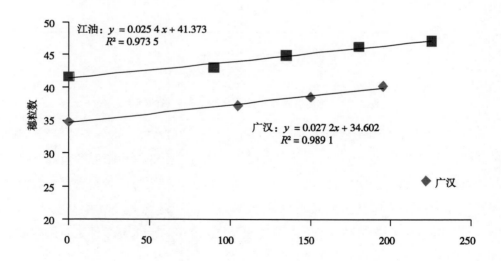

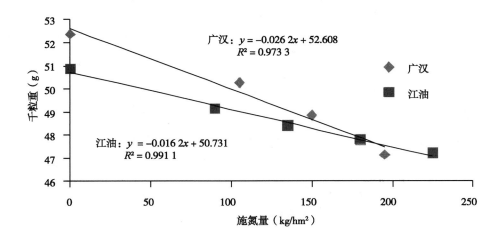

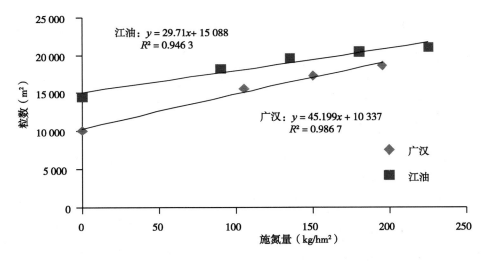

图 5−4　施氮量对四川盆地稻茬小麦产量结构的影响

（2）旱地小麦肥料调控技术

旱地小麦主要分布于川中丘陵和盆周浅山地区，区内土壤多系砂页岩风化而成的紫色土，主要为黄红紫泥、棕紫泥、灰棕紫泥、红棕紫泥土类。根据部分县市的土壤普查资料，旱地平均土壤总体呈现"钾中等、氮磷缺"的特点。旱地因分布在高低不同的丘坡上，立体微域差异大，一般从坡顶到坡底，土层由薄变厚，坡度由陡到缓，质地由砂到黏，土壤保水保肥力由弱到强，生产力由低到高。低台土耕层厚，肥力高，无肥小麦产量可达 1 500 ~ 2 500 kg/hm²，而中高台土土层薄、肥力低，再加上水土流失，无肥小麦产量常常不到 750 kg/hm²。

旱地小麦多为套作种植，小麦及套作作物占地面积多为均等分配，小麦季所需的养分按照实际需求量施在小麦种植带上。四川农业大学在仁寿县开展的旱地小麦施氮量试验结果表明，在 0～112.5 kg/hm² 范围内，随着施氮量的增加，套作小麦产量呈先增加后降低的趋势，在 90 kg/hm² 施氮量下，产量达到最高值（4 506.7 kg/hm²），施氮量继续增加，产量下降，但 112.5 kg/hm² 的施氮处理和 90 kg/hm² 差异不显著。

施氮量对产量因子中影响最大的是穗粒数，其次是有效穗，对千粒重影响相对较小。旱地土壤肥力较低，适当提高施氮水平可促进分蘖成穗和小花分化结实，因此有效穗和穗粒数均有不同程度的增加。和氮空白处理相比，施氮处理的有效穗增幅为 1.8%～5.3%，穗粒数增加了 2.7%～17.3%。套作小麦具有明显的边际优势，施肥后群体数量增大，但千粒重并没有受到明显影响，不同施氮水平下的千粒重差异不显著。

干物质积累量与群体数量及个体质量均有关系，在拔节期孕穗期之前，植株养分需求量少，营养生长量小，各处理间干物质积累量差异较小。小麦拔节之后，营养生长旺盛，水肥需求量增大，土壤养分供给不足常会造成干物质积累量的下降，在开花期和成熟期，90 kg N/hm² 和 112.5 kg N/hm² 处理的干物质积累量较 CK 以及 30 kg N/hm² 处理增加 5% 以上，差异达显著水平。

5.4.2.2　玉米水肥调控技术

以肥调水，以水促肥，充分发挥水肥协同效应和激励机制，对提高玉米的抗旱能力和水肥利用效率具有重要作用。相关研究结果表明，在传统施氮量下，玉米全生育期 4 水 4 肥的籽粒产量最高，3 水 3 肥次之，与 4 水 4 肥差异不显著，可节约用水 150 m³/hm²，水分利用效率高于 CK。由此可见，玉米以"1 底 2 追"的 3 水 3 肥水肥耦合管理最佳。具体措施是：目标产量 6 700 kg/hm² 以上，正常降雨情况下每公顷关键期每次浇水 150 m³，施纯氮 225～300 kg/hm²，底肥占 30%、拔节肥占 20%、孕穗肥占 50%，对水施用。

肥料效应还与种植密度密切相关（表 5 – 16）。玉米密肥试验结果表明，施用 120 kg N/hm² 平均产量 5 858.23 kg/hm²，氮肥经济指数为 39.1；240 kg N/hm² 平均产量 6 171.6 kg/hm²，氮肥经济指数为 20.8。密度 42 000 株/hm² 平均产量 4 606.1 kg/hm²，氮肥经济指数为 28.4；密度 54 000 株/hm² 平均产量 5 017.7 kg/hm²，氮肥经济指数为 31.2。增密的同时增加氮肥用量可进一步提高玉米籽粒产量，增施氮肥的同时增加密度可提高氮利用效率，增密的经济效益优于增施氮肥。增加密度可提高玉米产量，但是增施氮肥不同品种产量反应不一致。本试验中产量最高的组合是成单 202、密度 54 000 株/hm²、施氮量 240 kg/hm²。

表 5 – 16　玉米密度和氮肥耦合试验结果（简阳，2012）

品种	纯氮量（kg/hm²）	42 000 株/hm²		54 000 株/hm²	
		产量（kg/hm²）	氮肥经济指数	产量（kg/hm²）	氮肥经济指数
金黄后	120	2 699.2	22.5	2 979.1	24.8
	240	2 640.2	11.0	3 140.4	13.1
中单 2 号	120	3 235.2	27.0	3 624.1	30.2
	240	4 457.0	18.6	4 417.9	18.4
成单 14	120	5 236.3	43.6	6 129.5	51.1
	240	5 877.4	24.5	5 460.7	22.8
成单 202	120	6 524.0	54.4	7 065.2	58.9
	240	6 179.8	25.7	7 324.8	30.5

第6章 抗逆减灾生化制剂应用技术

干旱或低温发生时，植物体内的水分或温度发生变化，细胞物质和特性随之变化，进而造成植株生理过程受阻或器官受损。灾害对作物生长发育的影响过程，是一系列生化过程。抗逆减灾生化制剂能够通过调节植株体内的生化过程，来提高植株抗逆能力，减轻灾害危害。抗逆减灾生化制剂日益成为灾害防控的重要手段之一。

6.1 抗干旱生化制剂应用技术

6.1.1 抗旱剂种类

作物生产很大程度上依赖于人类防旱抗旱手段的提高，通过作物抗旱剂的使用，采取化学调控的方法，调节和控制作物的生长发育和生理生化过程，提高作物的抗旱性。抗旱剂是指施用在土壤或作物上能减少蒸发或蒸腾，增强作物本身抗旱性的化学物质的总称，包括抗旱剂和保水剂等。

6.1.1.1 抗旱剂

抗旱剂能缩小作物气孔开张度、抑制蒸腾作用、增加叶绿素含量、提高根系活力、减缓土壤水分消耗，从而增强农作物的抗旱能力及在水分胁迫逆境下的适应能力，抗旱剂的合理应用为农作物抗旱增产开辟了新的途径，具有广阔的应用前景。近年来生产上研究应用得比较多的作物抗旱剂主要有拌种剂、旱地龙、生根粉、外源脱落酸等。这些抗旱剂应用在小麦、水稻、玉米、烟草、棉花、马铃薯及蔬菜等农作物上均取得了较好的抗旱增产效果。

（1）拌种剂

生物拌种剂含有丰富的农作物细胞膜稳定剂，能使作物具有较强的抗旱性能，具有延缓出苗，促进苗齐苗壮，增加绿叶面积和干物质积累，提高个体质量，增强植株抗倒伏性能，确保最大限度发挥作物自身生命活力，以抵抗逆境因子而达到增产的目的。

专供种子包衣用的拌种剂为种衣剂，即为在种子外面包裹的一层含有药剂和促进生长调节物质的"外衣"。种衣剂在农业生产中已经应用很多年，其应用范围广，性价比高。种衣剂具有抗旱、防虫抗病、增产增收的作用，尤其对苗期害虫，玉米丝黑穗病，大豆苗期根腐病等，具有良好的防治效果，而且能够促进根系发达，使幼苗苗壮成长，从而有效地提高农作物的产量，具有高效、经济安全、残效期长和多功能等特点。

种衣剂按照组成成分可分为单一型和复合型两类。单一型种衣剂为单含一种作用的药剂，如杀虫种衣剂、防病种衣剂、除草种衣剂、肥料种衣剂等。复合型种衣剂是具有两种以上作用的药剂，意为解决两个或两个以上问题，利用多种有效成分复配而成的，具有防虫、治病、抗旱等多种功能。

（2）旱地龙（FA）

旱地龙（FA）是以黄腐酸为主要原料精制而成的多功能植物抗旱生长营养剂和植物抗蒸腾剂，多用于农作物拌种及叶面喷洒或移栽蘸根，能有效地缩小植物叶面气孔开张度，可抑制蒸发减少蒸腾导致的水分损失。旱地龙还可以提高叶片相对含水量，促进根系发育，提高根系活力，增强根系对水、养分的吸收能力，提高叶绿素的含量和光合强度，促进养分的吸收和提高肥料利用率。此外旱地龙制剂还可以增加细胞膜系统保护性关键酶 SOD、POD、CAT 活性和 ABA、Pro 的积累量，降低 MDA 含量和细胞液相对电导率，从而减轻膜脂的伤害，提高作物的抗旱性，增加作物产量。

旱地龙抗旱剂是有旱抗旱保产、无旱促进增产的理想药剂，属于居国际领先水平的多功能抗旱药物，已经成为目前生产上广泛推广应用的主要抗旱剂之一。

（3）ABA

脱落酸（ABA）通过调节内源激素水平，阻止水分胁迫下作物的光合速率、叶绿素含量和叶片水势的下降，提高核酮糖二磷酸羧化酶、超氧化物歧化酶和过氧化氢酶活性，降低气孔阻力和 DNA 含量，从而减轻水分胁迫下活性氧对细胞膜的伤害，增强作物抗旱性。ABA 主要通过调节内源激素而影响作物抗旱性，是植株体内在逆境条件下产生的主要适应调节物质。

（4）ABT 生根粉

ABT 生根粉是一种广谱、高效、无毒的复合型植物生长调节剂，又称生根促进剂，在林木、果木、农作物、花卉、特种经济和药用植物中广泛应用，在生产中产生了巨大的经济效益。

ABT 生根粉系列经示踪原子及液相色谱分析证明，用其处理植物插穗，能参与不定根形成的整个生理过程，具有补充外源激素与促进植物内源激素合成的双重功效，因而能促进不定根形成，缩短生根时间，并能促使不定根原基形成簇状根系，呈暴发性生根。其应用于提高作物抗旱性主要机理是加快种子萌发，促进种子根的显著伸长和叶面积的迅速扩大，有利于形成强大的次生根系，增强植株保水力，提高作物抗旱性，达到抗旱节水增产的效果。

农业上通过浸种、喷洒处理块根或块茎等方式，使幼苗发生生理变化，提高种子发芽率，加快生长，也可使作物个体发育健壮、群体结构得到改善，根深叶茂，促进根、茎、花、果实等的生长，提高作物抗性，从而促使作物增产。

（5）MFB 多功能抗旱剂

MFB 多功能抗旱剂是陕西省农科院黄土高原测试中心以天然甜菜碱为主要成分并与多种营养元素科学组配研制而成的无毒高渗抗旱剂，能够促根壮秆、抑制蒸腾、调节植株某些生理生化过程，最终提高作物的耐旱性和产量。其作用机理是能改善作物体内代谢，提高植株体的束缚水含量，维持较长的绿叶功能期，从而提高作物抗旱性，促进籽粒灌浆，增加作物产量。

（6）MOC 抗旱剂

MOC（Maize and Other Crops）抗旱剂具备高效、无毒、低成本、易行及适用作物广等特点，能促根壮秆、抑制蒸腾、补充营养、调节植株内部某些生理生化过程，从而明显提高作物的耐旱性和产量。在干旱条件下将 MOC 抗旱剂喷洒于作物叶面，能减缓叶水势，使叶片 SOD 活性下降、MDA 含量和膜透性的增加，阻止干旱条件下活性氧对膜内不饱和脂肪酸的氧化，从而减少对生物膜系统的伤害，保证作物叶片光合作用的正常进行，增强作物的抗旱性。

6.1.1.2　保水剂

近年来，保水剂作为高效的节水材料，受到人们的广泛关注。保水剂的开发始于20 世纪 60 年代，美国农业部在其北方实验室采用玉米与丙烯腈聚合率先研制出了高吸水材料。我国的保水剂研究始于 20 世纪 80 年代，并随着国家政策的重点扶持，合成技术不断提高，取得了令人瞩目的成就。

保水剂是一种交联密度很低、不溶于水、高水膨胀性的吸水力特别强的高分子聚合物。保水剂具有吸贮水分的性能，能够迅速吸收和保持达自身重量几百倍至上千倍的水分，这是普通天然材料所无法比拟的。吸水后形成水凝胶，不因物理挤压而析出，大大减缓水分蒸发，且可以反复吸水。其主要成分有聚丙烯酸、聚乙烯酸、乙烯酸、异丁烯无水顺式丁烯二酸、淀粉聚丙烯酸、聚、氧化物、纤维素等。

保水剂的吸水能力主要取决于本身的组成和结构，同时也受水溶液的盐类及 pH 值的影响。一般说来，纤维素接枝型的吸水能力要比淀粉接枝型高，离子性聚合物的吸水能力比非离子性聚合物要高；保水剂的吸水倍率随着溶液中盐分含量的提高大大下降；溶液中的 pH 值为 6 ~ 7 时，保水剂的吸水能力最强，酸性或碱性过强，吸水能力显著下降。

因保水剂合成原料不同、制备方法各异、产品牌号繁多，目前还没有标准的分类方法，加之我国对于保水剂的研究方兴未艾，不断有新的保水剂品种被开发出来，如凹凸棒黏土、腐殖酸、壳聚糖等。一般情况下，常用保水剂按原料来源分类可分为合成聚合类、淀粉系、腐殖酸类、微量元素类。

（1）合成聚合类保水剂

合成聚合类高吸水材料是 20 世纪 70 年代后迅速兴起的，是目前发展最迅速、品种最多、工业化产量最大的一类高吸水性材料。合成聚合类高吸水树脂的种类很多，主要有聚丙烯腈类、聚乙烯醇类、聚丙烯酰胺类、聚丙烯酸盐类以及丙烯酰胺丙烯盐复合类等。

PAA-AM/SH/MMT 复合保水剂作为一种新型的保水剂，以丙烯酸（AA）、丙烯酰胺（AM）、腐殖酸钠（SH）和膨润土（MMT）为原料，采用水溶液聚合法，合成了聚丙烯酸 – 丙烯酰胺、腐殖酸钠、膨润土复合多功能保水剂（PAA-AM/SH/MMT）。试验证明，在反应体系中引入 SH 和 MMT，可将单一的保水剂材料功能化，发展成具备多种功能的保水剂，不仅具有较快的吸水速率，而且具有良好的反复使用性能和较好的保水性能，并兼具水肥耦合效应的新型多功能保水材料。此外，PAA-AM/SH/MMT 多功能保水剂在同时引入 SH 和 MMT 之后，吸水速率优于单一引进 SH 或 MMT。在该体系中，固定 SH 和 MMT 总比例为 50%，而改变不同比例的 SH/MMT 时，复合保水剂在蒸馏水中对吸水倍率的影响不同。

PAA – atta 有机 – 无机复合保水剂，以丙烯酸和凹凸棒黏土为原料合成，即通过凹凸棒土表面的硅羟基与丙烯酸和丙烯酰胺接枝共聚，合成了聚丙烯酸 – 丙烯酰胺、凹凸棒复合保水剂（PAA-atta）。研究结果表明，加入凹凸棒土合成的 PAA-atta 型保水剂具有更高的吸水倍数和耐盐碱性能，综合性能优于 M7055 型保水剂。此外，PAA-atta 复合保水剂是采用有机 – 无机杂化技术制备的复合保水材料，由于加入了 10% 的凹凸棒黏土，所以进一步降低了保水剂的生产成本。

SA-IP-SPS 型保水剂，以未经预处理的工业级丙烯酸、聚乙烯醇为原料，首先通过氯磺酸磺化法，在聚乙烯醇分子中引入强亲水性离子基团，然后采用静态水溶液聚合法合成了吸盐水率较高、凝胶机械强度较高的聚丙烯酸钠 – 聚乙烯醇硫酸钠互穿网络型保水剂（SA-IP-SPS）。SA-IP-SPS 型保水剂对赤红壤的水分蒸发抑制性能和团粒结构改良性能与丙烯酸 – 丙烯酰胺交联共聚型保水剂效果相当，但明显优于传统的交联聚丙烯酸钠保水剂。

（2）淀粉类保水剂

淀粉广泛存在于生物界中，其来源广泛、价格低廉，因此开发前景广阔。初期的淀粉类高吸水树脂一般采用丙烯腈接枝淀粉再皂化水解的方法，后因水解困难且丙烯腈有毒，而被淘汰。目前的淀粉类高吸水树脂主要是通过在淀粉主链上接枝丙烯酸盐，丙烯酰胺或烯丙基磺酸盐等单体制得。因为接枝单体上含有吸水基团，同时接枝共聚后可形成三维网络结构，所以有利于提高产物的吸水和保水能力。

淀粉类高吸水树脂的制备关键步骤是活化与接枝。活化的方式主要有糊化，机械活化，热处理，酸处理，微波辐射等。活化的目的是为了增加淀粉主链的比表面积及其反应可及性与活性，提高接枝效率。将淀粉和聚丙烯酸盐类两者复合主要是因为聚丙烯酸盐类保水剂虽吸水倍率高、稳定性好，但耐盐性差，且成本较高。而淀粉来源广泛、价格低廉、且在自然界中可生物降解。将淀粉与聚丙烯酸盐复合可有效降低成本、减少因聚丙烯酸盐难以被微生物降解而造成的对环境危害。

（3）腐殖酸类保水剂

腐殖酸是存在于自然界中的结构复杂的大分子有机化合物，是在农、林、牧、渔、工业、环保和医药领域非常有用的物质。腐殖酸具有改良土壤、提高肥料利用率、刺激作物生长、调节植物新陈代谢、增强植物抗逆性等优点，同时具有良好的化学活性。以其作为原料制备腐殖酸类保水剂结合了腐殖酸和保水剂两者的优势，对我国现代化节水农业的发展和生态修复具有重要意义。

如以丙烯酸－丙烯酸胺和腐殖酸为原料，采用水溶液聚合法合成聚合（丙烯酸－丙烯酰胺－腐殖酸）型多功能复合保水剂，利用红外光谱和吸水倍率对所制备的保水剂，具有良好的耐温耐盐性，对蒸馏水的吸收倍率好。

（4）微量元素类保水剂

微量元素等对植物的生长具有重要促进作用，微量元素保水剂的施用，可以长期以有效的浓度释放微量元素，促进植物生长，从而避免高浓度游离微量元素对植物生长的抑制作用。

如用自由基聚合法，以过硫酸铵为引发剂，使淀粉接枝共聚丙烯酸钠、钾后用氨水中和制得含钾、氮的吸水性树脂。产品吸水快，具有良好的吸水性和保水性，还可为植物提供必需的元素。

（5）纤维素类保水剂

纤维素是地球上最丰富的天然有机物，如何有效利用纤维素资源已经成为众多科学工作者竞相开展的研究课题。纤维素本身结构复杂，晶区和非晶区聚集交联而且分子间还有大量氢键，使其难溶于普通的有机或无机溶剂，不能直接工业化应用。但其主链上含有大量的羟基，可以提供许多不同的接枝位点，因而可以通过物理、化学、生物的方法改性制备各种特殊用途的功能材料。且纤维素是一种来源广泛，价格低廉的天然高分子化合物，具有可生物降解性、抗霉解性和成为环境友好材料的潜力。以纤维素为原料所制备的保水剂是近来新兴起的一类。如以 N，N‑亚甲基双丙烯酰胺作交联剂，过硫酸钾为引发剂，利用微波辅助合成羧甲基纤维素接枝丙烯酰胺、膨润土复合保水剂。联合纤维素可生物降解、抗酶解，膨润土具有的较强吸水性，制备可生物降解、综合性能良好、生产成本较低的复合型保水剂，有利于在农林园艺以及生态环境治理等领域应用。

6.1.2　抗旱剂抗逆减灾效果

抗旱试剂的使用使农作物的生产取得了相当好的成果，各类抗旱试剂，如抗旱剂、保水剂等，对农作物的生产有着巨大的作用。

6.1.2.1　保水抗旱作用

保水剂的三维网状结构，使所吸收的水分被固定在网络空间内，吸水后的保水剂变为水凝胶，其吸收的水分在自然条件下蒸发速度很慢，而且加压也不易离析。因此，保水剂能提高土壤吸水能力，增加土壤含水量，还可以抑制土壤水分蒸发，减少降雨或灌溉时的地表径流，降低水土流失等。农用保水剂还对土温升降有缓冲作用，可利用吸收的水分保持白天光照的部分热能，用以调节夜间土壤温度，使土壤的昼夜温差减小，有利于植物生长。

（1）提高肥料利用率

保水剂的吸水保水作用可在一定程度上减少养分的淋溶损失，协调水肥复合环境，显著提高氮肥、钾肥的利用率，也可提高农药的利用率，同时吸水树脂的使用也减缓了传统农药如亚硝酸盐、硝酸盐及化肥对环境的污染。保水剂对 K^+、NH_4^+ 和 NO_3^- 有较强的吸附作用，从而降低其流失量。保水剂可以通过不同方式和农用化学品复合使用，并对农用化学品起到保水和缓释双重作用，其中保水剂与肥料复合工艺包括：水溶胶或凝胶吸附型、混合造粒、包膜型和聚合等。

（2）改善土壤结构

某些抗旱试剂施入土壤后，其胀缩性可使周围土壤由紧实变为疏松，具有降低土壤容重，增加孔隙度，提高土壤团聚体稳定性等作用，同时可增强土壤抗侵蚀能力，使土壤液相显著增加，气相和固相减少，在一定程度上改善土壤结构和水热状况。

（3）提高作物产量和品质

由于保水剂具有保水保肥以及改善土壤结构的作用，故使用保水剂可提高作物产量和品质。干旱地区使用保水剂，在提高水分利用率的同时，能够提高小麦出苗率、产量和玉米产量，不同施用方式试验结果表明，沟施、穴施的效果强于撒施。

6.1.2.2 抗旱剂应用实例

（1）小麦抗旱剂拌种效果

通过浸种试验等从研制的抗旱剂配方中筛选出了效果最佳的 Kh-1、Kh-13 两种，对小麦品种"运旱618"进行了拌种效果试验。结果证明使用抗旱剂拌种的小麦在出苗率、产量等方面都高于对照组。表明了应用抗旱剂拌种能提高作物抗旱性和增加作物产量，对农作物抗旱增产有着积极意义。

如表6-1所示，在0~10 cm 土壤含水量为9.5%、相对含水量为45.7%的干旱胁迫下播种。播后7 d 经 Kh-1 和 Kh-13 拌种的小麦出苗率分别达61.6%和61%，对照组（清水拌种）仅为24%；播后14 d 出苗率比对照分别提高21.1%和21.6%。通过表6-2可以看出，在群体动态及产量方面，使用 Kh-1 和 Kh-13 抗旱制剂拌种的小麦植株基本苗分别比对照高23.1%、23.8%，越冬期群体均比对照高11.5%，拔节期群体分别比对照高12.1%、21.9%，亩穗数均比对照高28.7%，差异显著；产量比对照分别高36.1%和33.5%，差异显著。表6-3所示为 Kh-1 拌种和 Kh-13 拌种水分利用率分别比对照提高35.7%和33.0%。

表6-1　抗旱剂拌种的田间出苗率

处理	田间出苗率/%		
	7 d	10 d	14 d
Kh-1	61.6	62.6	75.0
Kh-13	61.0	62.3	75.3
CK	24.1	44.5	61.9

表6-2　抗旱剂拌种群体结构和产量

处理	基本苗（万/hm²）	越冬期（万/hm²）	拔节期（万/hm²）	亩穗数（万/hm²）	穗粒数/粒	千粒重（g）	产量（kg/hm²）
Kh-1	295.5	568.5	930	450*	28.6	39.2*	5115*
Kh-13	297	568.5	1 009.5	450*	29.0	38.4*	5016*
CK	240	510	828	348	27.8	38.7	3 756

*：表示差异显著（$P<0.05$），以下同。

表6-3 抗旱剂拌种的水分利用率

处理	产量 （kg/hm²）	播前水分 （mm）	收获水分 （mm）	生育期降水 （mm）	总耗水 （mm）	水分利用率 （kg·hm⁻²·mm⁻¹）
Kh-1	5 114.3	207.97	142.28	177.80	243.49	21.0
Kh-13	5 016.3	207.97	108.96	177.80	276.81	18.2
CK	3 756.7	207.97	112.66	177.80	273.10	13.8

（2）小麦不同生育期施用抗旱剂效果

通过室内光照培养箱内、试验农场温室、田间盆的方式，开展了小麦萌芽、幼苗和抽穗期的干旱胁迫试验。选取大小一致无病虫害的"晋麦47号"种子为试验材料，对自研抗旱剂不同配方的施用效果进行了对比分析。结果表明在干旱胁迫下，抗旱剂能促进种子萌发，提高发芽率，促进幼苗生长发育，增加干物质积累，提高个体质量，保持叶片相对含水率，提高PSII原初光能转化效率，促进光合作用，增强抗逆能力，在抽穗期喷施能促进幼穗发育，提高小麦穗粒数，增加产量。

对小麦萌芽的影响：不同抗旱剂配方浸种后对小麦发芽势、发芽率、相对发芽率、初生根长、芽长都有明显影响。大部分配方的发芽势比对照提高了10%~57.7%、发芽率比对照提高了4.4%~37.8%。其中抗旱效果明显的5个配方，萌芽期相对发芽率均大于90%，比对照提高了48%~63%；初生根长度比对照提高了58%~77%；芽长比对照提高了0.53~1.24倍。说明在干旱胁迫下采用合适的抗旱剂配方浸种，提高了幼苗忍耐干旱的能力。

对小麦幼苗生长发育的影响：干旱胁迫下不同处理对小麦幼苗生长有明显影响，5个配方浸种处理后均可提高小麦株高，使小麦株高增加0.2~3.3 cm；小麦茎叶干重比对照显著提高了7.76%~12.33%，根干重比对照显著提高了12.64%~19.13%，电解质渗出率分别比对照降低了11.51%~21.71%，说明5种制剂浸种后能不同程度提高干旱胁迫下幼苗叶片细胞膜的稳定性，提高抗旱抗逆能力。

对抽穗期叶片相对含水率的影响：抽穗期小麦叶片呈现中度萎焉时，喷施各抗旱剂配方药液后2 d，各抗旱剂配方处理与对照比均能保持较高的叶片相对含水率（RWC）。复水后，喷抗旱剂配方处理的小麦叶片在干旱条件下组织仍能维持相对较高的RWC，RWC变化幅度较小，仅为5.8%~19.6%，而喷清水的RWC变化幅度最大，达27.2%，抗脱水能力弱。说明喷施抗旱制剂能有效地缩小植物叶面气孔开张度，减少蒸腾，具有较强的抗脱水能力，RWC下降幅度小，抗旱能力增强。

干旱胁迫各处理叶片相对含水率变化见图6-1。

对抽穗期叶绿素荧光参数的影响：叶绿素荧光动力学是植物水分和盐碱等逆境胁

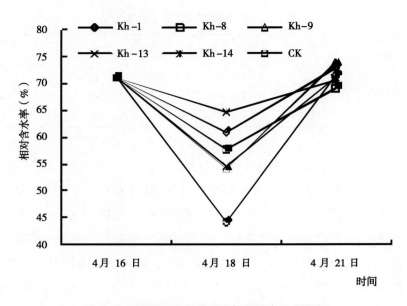

图 6-1　干旱胁迫各处理叶片相对含水率变化

迫危害的一种理想监测手段。Fv/Fm 为 PSII 最大光化学量子产量，反映 PSII 反应中心原初光能转化效率或称最大 PSⅡ的光能转换效率。干旱胁迫下小麦旗叶 Fv/Fm 降低，胁迫程度越大下降幅度越大。由图 6-2 可知，小麦胁迫后，喷施 5 个抗旱剂配方，有

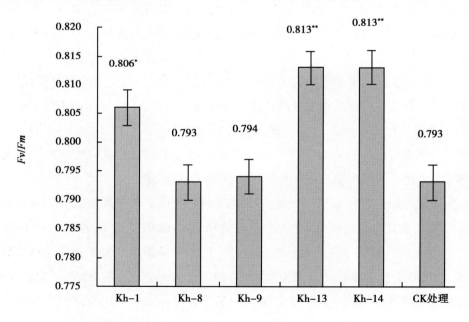

**：表示差异极显著（$P<0.01$）。以下同

图 6-2　处理后叶绿素荧光参数 *Fv/Fm* 比较

3 个配方处理的 Fv/Fm 值显著或极显著高于对照，配方 Kh-13 和 Kh-14 Fv/Fm 值最高，均为 0.813，与对照比差异极显著，配方 Kh-1 Fv/Fm 值为 0.806，也较高，与对照比差异显著；Kh-8 和 Kh-9 与对照差异不显著。说明 Kh-13、Kh-14 和 Kh-1 配方在干旱胁迫下能抑制 PSII 原初光能转化效率的降低，促进光合作用。

　　对产量及产量结构的影响：试验结果表明，小麦抽穗期喷施 5 种抗旱剂配方均能提高小麦产量。其中，Kh-13 产量提高了 38.48%，与对照比差异极显著，Kh-1、Kh-9、Kh-8 3 个配方处理的产量分别提高了 20.78%、18.11% 和 17.28%，与对照比均差异显著，Kh-14 增产 9.26%，与对照比未达显著差异。进一步分析 4 个抗旱剂配方显著增产的原因，从表 6 – 4 可以看出，其增产主要是由于穗粒数的提高，Kh3、Kh-1、Kh-9、Kh-8 处理的穗粒数与对照比分别增加了 22.36%、17.30%、17.72% 和 19.83%，且均达显著差异。说明在抽穗期喷施这 4 种抗旱剂配方能促进幼穗发育，促进授粉受精，减少不孕小花，提高了小麦穗粒数，从而增加产量。

表 6 – 4　抗旱制剂抽穗期喷施对小麦产量的影响

制剂编号	穗数（盆）	穗粒数（粒）	千粒重（g）	产量/（g/盆）
kh-1	66.7	27.8*	33.7	58.7*
kh-8	52.5	28.4*	38.2	57.0*
kh-9	54.6	27.9*	37.8	57.4*
kh-13	62.9	29.0*	36.9	67.3**
kh-14	61.6	24.4	35.5	53.1
CK	56.5	23.7	36.3	48.6

（3）玉米抗旱种衣剂应用效果

　　西北师范大学以"金穗 3 号""先玉 335"，制种玉米为示范品种，播种前用抗旱生化制剂——多功能植物生长调节剂（种衣剂）对种子进行包衣，分别在定西市安定区、白银市靖远县、武威市古浪县进行了示范推广。对大田玉米示范田及对照田分别随机取 5 个点测试，实地测定株距、行距、穗粒数，收获时测定千粒重等，计算理论亩产，并按 0.85 折算系数折算实际亩产。经过 2014 年一个玉米生长周期的大田试验，分析了示范推广点的玉米棒形态参数，测产结果表明多功能植物生长调节剂（种衣剂）可使甘肃中西部不同品种玉米增产 5.92%～25.25%。

　　多功能植物生长调节剂（种衣剂）具有节水，保苗、促生长的特点，具有抗旱、抗盐碱、抗病虫害的作用，也可节约灌溉用水，可显著提高干旱农作区玉米的产量。

　　对玉米幼苗鲜重、干物质重、苗长和根长的影响（表 6 – 5）：与正常供水相比，在遭受干旱胁迫时玉米幼苗生长受到抑制。在供水条件下，多功能高分子植物生长剂（种衣剂）对玉米幼苗鲜物质积累、干物质积累、苗长和根系长影响程度不显著（$P > 0.05$）。干旱胁迫下，当药种质量比为1:14时，玉米幼苗鲜物质积累、干物质积累和玉米幼苗根系长的显著增强（$P < 0.05$），这可能是由于多功能高分子植物生长剂（种衣剂）能够为作物早期生长提供充足营养物质的原因。因此，在干旱胁迫条件下多功能高分子植物生长剂（种衣剂）对玉米幼苗的生长起到了重要的促进作用。

表6-5　抗旱拌种剂对玉米幼苗鲜重、干物质重、苗长和根长的影响

水分条件	处理	鲜物质重（g/plant）	干物质重（g/plant）	苗长（cm）	根系长（cm）
+W	T1	1.665 ± 0.027 a	0.379 ± 0.035 a	19.22 ± 0.463 b	18.68 ± 0.196 ab
	T2	1.646 ± 0.029 ab	0.388 ± 0.027 a	18.94 ± 0.239 b	19.15 ± 0.496 a
	T3	1.625 ± 0.014 ab	0.385 ± 0.011 a	18.71 ± 0.324 b	17.46 ± 0.158 bc
	CK1	1.656 ± 0.030 ab	0.323 ± 0.006 cd	21.48 ± 0.551 a	18.65 ± 0.184 ab
	CK2	1.534 ± 0.033 c	0.343 ± 0.031 bc	22.09 ± 0.479 a	16.31 ± 0.583 cd
-W	T1	1.555 ± 0.010 c	0.320 ± 0.006 cd	18.42 ± 0.571 bc	17.01 ± 0.363 cd
	T2	1.609 ± 0.021 b	0.356 ± 0.005 ab	18.89 ± 0.259 b	19.08 ± 0.507 a
	T3	1.539 ± 0.045 c	0.322 ± 0.006 cd	17.25 ± 0.334 c	16.58 ± 0.314 cd
	CK1	1.560 ± 0.011 c	0.316 ± 0.005 cd	20.81 ± 0.528 a	17.27 ± 0.207 c
	CK2	1.423 ± 0.022 d	0.310 ± 0.003 d	21.32 ± 0.431 a	15.70 ± 0.666 d

对玉米幼苗叶片中叶绿素等含量的影响：叶绿素含量是植物体内的重要生理指标之一，其含量的高低，不仅影响有机物的积累，反映植物光合能力的强弱，还是判断植物适应逆境能力的参照。由表6-6可知，玉米幼苗在干旱胁迫下叶绿素a含量、叶绿素b含量、类胡萝卜素含量、叶绿素总含量均显著低于正常供水值（$P < 0.05$）。无论是在干旱胁迫还是正常供水条件下，经多功能高分子植物生长剂（种衣剂）处理过的玉米幼苗叶绿素a含量、叶绿素b含量、类胡萝卜素含量、叶绿素总含量均显著高于对照组（$P < 0.05$）。在药种质量比为1:14时，玉米幼苗叶绿素a含量、叶绿素b含量、类胡萝卜素含量、叶绿素总含量达到最大。因此，多功能高分子植物生长剂（种衣剂）能够减缓干旱对玉米幼苗造成的影响，促进光合色素的合成。

表6-6 抗旱拌种剂对玉米幼苗叶片中叶绿素含量影响

水分条件	处理	叶绿素 a (mg·g^{-1})	叶绿素 b (mg·g^{-1})	类胡萝卜素 (mg·g^{-1})	叶绿素总含量 (mg·g^{-1})
+W	T1	8.040 ±0.047 b	5.154 ±0.048 ab	1.335 ±0.041 b	14.530 ±0.120 b
	T2	8.422 ±0.019 a	5.229 ±0.017 a	1.278 ±0.024 bc	14.931 ±0.095 a
	T3	7.265 ±0.016 d	5.098 ±0.015 bc	1.229 ±0.021 c	13.593 ±0.129 d
	CK1	7.813 ±0.090 c	5.007 ±0.062 c	1.419 ±0.012 a	14.241 ±0.097 c
	CK2	5.855 ±0.088 g	4.039 ±0.034 e	1.088 ±0.026 d	10.983 ±0.108 h
-W	T1	7.015 ±0.022 e	4.113 ±0.066 e	0.759 ±0.015 ef	11.888 ±0.073 f
	T2	7.256 ±0.043 d	4.249 ±0.015 d	0.772 ±0.009 ef	12.177 ±0.011 e
	T3	6.415 ±0.039 f	4.097 ±0.043 e	0.772 ±0.016 f	11.234 ±0.025 gh
	CK1	6.488 ±0.003 f	4.020 ±0.020 e	0.806 ±0.008 e	11.314 ±0.015 g
	CK2	4.800 ±0.021 h	3.004 ±0.028 f	0.582 ±0.034 g	8.388 0 ±0.046 i

对玉米幼苗叶片中抗氧化保护酶SOD、POD和CAT活性的影响:在正常植物细胞中活性氧保持着动态平衡,细胞在干旱胁迫下会加速细胞中活性氧的产生,活性氧能够促进膜脂过氧化加剧,引起膜脂过氧化物丙二醛(MAD)增加,从而破坏植物细胞膜的结构功能。超氧化物歧化酶(SOD)、过氧化氢酶(CAT)和过氧化物酶(POD)能够清除植物体内的活性氧,防止活性氧对植物细胞造成损害,称为抗氧化酶。抗氧化酶在延缓植物叶片衰老和抗逆境方面起着重要作用,能够减轻活性氧对植物细胞造成的毒害作用。

由表6-7可知,与正常供水相比,在干旱胁迫下玉米幼苗叶片中SOD、POD和CAT的活性显著下降($P<0.05$);MAD含量显著增高($P<0.05$)。无论在正常供水下还是在干旱胁迫下,多功能高分子植物生长剂(种衣剂)处理组玉米幼苗叶片中SOD、POD和CAT的活性均显著高于对照组($P<0.05$);MAD含量均显著低于对照组($P<0.05$)。在干旱胁迫下,随着药种比的增大,SOD、POD和CAT的活性均出现先增强后下降的趋势,MAD含量呈先下降后上升的趋势。因此多功能高分子植物生长剂(种衣剂)能够提高抗氧化保护酶系的活性,减缓干旱胁迫造成的膜脂过氧化作用。

表6-7 抗旱拌种剂对玉米幼苗叶片中SOD、POD和CAT活性及MAD含量的影响

水分条件	处理	SOD 活性 (U/g)	POD 活性 (U/g)	CAT 活性 (U/g)	MDA 含量 (umol/g)
+W	T1	1 401.40 ±19.664 a	404.26 ±8.306 c	19.97 ±0.238 c	52.08 ±1.272 gh
	T2	1 467.63 ±15.641 a	563.81 ±6.633 a	22.80 ±0.606 a	38.34 ±0.719 i
	T3	1 114.44 ±7.804 bc	307.15 ±4.197 de	21.33 ±0.385 b	50.67 ±1.547 h
	CK1	745.90 ±3.217 e	320.67 ±4.372 d	21.57 ±0.217 b	63.16 ±2.322 ef
	CK2	877.21 ±12.091 d	308.07 ±5.644 de	18.69 ±0.359 de	109.88 ±4.964 b

（续表）

水分条件	处理	SOD 活性 （U/g）	POD 活性 （U/g）	CAT 活性 （U/g）	MDA 含量 （umol/g）
	T1	1 077.71 ± 46.48 c	331.27 ± 12.66 d	18.29 ± 0.69 e	58.25 ± 2.01 fg
	T2	1 160.64 ± 18.74 b	438.60 ± 13.53 b	19.97 ± 0.85 c	49.70 ± 1.43 h
-W	T3	1 052.88 ± 14.87 c	232.18 ± 4.66 f	18.42 ± 0.37 e	66.54 ± 1.26 de
	T4	630.99 ± 35.42 f	286.81 ± 5.35 e	19.36 ± 0.26 cd	70.13 ± 1.00 c
	T5	682.36 ± 44.15 ef	251.25 ± 642 f	16.59 ± 0.42 f	132.04 ± 1.94 a

对玉米穗部性状及产量构成要素的影响：由表 6-8 可知处理组玉米穗长较对照组增加 1 cm；穗粗较对照组增加 0.24 cm；秃尖较对照组短 0.38 cm，说明多功能高分子植物生长剂（种衣剂）能增加玉米穗长、穗粗，减少秃尖长度。从产量构成要素来看，处理组穗行数较对照组增加 0.7 行，行粒数增加 3.3 粒，穗粒数增加 79 粒，百粒重增加 1.884 g，产量增加 14.20%。因此，多功能高分子植物生长剂（种衣剂）能够改良玉米穗部性状，提高穗粒数、百粒重等产量构成要素。

表 6-8 抗旱剂拌种对玉米穗部性状和产量构成要素的影响

组别	穗长 （cm）	穗粗 （cm）	秃尖 （cm）	穗行数 （行）	行粒数 （粒）	穗粒数 （粒）	百粒重 （g）	产量 （kg/hm²）
处理组	23.2	4.77	1.86	15.7	34.8	547	28.12	8 938.2
对照组	22.2	4.53	2.24	15	31.1	468	26.23	7 826.85

对玉米籽粒营养品质的影响：玉米的蛋白质含量，特别是其中的赖氨酸含量是评价玉米籽粒品质的重要指标，在营养品质中赖氨酸含量及蛋白质品质是其中的核心。由表 6-9 可知，处理组玉米水分较对照组高 0.40%；容重较对照组增加 4.0 g/L；粗蛋白较对照组增加 0.84%；粗脂肪较对照组降低 0.13%；粗淀粉较对照组降低 0.88%；赖氨酸较对照组增加 0.03%。因此，多功能高分子植物生长剂（种衣剂）能够改善玉米籽粒的营养品质。

表 6-9 抗旱拌种剂对玉米籽粒营养品质的影响

组别	水分 （%）	容重 （g/L）	粗蛋白 （%，干基）	粗脂肪 （%，干基）	粗淀粉 （%，干基）	赖氨酸 （%，干基）
处理组	9.53	746	10.69	3.79	71.24	0.27
对照组	9.13	742	9.85	3.92	72.12	0.24

大田推广示范：武威市千亩林场示范田玉米产量较对照田增产 7.36%，武威市二

墩村示范田产量较对照田增产 10.15%，平均增产 8.76%。说明，多功能高分子植物生长剂（种衣剂）能提高玉米产量。测产结果详见表 6 - 10。

表 6 - 10　示范推广点玉米测产结果

示范地点	种植面积（亩）	示范品种	实验产量（kg/亩）	对照产量（kg/亩）	增产（%）
武威市古浪县千亩林场	1 000	先玉 335	905.9	843.8	7.36
武威市古浪县二墩村	3 000	金穗 3 号	929.5	843.8	10.15

由表 6 - 11 可知，定西种植金穗 3 号实验组水分含量较对照组提高 4.38%，容重较对照组增加 0.54%，粗蛋白较对照组增加 8.53%，粗脂肪较对照组降低 3.32%，粗淀粉较对照组降低 1.22%，赖氨酸较对照组增加 12.5%。白银种植金穗 3 号实验组水分含量较对照组提高 3.03%，容重较对照组增加 3.44%，粗蛋白较对照组增加 2.80%，粗脂肪较对照组增加 9.82%。武威种植先玉 335 实验组水分含量较对照组提高 1.13%，容重较对照组增加 1.35%，粗蛋白较对照组增加 10.67%，粗脂肪较对照组降低 2.91%，粗淀粉较对照组降低 2.55%，赖氨酸较对照组降低 21.88%。武威制种吉祥一号实验组水分含量较对照组提高 3.10%，粗蛋白较对照组增加 10.2%，粗脂肪较对照组降低 8.3%，粗淀粉较对照组降低 4.41%，赖氨酸较对照组降低 24.14%。

表 6 - 11　示范推广点玉米品质测定结果

样品名称	水分（%）	容重（g/L）	粗蛋白（%，干基）	粗脂肪（%，干基）	粗淀粉（%，干基）	赖氨酸（%，干基）
定西金穗 3 号实验组	9.53	746	10.69	3.79	71.24	0.27
定西金穗 3 号对照组	9.13	742	9.85	3.92	72.12	0.24
白银金穗 3 号实验组	8.84	782	10.29	3.69	73.57	0.21
白银金穗 3 号对照组	8.58	756	10.01	3.36	73.57	0.21
先玉 335 实验组	10.74	752	9.96	3.54	73.86	0.25
先玉 335 对照组	10.62	742	9.00	3.44	75.79	0.32
制种吉祥一号实验组	9.30	—	10.77	3.64	72.03	0.22
制种吉祥一号对照组	9.02	—	8.96	3.61	75.35	0.29

（4）MFB 多功能抗旱剂在旱地小麦上的应用效果

陕西省农科院测试中心研制的 MEB 多功能抗旱剂是以天然的生物碱为主要成分并经不同营养元素组配成的一种高渗无毒抗旱剂，能改善作物体内代谢，提高小麦体内的束缚水含量。以下主要介绍应用 MFB 多功能抗旱剂在旱地小麦上进行了叶面喷施，研究和观察 MFB 多功能抗旱剂的效果及施用方法。

在旱地小麦抽穗到扬花期喷施 MFB 多功能抗旱剂，可提高小麦的抗旱性，延长小麦旗叶的生活期 1 周左右，促进了小麦灌浆，小麦成熟正常，千粒重增加，有防止小麦后期病害等作用，小麦增产 8.5% ~ 49.1%，并在大面积表现了很好的效果。

根据有关试验结果表明，喷施了 MFB 抗旱剂，小麦平均产量喷施比不喷施增产 12.7%；喷施后的千粒重喷施比不喷施增加 1.7%。喷施后小麦抗旱性增强，叶片深绿，没有青干，旗叶较对照小区小麦的生活期长一周，促进了光合产物向穗部运输，使小麦籽粒饱满。

增产机理。一是增强了小麦的抗旱能力；二是防止小麦早衰，促进了小麦灌浆，小麦能正常成熟；三是小麦旗叶成活时间比不喷施的多活一周，延长了小麦灌浆，从而使小麦籽粒饱满，产量提高。

（5）抗旱剂在水稻中的应用对比试验

使用水稻品种"C 两优华占"、抗旱剂"有机钙博士"，通过设计不用干旱处理及抗旱剂使用分区在贵州省荔波县进行了抗旱剂应用效果试验。结果表明各处理施药区和对照区经济性状和产量均有显著性差异。轻旱施药区比轻旱对照区增产 41.55 kg/亩，增幅 8.41%；中旱施药区比中旱对照区 34.5 kg/亩，增幅 7.57%；重旱施药区比重旱对照区增产 22.58 kg/亩，增幅 5.85%。说明不同旱情施用抗旱剂对水稻产量均有不同程度不同的增产效果，适宜在水稻大田抗旱生产推广使用。试验结果见表 6 - 12、表 6 - 13。

表 6 - 12   不同处理经济性状

品种名称	有效穗（万穗/hm²）	株高（cm）	穗长（cm）	穗总粒数（粒）	穗实粒（粒）	结实率（%）	千粒重（g）	理论产量（kg·hm⁻²）
轻旱施药区	15.063	105.8	23.2	183.1	148.2	80.9	25.8	575.94
轻旱对照区	14.729	105.0	22.4	174.7	139.5	79.9	24.8	509.56
中旱施药区	14.829	102.2	21.3	166.4	131.2	78.8	24.4	474.72
中旱对照区	14.596	99.4	20.1	165.8	129.7	78.2	24.1	456.24
重旱施药区	14.662	97.2	19.4	152.4	118.4	77.7	23.6	409.69
重旱对照区	14.196	95.8	19.1	147.8	108.3	73.3	23.2	356.68

表 6 - 13   不同处理产量结果

品种	小区产量（kg）	折合产量（kg/亩）	较对照（±kg/亩）	较对照（±%）
轻旱施药区	160.53	535.37	41.55	8.41
轻旱对照区	148.07	493.81		

（续表）

品种	小区产量 （kg）	折合产量 （kg/亩）	较对照 （±kg/亩）	较对照 （±%）
中旱施药区	147.41	491.61	34.58	7.57
中旱对照区	137.04	457.03		
重旱施药区	122.50	408.54	22.58	5.85
重旱对照区	115.73	385.96		

6.1.3　抗旱剂使用技术

抗旱试剂可以直接使用，也可以利用抗旱试剂开发系列的抗旱产品。抗旱试剂直接使用方法包括撒施、条施、穴施、蘸根、拌种和浸种等，具体应根据不同作物，不同的抗旱试剂品种而定。

（1）撒　施

耕地前将颗粒型抗旱保水剂均匀撒于地表，或与化肥等肥料混合撒施，耕入土播种，浇透水，用量为 2～3 kg/亩。

（2）沟施、穴施

将颗粒型抗旱保水剂与细土混匀，均匀撒入播种沟或播种穴内，移栽或播种后浇透水，然后用土将沟、穴填平。对于已种植的植物，也可再开沟开穴施用，用量为 1～2 kg 每亩。

（3）蘸　根

移栽苗移栽时，浸蘸均匀后栽种，可防止根部干燥，延长植物萎蔫期，提高成活率、苗木移植及运输时使用保水剂蘸根，可保证苗木成活，提高移植成活率。也为幼苗低成本长途运输带来益处。

（4）拌　种

保水拌种液或保水剂拌种粉用水溶开或稀释后成凝胶状态后，将种子浸入拌匀，堆闷 4～5 h，取出晾干，撮散后即可播种。

（5）浸　种

将种子放入凝胶型抗旱保水剂中，浸种 12 h，阴干后播种，播后浇透水。

（6）喷　雾

保水剂兑水后，用于田间喷雾，可减少叶面蒸发，促进新陈代谢，增强光合作用，在水分调控上达到开源节流，提高抗干旱、抗干热风的能力。对播种或移栽后的土表喷施保水剂，其液态膜可封闭土表，抑制水分蒸发，提高土壤温度，有利于抗旱壮苗。

6.2 抗低温生化制剂应用技术

6.2.1 抗低温剂种类

抗低温剂的定义比较广泛，凡是能够稳定植物细胞膜结构，诱发其发生一系列生理生化活动，并增强其抗冷性质的药品、试剂或者植物生长调节剂等，都可以称为抗低温剂。

6.2.1.1 1-甲基环丙烯（1-MCP）

低温可延缓果蔬的果实衰老、显著抑制果实腐烂、延长储藏期（孙守文等，2011）。但若果实对低温比较敏感，则会诱导冷害的发生，其初期表现在果实上为果皮的水浸状块斑。由于乙烯和其他衰老因子的作用，膜系统受到破坏而导致离子泄露增加，膜透性增大（王毅，1986）。因此，果皮细胞膜透性的变化可以用以反映果实受冷害的程度。

1-甲基环丙烯（1-MCP）通常状况下是一种无色、无味、无毒的气体。其抗冷害的作用机制主要是作为乙烯受体抑制剂，通过与乙烯受体优先结合的方式抑制乙烯的生理效应，具有高效、无毒、低量等优点。1-MCP 能阻止植物内源乙烯和外源乙烯的诱导作用，降低果蔬在储藏期间的乙烯释放率，保持果蔬较高的 VC 和可溶性固形物含量，维持果蔬良好的外观品质，进而延长储藏期，目前在梨、香蕉、番茄等的保鲜方面都有显著的效果。黄瓜在 0℃ 储藏 15 d 时出现了冷害症状（如水浸斑、表面凹陷等），且细胞膜电解质渗出率显著升高，细胞膜的完整性逐渐破坏。1-MCP 处理的黄瓜果实相对电导率明显低于对照果实，表明其可以很好的维持细胞膜的完整性，减轻黄瓜冷害症状的发生（杨绍兰，2009；范林林等，2015；胡位荣等，2006）。

此外，1-MCP 还能抑制丙二醛（MDA）的产生。植物器官衰老或在逆境下遭受伤害，往往发生膜脂过氧化作用，导致膜脂过氧化产物增加，对植物造成伤害，加速衰老。MDA 是膜脂过氧化作用的最终分解产物，其含量可以反映植物遭受逆境伤害的程度。试验结果显示，冷害的发生与 MDA 含量变化趋势相似，可能在低温下及后熟期间其他活性氧清除代谢酶活性下降，代谢平衡失调，积累的活性氧攻击细胞膜，导致发生膜脂过氧化作用，使 MDA 含量迅速增加，同时冷害症状也逐步表现出来。用 1-MCP 处理可以有效抑制储藏过程中 MDA 的产生，减少对果蔬的伤害，延长储存寿命。

1-MCP 在控制细胞膜通透性、降低 MDA 含量的同时，还可以降低过氧化氢酶、过氧化物酶和多酚氧化酶的活性，从而提高膜对低温的适应能力，保护膜功能的完整性，减轻冷害的发生（解静，2011；孙守文等，2011；张宇等，2010）。

6.2.1.2　聚乙二醇（PEG）

许多重要的经济作物种子吸胀时对低温特别敏感。吸胀阶段的低温会阻碍种子的萌发、植株的营养生长与生殖生长，严重时会使产量大幅度下降。发生于吸胀阶段的冷害称为吸胀冷害。吸胀冷害使发芽率降低、出苗不齐、幼苗活力下降以至减产等不良后果。

聚乙二醇（PEG）已被证实是有效的预防种子吸胀冷害的引发剂（梁峥等，1988）。PEG 对种子低温吸胀伤害的保护效应机理是提高种子的整体代谢水平，促进因吸胀冷害引起的膜损伤的修复；显著提高细胞色素氧化酶活性，以提供修复需要的能量；脂酶活性加强，能更有效动员储藏的三酰甘油脂，以供旺盛代谢之需要。PEG 引发处理能加速种子萌发，提高劣变种子活力，某些情况下能够提高种子抗逆性，特别是提高在较低温度下的成苗能力。

PEG 引发法作为种子处理措施，是一种提高种子吸胀阶段抗冷性的有效方法（燕义唐，1987）。最早使用 PEG 引发洋葱种子获得促进萌发和齐苗壮苗的效果。此外，引发种子能以充分吸胀状态抵御长达 2 个月之久的低温，并且幼苗离体子叶能自动分化出不定根、不定芽（张百俊等，2008）。

6.2.1.3　多胺（Pas）

多胺（Pas）是生物代谢过程中产生的脂肪族含氮碱，广泛存在于植物体内，与植物的生长发育及分化具有密切的关系，高等植物中常见的多胺有腐胺（Put）、亚精胺（Spd）、精胺（Spm）等。在生理 pH 条件下，植物体内的多胺以多聚阳离子形式存在。研究表明，多胺与植物逆境胁迫响应密切相关，对植物逆境抗性具有一定的调节作用（Kusano T et al，2007）。

多胺可以结合到细胞膜的磷脂部位，防止胞溶作用，提高抗冷性，但在不同的植物中，Put、Spd、Spm 所发挥的作用可能有所不同。一些研究结果表明，Put 积累与某些植物的抗冷能力成正相关。菜豆、苜蓿、小麦受低温胁迫时，经过抗寒锻炼的或高耐寒基因型品种产生大量 Put，而未经过抗寒锻炼的或对低温敏感基因型品种，Put 水平不变或下降。而柑橘属的 3 个品种 Spd 含量增多与其抗寒能力直接相关。经抗寒锻炼的柑橘中，内源 Spm、Spd 含量均显著增加，Put 含量则剧降，施用外源 Spd，可促进 SOD（超氧化物歧化酶）和 POD（过氧化物酶）活性的增强，可溶性蛋白质含量增加及其组分改变，最终导致其离体叶片抗寒能力提高（段辉国等，2005；Guye MG et al，1986；Kushad MM et al，1987）。低温胁迫后香蕉叶中内源 Put 含量下降，Spd 含量明显增多，外源 Spd 和 Spm 可以提高受冷胁迫的香蕉叶中 POD 活性，降低电解质渗漏率，增加可溶性糖和脯氨酸的含量，从而提高香蕉的抗寒力（周玉萍，2003）。用低温处理耐冷型和冷敏感型黄瓜的实验显示，耐冷型品种叶中 Spd 和 Put 含量显著增加，Spm 含量增加很少；而冷敏感型品种叶中的几种多胺含量都不增加，用 Spd 预处理则阻止冷敏感型品种叶中冷诱导的 H_2O_2 含量上升以及微粒体中 NADPH 氧化酶和 NADPH 依赖型过氧化物的产生，降低其冷害程度。用多胺合成抑制剂 MGBG 预处理耐冷型品种，则其叶中 Spd 含量升高受抑，其微粒体中 NADPH 氧化酶活性增强，这表明 Spd 可能通过阻止微粒体中冷诱导的 NADPH 氧化酶活性而在提高黄瓜的耐冷性中起重要作用。Spd 或 Spm 还可显著增加毛豆切条的抗寒能力。多胺可以作为胁迫信号途径中的信号调节因子，提高植物的抗冷性（Shen WY *et al*，2000；Guye MG，1987）。

多胺的多聚阳离子抑制冷害的非特异性机制：多胺在生理 pH 条件下，以带正电荷多聚阳离子状态存在，通过氢键和离子键形式与核酸、蛋白质及磷脂相结合，调节植物的生理活性和功能。Liquori 认为 Spd 和 Spm 通过亚氨基和氨基与 DNA 双螺旋结构上磷酸基结合，稳定 DNA 的二级结构，多胺的次丁基部分可以跨过核酸的螺旋浅沟，把相对的链连在一起，多胺的次丙基部分能把链上相邻的磷酸集团连接起来，多胺还可以中和核酸和类核酸结构的磷酸集团的负电荷，提高其对热、水解酶的稳定性，增强核酸的抗变性。多胺还可以稳固膜的双分子结构，减少膜脂相变，减轻低温对膜的损伤，维持膜的完整性（Yoshihisa K *et al*，2004）。

多胺的自由基清除机制：植物体内的活性氧大部分会被酶促的防御酶系如 SOD（超氧化物歧化酶）、CAT（过氧化氢酶）、POD（过氧化物酶）等所清除，自由基的产生和清除处于平衡状态。当植物受到低温胁迫时，首先是组织内自由基的产生和清除平衡被打破，自由基大量积累，对核酸、蛋白质和脂肪酸造成伤害，攻击膜系统，使膜脂过氧化，破坏膜的结构和功能，果蔬表现冷害症状。多胺可以抑制自由基的产生，作为质子来源，可直接有效的清除超氧阴离子的自由基，从而可有效地阻止膜脂过氧化作用，减轻膜的损伤和冷害的发生。还能保持 SOD、CAT、POD 等保护酶的活性，提高细胞的自身的清除能力。多胺作用的大小取决于多胺的氨基化程度，三胺、四胺清除自由基的能力大于二胺。

多胺与乙烯的竞争性抑制机制：多胺能抑制乙烯的产生，因为在多胺和乙烯生物合成途径中，相互竞争共同的底物 SAM（S－腺苷基甲硫氨酸）。但由于植物体内多胺浓度远大于乙烯的浓度，多胺合成的变化对乙烯产生的影响更大，即内源多胺合成的减少则会导致乙烯产生的增加。

多胺诱导抗冷蛋白的御冷机制：探究外源多胺处理后果蔬中蛋白质合成的变化与抗冷性的关系，将有助于从分子水平上揭示多胺的抗冷机制。研究表明，用外源 Cad、

Spd 和 Spm 处理后能促进新蛋白质的合成,这些新蛋白的合成能够提高植物抗冷性。

多胺与钙、植物激素等生理调节物质的互作调节机制:Koening 提出了刺激偶联假说,认为多胺是产生 Ca^{2+} 的信使,可以通过阳离子交换反应增加 Ca^{2+} 的内流和调动细胞内的 Ca^{2+},进而发挥 Ca^{2+} 的第二信使的作用,维持膜的稳定性。Ca^{2+} 与多胺在膜上有相同的结合位点,但控制方式不同,多胺通过减少膜脂相变而 Ca^{2+} 则提高膜的弹性,Ca^{2+} 阻碍多胺进入细胞,与其竞争共同的作用位点。植物激素等生命调节物质通过控制植物体内多胺的组成、多胺的合成以及多胺的代谢途径等来调节多胺的存在和作用。

多胺提高细胞的渗透调节机制:冷害发生过程中细胞的保水能力,渗透调节能力下降。细胞内多胺含量的升高,稳定了膜的功能,提高了膜的渗透调节能力,保持果蔬体内的水分平衡,保护正常的生理功能,抑制衰老和冷害的发生(乔勇进,2003)。

6.2.1.4 水杨酸类(SA)

水杨酸(Salicylic acid,SA),即邻羟基苯甲酸,是一种植物体内产生的简单酚类化合物,广泛存在于高等植物中。由于 SA 是植物体内合成、含量很低的有机物,因此可以把它看成是一种新的植物内源激素,参与调节植物的许多生理过程。现在已经可以从 34 种植物的再生组织和叶片中鉴定出 SA 的存在。SA 以游离态和结合态两种形式存在,游离态 SA 呈结晶状,结合态 SA 是由 SA 与糖苷、糖脂、氨基酸等结合形成的水杨酸 – 葡萄糖苷等复合物。乙酰水杨酸(ASA)和甲基水杨酸酯(MeSA)是 SA 的衍生物,在植物体内很容易转化为 SA 而发挥作用。

SA 对植物种子及其幼苗耐冷性的影响:通过研究红花(朱利君等,2011)、烟草(殷全玉等,2007)、藜豆(张凤银等,2012)、黄瓜(殷全玉等,2012)及黑麦草(张凤银等,2011)种子的耐寒性发现,低浓度 SA 处理可以提高种子发芽率、发芽势、发芽指数,这与低温胁迫条件下,水杨酸可提高水稻胚乳内淀粉酶、蛋白酶活性及可溶性糖含量有关。可溶性物质含量的升高带来两方面的效应:一是为新物质的合成和积累提供充分的底物;二是提高细胞内溶质的浓度,降低细胞中溶质渗透势,提高其渗透调节作用,缓解因冷害胁迫给细胞带来的生物物理和生物化学变化,如生物膜相变、电解质外渗、细有素物质积累,从而相对提高耐冷性。还可提高幼苗叶片中游离氨基酸、游离脯氨酸的含量,并激活种子及幼苗中 POD 和 SOD 活性,降低其电解质外渗率和 MDA 含量。这表明低浓度 SA 处理可以提高植物种子及其幼苗的耐寒性,促进低温条件下种子的萌发及幼苗生长。减轻脂质过氧化损伤,保持细胞膜结构和功能的完整性,缓解因低温造成的膜伤害,从而启动种子及幼苗的抗冷机制,提高其耐寒能力(陶宗娅等,1999;何亚丽等,2002;wang Y et al,2013)。

研究发现,SA 处理能诱导产热,而植物产热是其本身对低温环境的一种适应。因此，SA 可能与植物的抗低温有关。用 0.5 mmol/L 的 SA 预处理玉米幼苗对随后低温处理的耐受能力增强。预处理 1 d 后，过氧化氢同工酶比无 SA 处理的新增 1 条酶带。因此推测，SA 可能通过诱导抗氧化酶类的产生增强玉米幼苗的耐冷性。通过 SA 对黄瓜幼苗抗冷性的影响研究发现，SA 能够提高 SOD 和 POD 的活性，减缓膜脂过氧化产物 MDA 的积累，从而提高了黄瓜幼苗的抗低温能力（舒英杰等，2006）。SA 还可提高香蕉幼苗的抗冷性，在低温胁迫期间，SA 能提高香蕉幼苗的光合能力，减少电解质的泄漏，提高 CAT、抗坏血酸过氧化物酶（APX）和 SOD 等保护酶的活性。SA 处理可以减轻果蔬腐烂及其采后冷害的影响，适宜浓度的 SA 处理可有效提高果蔬果实的抗冷性、冷藏性，延长果实低温储藏的时间，维持低温条件下果蔬的营养品质，抑制冷害对果蔬储藏期间的危害（张逸帆等，2009）。

6.2.1.5　糖　类

（1）海藻糖

海藻糖是一种非还原性二糖，分子式为 $C_{12}H_{22}O_{11} \cdot 2H_2O$，广泛分布于自然界许多生物细胞中。海藻糖是一种生物应激代谢产物，在大量有机体中都发现了海藻糖的存在，包括细菌、藻类、酵母、植物、昆虫和其他无脊椎动物（曲茂华等，2014）。海藻糖在生物细胞中的作用是保护细胞抵抗不良环境的影响，其功能是保护细胞质膜、蛋白质、核酸等生物大分子的空间结构和功能，维持渗透压和防止细胞内营养成分流失。由于海藻糖具有以上功能，其可以用来培育抗冻果蔬、增强农作物抗逆性等（胡宗利，2004）。

目前，海藻糖的相关研究主要集中在细胞处于各种不利环境（如寒冷、干旱、高离子浓度等）中时，海藻糖对细胞的保护机理（Nishant Kumar Jain et al, 2009）。当细胞处于寒冷环境中时，含有海藻糖的细胞耐冻性较高，这是由于海藻糖的存在提高了细胞中溶质浓度，有效降低细胞质的冰点。利用外源性海藻糖的抗逆作用，使作物种子在发芽阶段遇到逆性环境时，能够帮助发芽的种子渡过难关、避免发芽迟缓、确保发芽一致。类似的海藻糖处理方法，也可提高水稻、小麦和其他蔬菜种子或幼苗的抗逆能力。用海藻糖和氯化钙混合浸种，杂交水稻和玉米种子的过氧化物酶活性和过氧化氢酶活性均得到提高，对延缓种子的衰老、保持种子生命力也有一定效果。对于作物来说，添加外源性的海藻糖使植株在寒冷环境中正常生长，效果很好，但成本较高（陈大清等，1997）。

（2）壳聚糖

壳聚糖（Chitosan，CTS）是由甲壳素（Chitin）通过 N - 脱乙酰基而得到的多糖类生物大分子物质。一般而言，N–乙酰基脱去55%以上就可称之为壳聚糖，或能在1%醋酸或l%盐酸中溶解1%的脱乙酰甲壳素所形成的甲壳素溶液也可称之为壳聚糖，其化学名称为β–（1→4）–2–氨基–2–脱氧–D–葡萄糖。在特定的条件下，壳聚糖能发生水解、烷基化、酰基化、羧甲基化、磺化、硝化、卤化、氧化、还原、缩合和络合等不同化学反应，生成各种不同性能的壳聚糖衍生物，是一种环境友好型、可再生的天然高分子材料。在自然界中的储量仅次于纤维素，是大自然中最丰富的天然高分子材料（袁蒙蒙等，2012）。

近年来，壳聚糖及其衍生物在抵御植物逆境胁迫方面的作用逐渐受到重视。壳聚糖及其衍生物提高植物的抗低温能力主要表现在以下几个方面。

促进抗渗透物质的合成。实验证明，用适当浓度的羧甲基壳聚糖处理后，在低温胁迫下黄瓜幼苗冷害指数较小，叶片中可溶性糖、游离脯氨酸含量均较高（匡银近等，2009）。

提高光合作用强度，促进植物生长。植物的一切生命活动都是以光合作用的同化物为基础，只有旺盛的光合作用能使植物积累更多的蛋白质、脂肪和糖等物质，从而增强植物的自身抗性。研究表明，用壳聚糖处理显著减缓了低温导致的光合速率、实际光化学效率、光化学淬灭系数和捕光系数的下降、幼苗的叶绿素含量明显提高，根系活力也维持了较高的水平。

促进自由基清除剂的合成，提高植物抗氧化酶的活性，增强清除自由基的能力，保护膜系统。如5℃低温胁迫下，壳聚糖能减缓黄瓜幼苗MDA的积累提高叶绿素和游离脯氨酸含量，并使SOD、POD和CAT活性维持在较高水平，从而有效缓解低温胁迫对黄瓜幼苗的冷害损伤。总之，壳聚糖及其衍生物提高植物抗低温能力的方式多种多样，而且各种方式可以同时 存在，相互关联，协同作用（薛国希等，2004）。

6.2.1.6　甜菜碱（GB）

甜菜碱（glycine betaine，GB）是一种大多数植物都含有的季铵类水溶性生物碱。在植物、动物、细菌、真菌中均有广泛分布。甜菜碱在高等植物体内一经合成就几乎不再被进一步代谢，属于永久性半永久性的非毒性调节物质（孙玉洁等，2014）。在抗逆性植物中甜菜碱就有大量的积累，具有稳定生物大分子的结构和功能，降低逆境条件下渗透失水对细胞膜、酶及蛋白质结构与功能的伤害，从而提高植物对各种胁迫因子抗性的作用。甜菜碱在其生物合成反应中没有反馈抑制，所以对维持逆境胁迫下植物的代谢和生存具有重要的生理意义（苏文潘等，2005）。

甜菜碱抗冷害的作用机制主要包括以下几方面。

（1）GB与可溶性蛋白的关系

植株体内可溶性蛋白适当增加可缓解不良环境对幼苗的胁迫和伤害，其含量多少可以衡量植株对逆境的适应能力，从可溶性蛋白含量的变化可以看出，玉米种子经GB处理后，在低温环境下可溶性蛋白含量增加，提高了幼苗适应逆境的能力（黄丽华，2005）。

（2）GB与脂膜过氧化的关系

低温胁迫环境下，细胞内自由基代谢平衡被打破，增加了自由基的产生，引起并加剧膜脂过氧化，MDA作为膜脂过氧化的最终产物，其含量有上升趋势。经GB处理后MDA明显下降，说明膜脂过氧化程度减少，细胞受伤害程度降低。因而可以认为，GB处理提高了幼苗的抗冷性。

（3）GB与细胞膜透性的关系

细胞膜系统是植物冷害的敏感部位，因此，冷害下膜透性的相对大小可作为植物抗冷性的指标。GB能够明显降低低温处理下的膜透性，说明GB具有提高植物抗冷性能力的作用（KELLOGG E W *et al*，1975）。

（4）GB与抗氧化酶的关系

植物经低温环境胁迫后，体内会产生许多活性氧，如O_2^-、H_2O_2、$-OH$等，导致膜脂过氧化，使植物遭受冷害的威胁。抗氧化酶SOD、CAT、POD可协同作用，清除膜脂过氧化产生的中间产物。SOD可清除O_2^-，CAT和POD具有分解H_2O_2的作用，生成没有毒害的H_2O。因此，增加SOD、POD、CAT的活性，均可降低植物自由基含量，减少细胞膜的损伤。玉米幼苗经GB处理后，在低温5℃条件下，SOD活性明显上升，POD、CAT活性也上升，从而增加了抗寒能力。其中以20 mmol·L^{-1} GB处理效果最好。这可能是因为GB参与了植物对低温适应性的调节，对低温下细胞膜结构和功能有一定的保护作用，从而提高了植物的耐寒性（李兆亮等，1998）。

6.2.1.7 脱落酸

脱落酸（Abscisic acid，ABA）是一种于植物体内的具有倍半萜结构的植物内源激素，具有抑制种子萌发，引起芽休眠、抑制生长、促进叶子脱落和衰老等生理作用。高等植物各器官和组织都有脱落酸，脱落酸主要合成部位是根冠和萎蔫的叶片，在种子、茎、花和果中也能合成脱落酸。在植物生物胁迫和非生物胁迫两种胁迫条件下，ABA均有参与。目前的研究主要集中在ABA在非生物胁迫中的作用，随着不断深入的研究，发现ABA在植物干旱、盐泽、低温、重金属等逆境胁迫中都起着重要作用，它是植物的抗逆诱导因子，因而被称为植物的"胁迫激素"或"应激激素"（杨洪强等，

2001；刘德兵等，2007；吴锡冬等，2006）。

在低温胁迫等逆境条件下 ABA 的含量会迅速增加。ABA 是植物体内调节蒸腾的激素，可以引起气孔关闭，降低蒸腾，减少水分的流失，同时 ABA 还能促进根系吸水与溢泌速率，保护植物体内的水分平衡，减少逆境对植物的伤害。ABA 可诱导某些酶的合成而增加植物的抗逆性，如抗冷性、抗盐性等（张慧等，2007）。在低温胁迫时，ABA 可以通过促进水分从根系向叶片的输送，以提高细胞膜的通透性，并且能迅速关闭气孔以减少水分的损失；ABA 还可诱导植物渗透调剂物质如脯氨酸、可溶性蛋白和可溶性糖含量的增高以增强细胞膜的稳定性（党秋玲等，2005）；再者 ABA 能够提高植物体内保护酶的活性，降低膜脂的过氧化程度，减少对细胞膜的伤害，保护膜结构的完整性，增强植物抗低温能力（汤日圣等，2002）。

6.2.2　抗低温剂抗逆减灾效果

6.2.2.1　SA 对玉米幼苗抗冷性的影响

（1）SA 对玉米幼苗冷害指数的影响

由表 6 - 14 可见，各处理组玉米幼苗在低温胁迫后冷害程度各不相同，经不同浓度的外源 SA 处理后的玉米幼苗冷害指数均低于低温对照。喷施浓度为 0.05 g/L 的 SA 处理组的冷害指数最低，其次为 0.08 g/L 和 0.02 g/L 的 SA 处理。

表 6 - 14　冻害指数的设定

冻害指数	浓度（g/L）				
	0	0.02	0.05	0.08	常温对照
0 级	2	6	9	6	12
1 级	7	4	3	5	0
2 级	3	2	0	1	0
冻害度	13	8	3	7	0

（2）SA 对玉米幼苗叶片 SOD 活性的影响

不同浓度外源 SA 处理对 5 ℃低温胁迫下玉米幼苗叶片 SOD 活性的影响不同。外源 SA 处理能够提高玉米幼苗叶片 SOD 活性，0.02 g/L、0.05 g/L 和 0.08 g/L SA 处理与低温对照相比均达到显著水平，分别比对照提高了 48.57%、81.79% 和 42.81%，并且 0.05 g/L 的 SA 处理组与常温对照差异不显著。

（3）SA 对玉米幼苗叶片 MDA 含量的影响

MDA 的积累可使脂膜和细胞更深层次的受到伤害并引起一系列的生理生化变化。

与对照相比，不同浓度外源 SA 处理均有效降低了玉米幼苗叶片的 MDA 含量，说明外源 SA 可以保护细胞膜以缓解低温对玉米幼苗叶片的伤害。用浓度为 0.02 g/L、0.05 g/L 和 0.08 g/L 的外源 SA 处理玉米幼苗叶片，MDA 含量比低温对照分别下降了 46.97%、58.74% 和 34.66%，与对照相比达到显著水平。说明浓度为 0.05 g/L 的外源 SA 处理能更好地降低膜脂过氧化产物 MDA 的积累。

6.2.2.2　海藻糖对水稻幼苗抗冷性的影响

（1）低温下海藻糖对水稻幼苗细胞透性的影响

由表 6 - 15 可知，0.1% 海藻糖处理在 2 ℃ 及 6 ℃ 低温下的电导率及电导百分率都明显低于对照组，在 2 ℃ 时差异更为显著，这表明海藻糖能明显降低寒害后水稻幼苗细胞膜的通透性，减少细胞内电解质的渗透率，因而减轻了低温脱水对细胞膜的损伤。

表 6 - 15　低温下海藻糖对水稻幼苗导电率的影响

处理温度 （℃）	电导率（sm/g FW）		电导百分率（%）	
	水	0.1% 海藻糖	水	0.1% 海藻糖
6	22.5	19.0	10.4	9.4
2	35.3	20.1	13.3	10.7

（2）低温下海藻糖对水稻幼苗细胞代谢的影响

从表 6 - 16 可见，用 0.1% 海藻糖处理后，在 2 ℃ 和 6 ℃ 下，水稻幼苗淀粉酶活性及植株可溶性糖含量均显著高于对照组，在 2 ℃ 时差异更显著。可见，在低温下，海藻糖能维持细胞内较高的淀粉酶活性，从而保证了种子内储存的淀粉较高的转化率，提高了植株可溶性糖含量，有利于降低细胞液冰点，增强植株对寒害的抵抗力。由于淀粉酶是游离于细胞质液中的酶类，在低温下有维持细胞膜完整性的功能，从而保证了细胞代谢的正常进行（邓如福等，1991）。

表 6 - 16　低温下海藻糖对水稻幼苗代谢的影响

处理温度 （℃）	淀粉酶活性麦芽糖 （mg/g FW·Min）		可溶性糖葡萄糖 （mg/g FW）	
	水	0.1% 海藻糖	水	0.1% 海藻糖
6	80.4	93.1	9.6	10.8
2	56.6	85.7	7.2	8.6

6.2.2.3　小麦抗冷害试剂浸种效用

对冬小麦"燕大 1817""农大 139""丰抗 2 号""郑州 39 - 1"以及春麦品种"克

9 - 179"进行抗冷害试剂浸种处理,观测冬前麦苗的生长状况,抗寒力及越冬情况,以及冬后的穗发育和产量发现:小麦经抗冷害试剂浸种处理,其冬前幼苗生长快,叶龄数高,分蘖早而多,根系发达,叶色深绿,百株鲜千重增加(简令成等,1994)。

小麦经抗冷害试剂浸种对冬前麦苗生长的影响见表 6 - 17。

表 6 - 17　小麦经抗冷害试剂浸种对冬前麦苗生长的影响

小麦品种	处理(浸种)	叶龄	单株分蘖数	30 株麦苗鲜重(g)	30 株麦苗干重(g)
燕大 1817	CR - 4	5.4	2.8	29.1	4.65
	水	4.8	2.0	21.8	3.38
农大 139	CR - 4	6.2	3.6	34.2	5.40
	水	5.3	2.2	23.5	3.88
丰抗 2 号	CR - 4	6.5	3.8	37.8	5.86
	水	5.6	2.3	28.1	4.48
郑州 39 - 1	CR - 4	6.1	2.1	30.2	4.68
	水	5.4	1.4	25.7	3.97

将经过秋末冬初低温锻炼的试验地麦苗取回实验室,洗去泥土,将抗冷害试剂处理和对照麦苗(各 30 株)同时并排放在 - 12 ℃ 和 - 17 ℃ 冰箱中冷冻 24 h,化冻后转移到 25 ℃ 生长箱中进行恢复性培养,结果是:对照在 - 12 ℃ 和 - 17 ℃ 两种低温下全部死亡,而抗冷害试剂浸种处理的分别存活 48% 和 21.4%。说明抗冷害试剂能起到提高小麦幼苗抗寒力的作用。

返青后对试验地小麦越冬率进行了调查,统计结果是,抗冷性较弱的"郑州 39 - 1"品种的水浸种麦苗的越冬率为 71.8%,经抗冷害试剂浸种的越冬率达 89.6%,提高 17.8%。不耐寒的春麦品种"克 9 - 179"水浸种麦苗的越冬率仅为 1.2%,而经抗冷害试剂浸种的麦苗越冬率提高到 12.3%,并且返青快,生长旺盛。同时,对于种植在木箱中的试验对比考种结果材料,故意少浇水,造成干旱逆境,结果,未经抗冷害试剂处理的对照,植株高矮、拔节、抽穗均不整齐,穗小;而经抗冷害试剂浸种处理的植株则生长较好,整齐度高,其植株高度和穗大小均优于对照。

此外,检测抗冷害试剂在防止膜脂过氧化方面的作用结果显示,抗冷害试剂提高了小麦叶片细胞内 SOD 酶的活性,从而减轻和防止了低温逆境中膜脂的过氧化作用,使膜脂降解产物丙二醛(MDA)的产生和积累明显少于对照。

以"晋麦 70"为实验材料,研究了不同浓度(0.3 mmol/L、0.4 mmol/L、0.5 mmol/L、0.6 mmol/L)的水杨酸(SA)溶液浸种冬小麦,对常温下和低温下的冬小麦幼苗抗冷性指标的影响，结果表明，适当浓度范围的 SA 溶液浸种能够增加冬小麦幼苗游离脯氨酸含量、可溶性糖含量以及可溶性蛋白质的含量，并以 0.5 mmol/L 的浸种效果最好（张小冰等，2008）。

6.2.2.4 小麦抗冷害试剂喷施效用

山西省农科院棉花研究所对筛选出的 5 种自研抗冷害试剂进行了喷施试验及大田推广示范，结果表明施用抗冷害试剂后的小麦植株抵御低温能力增强、穗粒数增加、产量提高。

5 种配方处理相对电解质渗出率均低于对照，其中，配方 Kn-7，Kn-8，Kn-14 显著低于对照，说明这几个配方处理后的小麦幼苗在低温胁迫下质膜及胞质渗透压的稳定性有明显提高，增强了抵御低温的能力，详见表 6-18。

表 6-18　抗冷害试剂配方试验电解质渗出率

制剂号	Kn-1	Kn-6	Kn-7	Kn-8	Kn-14	CK
电解质渗出率（%）	15.06	13.32*	12.38*	11.88*	11.21*	16.73

5 个配方比对照产量高，其中 Kn-1、Kn-7、Kn-14、Kn-8 差异显著。产量差异的原因是喷施 Kn-1、Kn-7、Kn-14、Kn-8 制剂后可增加穗粒数，结果见表 6-19。

表 6-19　喷施抗冷害试剂产量结果

制剂号	千粒重（g）	穗粒数（粒）	穗数（万/亩）	产量（kg/亩）
Kn-1	42.3	27.9*	29.7	350.9*
Kn-6	42.7	25.7	28.9	316.0
Kn-7	42.7	27.7*	29.6	350.3*
Kn-8	43.3	26.6*	28.4	328.3*
Kn-14	41.6	27.3*	29.3	333.5*
ck	42.2	23.5	29.1	289.6

注：* 表示与对照相比在 0.05 水平差异显著。

在 4 月上中旬的低温霜冻期，该试验田小麦无冻害现象发生。从大田示范产量看，5 个配方制剂喷施后均提高了产量，见表 6-20。

表 6-20　抗冷害试剂大田示范试验产量表现

剂号	千粒重（g）	穗粒数（粒）	穗数（万/亩）	产量（kg/亩）
Kn-1	40.8	35	30	428.8
Kn-6	43.6	41.5	30	412.0

（续表）

剂号	千粒重（g）	穗粒数（粒）	穗数（万/亩）	产量（kg/亩）
Kn-7	44.9	31.9	30	429.4
Kn-8	43.5	32.5	30	423.7
Kn-14	43.0	33	30	425.9
ck	42.1	31.4	30	396.8

6.2.2.5　复合外源抗冷害试剂对玉米的效用

西北师范大学使用烯效唑等进行配方，研制出复合外源抗冷害试剂。采用室内盆栽播种，模拟低温胁迫处理，当玉米幼苗长到三叶一心时，在叶面喷施抗冷害试剂，分析其施用效果。结果表明，在低温胁迫条件下抗冷害试剂对玉米幼苗的生长起到了重要的促进作用。抗冷害试剂能够增强 SOD 活性，增强植物适应低温胁迫的能力；使 MDA 含量下降，降低脂质过氧化程度，在一定时间内低温胁迫时间越长，外源复合物使玉米幼苗中游离脯氨酸含量增加，幅度越大玉米适应低温胁迫的能力越强；能降低质膜过氧化水平，减轻低温胁迫对细胞膜造成的伤害；可提高玉米幼苗叶片中可溶性蛋白含量、可溶性糖含量。这些有力地提高了玉米的抗冷性，说明抗冷害试剂值得推广应用。

（1）对玉米幼苗鲜重、干物质重、苗长和根长的影响

由表 6-21 可知，对其中任一玉米品种而言，抗冷害试剂处理组玉米幼苗长、根系长、鲜物质重和干物质重均显著高于清水处理组（$P < 0.05$）；不论抗冷害试剂处理组还是清水组，不同品种玉米的幼苗长度、根系长均存在显著差异（$P < 0.05$），由长到短依次为豫玉 22 号＞金穗 1203＞宇辉早甜粘；抗冷害试剂处理组宇辉早甜粘幼苗鲜物质和干物质均显著低于豫玉 22 号和金穗 1203（$P < 0.05$）；清水处理组豫玉 22 号玉米幼苗鲜物质和干物质均显著高于金穗 1203 和宇辉早甜粘（$P < 0.05$）。因此，在低温胁迫条件下抗冷害试剂对玉米幼苗的生长起到了重要的促进作用。

表 6-21　抗冷害试剂对玉米幼苗鲜重、干物质重、苗长和根长的影响

处理	玉米品种	鲜物质重（g/株）	干物质重（g/株）	苗长（cm）	根系长（cm）
试剂	豫玉 22 号	1.56±0.042 b	0.28±0.011 b	18.71±0.179 b	18.39±0.060 a
	金穗 1203	1.50±0.030 b	0.27±0.011 b	17.53±0.159 c	10.83±0.243 c
	宇辉早甜粘	1.19±0.523d	0.21±0.015 d	10.73±0.434 f	9.24±0.274 d
清水	豫玉 22 号	1.74±0.078 a	0.31±0.025 a	19.74±0.395 a	16.94±0.274 b
	金穗 1203	1.42±0.049 bc	0.26±0.017 bc	16.62±0.083 d	9.09±0.151 d
	宇辉早甜粘	1.31±0.033cd	0.23±0.011 cd	12.04±0.124 e	8.43±0.210 e

（2）对玉米幼苗叶片超氧化物歧化酶 SOD 活性的影响

超氧化物歧化酶（SOD）广泛存在于需氧代谢细胞中，能清除超氧阴离子，起着保护细胞膜的作用。由图 6 -3 可知，随着低温胁迫时间的加长，3 个玉米品种 SOD 活性均呈下降趋势，下降幅度由大到小依次为宇辉早甜粘 > 金穗 1203 > 豫玉 22 号；在未遭受低温胁迫时，抗冷害试剂处理组 SOD 的活性升高程度与清水处理组不显著（$P >$ 0.05），但在遭受低温胁迫 3 d、5 d 和恢复生长生长 3 d 时，抗冷害试剂处理组 SOD 的活性显著高于清水处理组（$P < 0.05$）。说明，抗冷害试剂能够增强 SOD 活性，增强植物适应低温胁迫的能力。

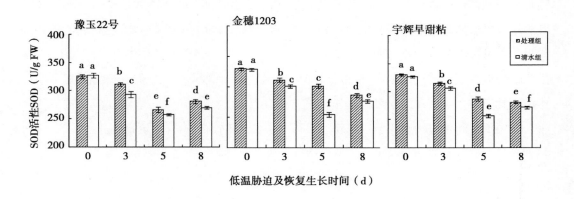

图 6 -3   低温处理下玉米幼苗 SOD 活性的变化

（3）对玉米幼苗叶片丙二醛含量的影响

由图 6 -4 可知，随着低温胁迫时间的加长，3 个玉米品种的丙二醛含量均呈上升趋势，在恢复生长 3 d 后又开始下降，变化幅度由大到小依次为宇辉早甜粘 > 金穗 1203 > 豫玉 22 号。

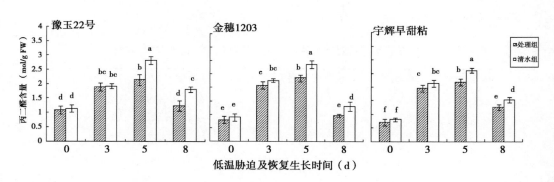

图 6 -4   低温处理下玉米幼苗丙二醛含量的变化

在低温胁迫时间相同的条件下，经抗冷害试剂处理过的玉米幼苗中 MDA 含量均低于清水处理组，但在低温胁迫 0 d 和 3 d 时，经复合外源物处理过的玉米幼苗中 MDA 含量较清水组下降程度不明显（$P > 0.05$），而在低温胁迫 5 d 和恢复生长 3 d 时，经抗冷害试剂处理过的玉米幼苗中 MDA 含量明显低于清水组（$P < 0.05$）。说明，抗冷害试剂能够使 MDA 含量下降，降低脂质过氧化程度；同时玉米幼苗遭受低温胁迫的时间越长，叶片中 MDA 含量的下降越明显。

（4）对玉米幼苗叶片脯氨酸含量的影响

植物细胞内游离脯氨酸含量的积累有利于降低细胞水势，增强植物适应逆境能力。由图 6－5 可知，在低温胁迫时间相同的情况下，经复合外源物处理过的玉米幼苗中游离脯氨酸含量均高于清水组（$P < 0.05$），说明外源复合物能提高玉米幼苗叶片中游离脯氨酸含量，增强玉米抵抗低温胁迫的能力。

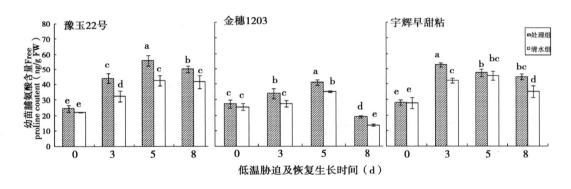

图 6－5　低温处理下豫玉 22 号玉米幼苗脯氨酸含量的变化

对豫玉 22 号和金穗 1203 玉米而言，不论是处理组还是清水组，随着低温胁迫时间的延长，玉米幼苗叶片中游离脯氨酸含量均显著增加（$P < 0.05$），在同一胁迫时长条件下，豫玉 22 号游离脯氨酸含量均高于金穗 1203；但宇辉早甜粘玉米幼苗叶片中游离脯氨酸含量，随着低温胁迫时间的加长，游离脯氨酸的含量先快速上升，后缓慢下降，说明在一定时间内，低温胁迫时间越长，外源复合物使玉米幼苗中游离脯氨酸含量增加幅度越大，使玉米适应低温胁迫的能力越强。

（5）对玉米幼苗叶片相对电导率的影响

由图 6－6 可知，随着低温胁迫时间的加长，3 个玉米品种的相对电导率均呈上升趋势，变化幅度由大到小依次为金穗 1203 > 宇辉早甜粘 > 豫玉 22 号。不论是抗冷害试剂处理组还是清水处理组，玉米幼苗叶片相对电导率均显著增大（$P < 0.05$），在恢复生长之后相对电导率继续增大。在低温胁迫 0d 时，外源复合物处理组相对电导率与清

水处理不存在显著差异（$P>0.05$），在低温胁迫时长相同时，外源复合物处理组玉米幼苗叶片相对电导率均显著低于清水处理组（$P<0.05$），在恢复生长后亦表现同样特征。说明外源复合物能够降低质膜过氧化水平，减轻低温胁迫对细胞膜造成的伤害，同时随着低温胁迫时间的延长，外源复合物处理组玉米幼苗叶片相对电导率较清水处理组下降程度越明显。

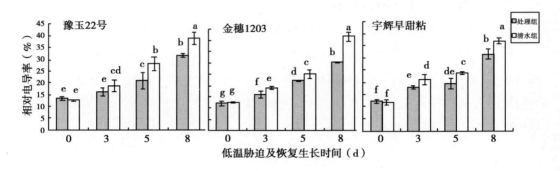

图 6 - 6　低温处理下豫玉 22 号玉米幼苗电导率的变化

（6）对玉米幼苗叶片可溶性蛋白含量的影响

由图 6 - 7 可知，随着低温胁迫时间的加长，3 个玉米品种的可溶性蛋白含量均呈上升趋势，在恢复生长 3 d 后又开始下降，变化幅度由大到小依次为豫玉 22 号＞金穗 1203＞宇辉早甜粘。在低温胁迫时长相同的情况下，抗冷害试剂处理组玉米幼苗叶片中可溶性蛋白的含量均显著高于清水处理组（$P<0.05$），在低温胁迫 0 d 时，处理组之间相差不显著（$P>0.05$）。说明，抗冷害试剂可以提高玉米幼苗叶片中可溶性蛋白含量。

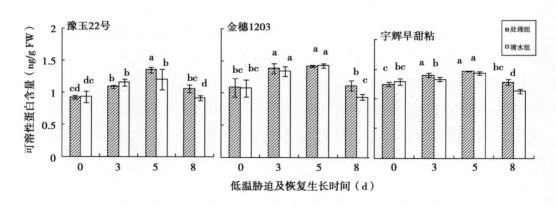

图 6 - 7　低温处理下玉米幼苗可溶性蛋白含量的变化

（7）对玉米幼苗叶片可溶性糖的影响

在低温胁迫下，植物细胞内碳水化合物水解增强，产生的可溶性糖的增多能增加细胞的渗透压，在抵御逆境胁迫方面具有重要作用。

由图6-8可知，随着低温胁迫时间的加长，3个玉米品种的可溶性糖含量均呈先上升后下降趋势，变化幅度由大到小依次为宇辉早甜粘＞豫玉22号＞金穗1203。

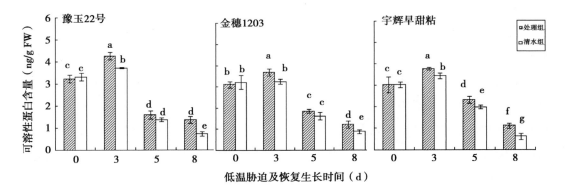

图6-8　低温处理下豫玉22号玉米幼苗可溶性糖含量的变化

在低温胁迫3d时，3种玉米幼苗叶片中可溶性糖含量的积累均达到最大值，并且外源复合物处理组玉米幼苗中可溶性糖的积累量均显著高于清水处理组（$P < 0.05$），说明抗冷害试剂有助于玉米幼苗叶片中可溶性糖的积累。3种玉米未受低温胁迫时，处理组间的可溶性糖含量差异不显著（$P > 0.05$），在低温胁迫5d时，经抗冷害试剂处理的豫玉22号和金穗1203玉米幼苗叶片中可溶性糖含量与清水处理组的差异不显著（$P > 0.05$），但宇辉早甜粘显著高于清水处理组。在恢复生长后，经抗冷害试剂处理的3种玉米幼苗叶片中可溶性糖含量显著均高于清水处理组（$P < 0.05$）。说明，抗冷害试剂对不同品种玉米可溶性糖含量的影响不同。

6.2.3.6　抗冷害试剂示范应用

分别在不同示范面积上喷施抗冷害试剂，在当年无霜冻害发生的情况下，小麦千粒重比对照提高1.4g、1.3g，穗粒数提高1.1粒、1.2粒，增产6.8%、9.0%。抗冷害试剂示范田产量及产量结构见表6-22。

表6-22　抗冷害试剂示范田产量及产量结构

示范面积（亩）	制剂号	千粒重（g）	穗粒数（粒）	穗数（万/亩）	产量（kg/亩）
50	Kn-8	43.5	32.5	30	423.7
	CK	42.1	31.4	30	396.8
500	Kn-8	42.4	33.6	28.5	406.5
	CK	41.1	32.4	28.0	372.8

6.2.3　抗低温剂应用技术

6.2.3.1　种子包衣技术

种子包衣技术是在传统浸种、拌种技术的基础上发展起来的一项种子加工新技术，种衣剂由活性成分和非活性成分组成。

种衣剂中活性成分主要包括杀虫剂、杀菌剂、植物生长调节剂、肥料、微量元素、有益微生物及其产物等，其种类、组成及含量直接反映种衣剂的功效。目前在种衣剂中广泛应用的杀虫杀菌剂要求是高效、广谱的内吸性农药，如呋喃丹、多菌灵等。植物生长调节剂可以根据需要选择促进生长类和生长延缓类，如赤霉素、稀效唑等。肥料和微量元素根据作物种子营养状况、生长需要和土壤肥力状况加以选择和组配。当前常用的有益微生物有根瘤菌、固氮菌、木霉菌、芽孢杆菌等，一般具有激活植株生长和抑菌抗病的效果。

种衣剂中非活性成分指成膜剂及相应的配套助剂。成膜剂是包衣质量和效果的关键，当前应用的成膜剂有如下四类：①淀粉及其衍生物类，如可溶性淀粉；②纤维素及其衍生物类，如乙基纤维素；③合成高聚物类，如聚丙烯酰胺；此外还有阿拉伯树胶、海藻酸钠等其他物质。配套助剂包括悬浮剂、乳化剂、渗透剂、增韧剂、分散剂、缓释剂、填充剂、色料等，具有使种衣剂均匀一致、性状稳定、便于成膜和调控有效成分等作用，对种衣剂的质量和包衣效果有较大影响（励立庆，2002）。

6.2.3.2　种子引发技术

种子引发技术是目前国际上先进的种子处理技术之一。依据不同的介质，种子引发分为液体引发、固体基质引发、生物引发、滚筒引发等方式（孙刚，2014）。

（1）液体引发

液体引发是指以溶质作为引发介质，利用溶质控制水分与种子之间的渗透压，使种子缓慢吸水、健康的萌发。植物种子引发的方式是用已经配好的一定浓度的溶液浸泡作物种子，溶液与种子之间保持较低的渗透压，使水分缓慢进入种子，为种子的健康萌发创造良好的条件。液体引发分为有机物引发和无机盐引发两种。最常用的有机物引发剂是分子量为 6 000 的聚乙二醇（PEG），该引发剂的优点是：其溶液能得到较低的水势，它具有胶体的性质，而且是惰性物质，对种子没有毒害。介质的浓度和引发的时间对种子引发的效果有很大的影响，浓度为 29% 的 PEG6000 引发 12 d、32.4% 的 PEG6000 引发 8 d 对种子的效果最好。

（2）固体基质引发

固体基质引发是以固体为引发介质，种子、水和固体基质颗粒是固体引发 3 个必不可少的组成成分。通过控制三者之间的比例，来控制水势，使种子能够缓慢的吸水，为种子萌发做好充分的准备，此时，种子胚根未伸出种皮。固体基质引发的方式是，大部分水被固体基质所吸附，水与干种子之间形成渗透压，干种子开始慢慢地吸收被固体基质吸附的水分，直到渗透压消失，达到平衡状态。理想的引发固体基质应具备较高的持水能力、对种子无毒害作用、化学性质稳定、水溶性低、颗粒空隙度可变及易与种子分离等条件。

（3）生物引发

生物引发是将种子生物处理与播前控制吸水相结合，引发期间采用有益真菌或细菌作为种子保护剂，让其大量繁殖布满种子表面，使种子和幼苗免遭有害菌的侵袭。生物引发的方法是先将种子进行表面消毒，再用成膜剂（如甲基纤维素）包衣，然后采用其他引发方法控制种子的吸水速度和吸水量以达到引发的目的。

（4）滚筒引发

滚筒引发是通过直接控制种子吸水速度和吸水量来达到引发目的。先将种子放在IS质的滚筒内，然后喷入水汽，滚筒以水平轴转动，速度为每秒 1~2 cm。滚筒引发技术已在一些蔬菜种子中大规模应用。滚筒引发的基本过程可以分为四个步骤：校准（Calibration）、水化（Hydration）、培养（Incubation）和干燥（Drying）。Warren 和 Bennett（1997）在此基础上改进，按一定间隔时间定量加水，控制种子缓慢吸水。

6.2.3.3　叶面喷施

叶面喷施是一种根外施肥技术，植物除了根部能吸收养分外，叶子和绿色枝条也能吸收养分。把含有养分的溶液喷到植物的地上部分（主要是茎叶）叫做根外施肥（杨晔，2014）。根外施肥的优点在于直接供给植物有效养分。叶片对养分的吸收及转化比根快，能及时补充植物对养分的需要；根外施肥适宜机械化，经济有效。油菜叶面喷施多效唑，能使油菜苗矮壮，叶色加深，叶片增厚，还能有效地防止早抽薹，调整株型，增强植株的抗寒能力，防止冻害发生。一般于 12 月上旬视油菜苗生长情况，每公顷用 15% 多效唑可湿性粉剂 750~1 500 g，对水 750~900 kg，均匀喷雾。在返青期用 200 mg/kg 的多效唑或天达 2116 壮苗灵 600 倍液喷施，促使受冻小麦叶片恢复生机，防治病害，促进生长发育，早发新蘖，多成穗，成大穗。对于小麦叶尖及叶片受冻害的，于返青至起身期，及时喷施天达 2116 壮苗灵 600 倍液，并酌情每亩补施尿素 5 kg 左右，可促使麦苗尽快转入正常生长。

6.2.3.4　浸种

浸种目的是使种子较快地吸水，达到能正常发芽的含水量。干燥的种子含水率通常在15%以下，生理活动非常微弱，处于休眠状态。种子吸收水分后，种皮膨胀软化，溶解在水中的氧气随着水分进入细胞，种子中的酶也开始活化。由于酶的作用，胚的呼吸作用增强，胚乳储藏的不溶性物质也逐渐转变为可溶性物质，并随着水分输送到胚部。种胚获得了水分、能量和营养物质，在适宜的温度和氧气条件下，细胞才开始分裂、伸长，突破颖壳（发芽）。可见要使种子萌发，首先必须使它吸足水分。不过种子并不是有水就能发芽，它至少吸收相当于自身重量15%～18%的水分才能开始发芽，吸水量达到自身重量40%时才能正常发芽。

水稻、小麦及玉米等禾谷类大田作物，对于采用浸种处理的方法较为方便而经济，解决苗期低温冷害和冻害问题，行之有效。特别是水稻，其常规育秧中也需要进行水浸种，使用抗冷害试剂只需要在水中加入抗冷害试剂药物即可，不增加工序，实属经济而方便。

药剂浸种是种子处理中最常用技术，方法简便，省工省本，效果明显，但部分农户操作不当，不仅效果甚微，而且还会产生药害，对此生产上要注意以下几点。

（1）注意选择药剂的剂型

药剂浸种用的是药剂的稀液，所用药剂一定要溶于水，药剂或浮于水面或沉入水底，均达不到灭菌效果。

（2）掌握药剂浓度和浸种时间

药剂浓度一般是以药剂的有效成分含量计算，具体浸种时间要根据药品使用说明进行操作，浓度过高或过低，时间过长或过短，都容易发生药害或降低浸种效果。

（3）充分搅拌，药液面要高出种子

种子放入药液中要充分搅拌，使种子和药液充分接触，提高浸种效果，在浸种时，药液面要高出种子，以免种子吸水膨胀后露出药液外影响浸种效果。

（4）浸种后是否需要冲洗和摊晾

要严格按照药剂浸种使用说明正确掌握，以免产生药害。如要求用清水冲洗，一定要在浸种后进行冲洗；如不要求，就不必冲洗；但浸种后应该摊开晾干，有的根据要求也可以直接播种。

需要注意的是，喷施的药剂浓度应比浸种浓度低一些，一般是降低一倍。为了防御生育后期孕穗－开花－结实期的冷害，如障碍型冷害和寒露风的危害，应在低温到来之前5～7 d喷施。

第7章　西南地区主要粮食作物灾害防控技术体系

西南地区不同区域灾害种类和发生特征存在差异，且存在年际变化和不确定性，但灾害危害风险一直存在，做好灾害防控，需要按照"工程防灾、生物抗灾、结构避灾、技术减灾、制度救灾"的基本思路，围绕农业生产全过程，构建灾害综合防控技术体系。通过种植制度调整，使作物关键生育期避开灾害高发时段，实现避灾；通过耕作栽培及工程技术，减轻灾害发生程度，防范灾害直接作用于作物，实现防灾；通过品种选择、栽培管理以及生化制剂调控，增强作物抗逆性，实现抗灾；通过耕作栽培技术，降低灾害作用于作物的危害程度，实现减灾；通过灾后恢复，减轻灾害损失，实现救灾。

7.1　四川主要粮食作物灾害防控技术体系

7.1.1　主要种植制度与综合防控原则

（1）种植制度

四川省的耕地主要集中于四川盆地，种植制度因区域和生产条件而异。其中在成都平原以及川中丘陵可灌溉区域种植制度以小麦—水稻、油菜—水稻为主，而丘陵旱地种植制度以小麦/玉米/甘薯（或大豆）套作为主，部分区域还有较大面积的小麦—玉米、油菜—玉米两熟模式。

（2）灾害防控原则

不同区域气候和农业生产条件、种植制度以及作物种类不同，影响农业生产的灾害发生时空变化特点也有差异。对于干旱、低温等主要灾害，需要综合运用生物、农艺、工程、机械等技术，提高作物播种立苗质量，做好灾害防范技术措施，加强作物栽培和生产管理，促进生长发育，提升抗逆能力，减轻灾害危害。

7.1.2　水稻灾害防控技术体系

水稻根据四川水稻栽培方式的不同，可将水稻分为四川盆地机插秧水稻和四川盆地强化栽培等两种。栽培方式不同，所采取的抗逆减灾技术也不同。

（1）适期播种

水稻栽培方式不同，适宜播种期也不相同。四川盆地强化栽培水稻的适宜播种期是 3 月中旬，机插秧水稻的适宜播种期是 4 月上、中旬。

（2）合理育秧

水稻栽培方式不同，所需的育秧技术是不同的，见表 7 - 1。

表 7 - 1　四川水稻育秧方式、壮秧标准和秧本比

育秧内容	机插秧水稻	强化栽培水稻
育秧方式	塑盘湿润育秧、塑盘旱育秧、透水膜旱育秧、塑料膜旱育秧等	旱育秧方法，以旱地塑盘育秧最佳
壮秧标准	苗高 15 cm 左右，不能超过 20 cm，秧毯紧密，秧龄 3 ~ 5.5 叶，秧苗矮健。	秧龄 2.5 ~ 3.5 叶，苗高 10 ~ 15 cm，单苗分散，基本无分蘖。
秧本比	1：（80 ~ 100）	1：（40 ~ 50）

在塑盘湿润育秧、塑盘旱育秧、透水膜旱育秧、塑料薄膜旱育秧等方式中，选择应用最多、育秧效果较好的塑盘旱育秧方式进行说明。

营养土和苗床准备：可用"壮秧剂"配置或直接用培肥后的苗床过筛细土，营养土的总量按每公顷大田 2 250 kg 准备。先往塑盘的孔穴内填装 2/3 的营养土，营养土的总量按每盘 3 kg 准备。每公顷用纯 N 135 kg（只能是腐熟的农家肥和尿素）并加入适量过磷酸钙作基肥。苗床亩用壮秧剂 300 kg，均匀撒施于苗床厢面后翻混均匀。由于所需秧苗在苗床生长期短，可以不追肥。

种子处理：播种前晒种 2 d，风选剔除空瘪粒。再用 35% 的恶苗灵 200 倍液浸种消毒 2 ~ 3 d，捞起在清水洗干净，催芽，种芽露白即可播种。

播种：先在塑盘内填装 2/3 容积的营养土，然后手工或播种器向每穴内播种 1 ~ 2 粒或每盘播种 50 g。

摆盘、盖种：将播种后的塑料盘平放在制备好（已经浇足底水）的苗床厢面上，盘间不留缝隙。倒上营养土盖种，将每穴装满，并用竹片赶平。最后用洒水壶浇淋一次透水。

起拱盖膜：机插秧水稻将 1.6 ~ 1.8 m 长的竹片按 50 cm 间隔插一根，强化栽培水稻将 2.2 ~ 2.4 m 长的竹片按 80 cm 间隔插一根，插成拱架形，中央拱高 40 ~ 45 cm，再

盖膜，四周用泥土压严保温。

苗床管理：严格按照旱育秧技术规程进行。在做好土的选择和培肥、调酸、消毒、控水等技术环节的基础上，加强田间观察，一经发现立枯、青枯病害的征兆，立即喷施500倍液的敌克松进行防治。近年生产上应用旱育保姆种衣剂进行包衣处理，对于防止立枯、青枯病害也较有效。播前3~5d投入毒饵于苗床四周灭鼠。

（3）及时整田

前作收获后及时腾田，清理田间杂物，泡水旋耕。精细整平，做到田平、泥绒、水浅。

（4）适龄移栽

秧龄达到3.5~4.0叶适时移栽。

机插秧水稻移栽：起苗前一天对苗床浇1次透水，第二天早上起苗。起苗时轻轻抬起两角的秧盘，整个秧盘都提松后，把盘内秧苗卷成筒状，放在箩筐或者其他盛装器内，运到田边。插秧前计划好机器行走路线，先插中间，最后插围边。插秧时先往插秧机上装秧毯，将秧毯沿插秧机卡槽放入取秧器，边角要卡紧，不然会造成漏插。行走路线尽可能走直线，速度要匀。插秧后田间保持浅水，3d后根据田间情况合理补苗，查漏补缺。

强化栽培水稻移栽：起苗时尽可能少损伤秧苗。采用（35~40）cm×40 cm三角形条栽。先用绳子作好尺寸标记，栽抬线秧。移栽时每穴栽3苗，苗间呈等边三角形分布，间距6~7 cm。移栽时将秧苗摆在泥面上即可，不要将秧苗摁在泥里太深。

（5）科学施肥

总施肥量与底肥施用：根据前作和肥力状况合理确定施用肥料的多少。对于机插秧水稻，一般全生育期按照亩用纯N10~12 kg，P_2O_5 3~4 kg，K_2O 5~6 kg；对于强化栽培水稻，按照亩用纯N12~14 kg，P_2O_5 3~4 kg，K_2O 5~8 kg施用；全生育期前作蔬菜的，根据种植蔬菜时施用肥料多少的情况确定底肥施用量。田肥少施，田瘦多施；机插秧水稻，N肥按照底肥：追肥：减数分裂肥=6:2:2施用；强化栽培水稻，N肥按照底肥：追肥：分蘖肥：减数分裂肥=6:1:1:2施用；磷肥1次基施，钾肥分底肥：孕穗肥=1:1施用。旋耕时施用底肥。

追肥：分蘖期追肥应分次进行。第一次施用的时间一般在移栽后10~15 d（强化栽培15 d左右）进行，但量不能多。以后根据田间苗情和生长情况，灵活掌握是否进行第二次追肥。抽穗前，在减数分裂期（含大苞期）根据田间秧苗生长情况，每亩施用尿素2.5~5 kg追肥（强化栽培每亩3~5 kg）。过旺田块不施。

（6）水分管理

移栽期：插秧时基本无明水层；成活后保持薄水。

分蘖期：保持干湿交替，促进分蘖发生和生长。

无效分蘖期：田间苗数达到240万/hm² 时开始晒田。晒田期比常规栽培的时间长，才能控制无效分蘖，但幼穗分化二期后必须复水。

拔节到开花期：田间保持浅水层直到齐穗。

开花期到成熟期：齐穗后田间保持20 d 左右的浅水层。收前7～10 d 排水，防止断水过早。

（7）病虫防治

化学除草：配合第一次追肥，进行化学除草。

二化螟：采取压一控二的防治原则，重点防治二代二化螟，选用锐劲特、阿维·三唑磷、三唑磷等高效低毒农药进行防治。

纹枯病：在孕穗阶段进行田间检查，发现纹枯病害，立即用井冈霉素进行防治。由于采用强化栽培技术，田间群体大，秧苗生长旺盛，株内茂密的特点，纹枯病特别容易滋生，生产上需要防治2～3 次。

稻瘟病：加强田间检查，一经发现，立即扑灭。选用三环唑、富士一号、比丰等药剂进行。

（8）适时收获

适时收获，争取高产丰收。当95%以上的稻穗黄熟时，及时抢晴收割。

7.1.3 玉米灾害防控技术体系

根据四川玉米种植地域的不同，可将玉米分为丘陵低山玉米和中山玉米两种，影响四川玉米生产的主要气象灾害是苗期低温和穗期高温，因种植地域不同，所采取的抗逆减灾技术不同。

（1）适时播种

丘陵低山玉米春季播种时间一般为3 月20 日至4 月20 日，中山玉米春季播种时间一般为3 月中下旬至5 月上旬，根据所在区域的自然灾害特点（避开倒春寒和高温伏旱）可适当提早。

（2）精细播种

丘陵低山玉米播种量一般为22.5 ～30 kg/hm²，中山玉米播种量一般为30 ～37.5 kg，可根据品种千粒重酌情增减。丘陵玉米主产区土壤"酸、粘、瘦、薄"，直播深浅不一、出苗不整齐，"一步跟不上、步步跟不上"。育苗移栽可确保玉米苗全、苗齐、苗壮。

（3）品种选择

丘陵低山玉米：选用耐密高产、种植 60 000 株/hm² 以上不倒伏、抗纹枯病和穗粒腐、苗期耐低温和穗期耐高温的高产玉米新品种，如成单 30、正红 505 等。

中山玉米：选用耐密高产、种植 90 000 株/hm² 以上不倒伏、抗丝黑穗病和穗粒腐、苗期耐低温和穗期耐高温的高产玉米新品种，如荃玉 9 号、登海 605 等。

（4）精选种子

所选种子应该达到纯度≥98%，发芽率≥90%，净度≥98%，含水率≤13%，并按照规定进行种子包衣。

（5）合理密植

丘陵低山玉米：耐密中穗型玉米品种留苗 67 500 ~ 75 000 株/hm²，耐密大穗型玉米品种留苗 60 000 株/hm²。为了在高密度种植情况下增强行间通透性，降低田间湿度，挖掘光热资源潜力，高产创建田宜采用宽窄行种植。四川最佳的宽窄行种植规格是宽行距 1.17 m、窄行距 0.5 m，或宽行距 0.83 ~ 0.9 m，窄行距 0.4 ~ 0.5 m。

中山玉米：耐密中穗型玉米品种留苗 100 000 ~ 105 000 株/hm²，耐密大穗型玉米品种留苗 90 000 株/hm²。为了在高密度种植情况下增强行间通透性，降低田间湿度，挖掘光热资源潜力，高产创建田宜采用 1.33 m 开厢，宽窄行种植。最佳宽窄行种植规格是宽行距 0.8 ~ 0.9 m、窄行距 0.4 ~ 0.5 m。

（6）肥水管理

丘陵低山玉米主产区多为坡耕地，保水保肥力差，且大部分地区常发生季节性春、夏、伏旱。因此，必须采用"以肥促根、以磷促根、以肥调水、以水调肥"，提高肥料和水分利用效率。

玉米播栽前对窄行进行深松，在窄行间挖一条深 20 cm、宽 10 cm 的"肥水沟"。先将化学肥料均匀撒于沟的下层，上面再撒农家肥。每公顷施尿素 150 ~ 225 kg、过磷酸钙 750 kg、硫酸锌 22.5 kg、氯化钾 225 kg、硫酸镁 60 kg，腐熟干粪 30 000 kg，浇足底水。有条件的地区，可一次性施入所需的控释专用肥，中后期根据田间长势酌情追施化肥。

4 ~ 6 叶是玉米的需磷临界期，易造成土壤速效磷供应不足，从而导致玉米苗矮小纤细，甚至出现整株紫茎紫叶，严重者导致苗衰苗枯。此时应结合中耕除草早追苗肥或巧施拔节肥。丘陵低山玉米追肥数量为每公顷过磷酸钙 300 ~ 450 kg、尿素 75 ~ 150 kg，中山玉米追肥数量为每公顷过磷酸钙 450 ~ 600 kg，尿素 150 ~ 225 kg，兑匀人畜粪水浇施。

玉米孕穗期是水肥敏感期。在玉米大喇叭口期或叶龄指数 50% ~60% 时猛施穗肥，以农家水粪兑匀速效氮肥，肥水齐上以促使穗分化。所施穗肥占总施氮量的 50% ，即尿素 300~375 kg/hm^2，兑匀人畜粪水施用。

（7）病虫防治

玉米病虫害主要有大小叶斑病、纹枯病、地老虎、粘虫和玉米螟等。一旦发生病虫害，应及早防治。

（8）适时收获

于玉米成熟期即籽粒乳线基本消失、基部黑色层出现时收获。收获后，及时晾晒。

7.1.4 小麦灾害防控技术体系

根据四川主要种植地域不同，可将小麦分为稻茬小麦和旱地小麦两种。影响稻茬小麦生产的主要气象灾害是低温冷害，影响旱地小麦生产的主要气象灾害是春季干旱。因此，四川小麦因种植地域不同，所采取的抗逆减灾技术不同。

（1）秸秆还田

稻茬小麦：对成都平原部分质地偏砂（壤）、排水良好的稻茬田，可进行旋耕整地，但必须注意选择适当时机，避免过湿耕作造成的板结。稻草可全量还田，还田方法依播种方式而定。采用免耕露播稻草覆盖栽培方式的，收水稻时应收长草（收割完整秸秆），以便播后盖种。采用半旋播种或全层旋耕播种的，收水稻时应将稻草切碎抛洒，以利于旋耕整地和机械化播种。绝大多数稻茬田土壤粘重、湿度大，宜采取免耕栽培。无论免耕还是旋耕，都需要开好边沟、厢沟，做到沟沟相通，利于排水降湿。边沟宽 25~30 cm、深 25~30 cm，厢沟宽 20~25 cm、深 20~25 cm。

旱地小麦：前茬收获后，适时对小麦种植带进行整地。人工翻挖，或微耕机旋耕1~2 遍，欠细耙平，以便机械播种。丘陵坡耕地无法使用大型耕整机具，因此，秸秆很难实现翻埋还田。可在播种之后，将秸秆铡细覆盖于小麦行间或预留行内。

（2）品种选择

稻茬小麦：选择适宜稻茬小麦生态生产条件的耐低温冷害、高抗条锈病、耐肥抗倒、丰产性好的品种，如川麦 104、绵麦 367 等。

旱地小麦：选用适宜丘陵旱地生态特点的耐旱耐瘠、抗条锈病（兼白粉病）、丰产品种，如川麦 104、内麦 836、绵麦 367 等。

（3）适时播种

稻茬小麦：多数品种高产播期在 10 月 25 日至 11 月 5 日。春性较强品种应适当推迟，以 11 月上旬为宜；春性较弱、生育期相对较长品种应适当提前，以 10 月 20 日至

25 日为宜。

旱地小麦：抢墒适期早播，利于建立开端优势，提高小麦耐旱力。多数品种应在 10 月下旬至 11 月上旬播种，最迟不宜超过 11 月 15 日。春性较弱、耐寒性较强品种（如川麦 55）应适当提前，以 10 月 25 日前后为宜；春性较强品种（如川麦 56）应适当推迟，以 11 月上旬为宜。

（4）精细播种

稻茬小麦：免耕露播栽培采用 2BJ–2 型简易播种机播种，播后用稻草覆盖；或采用 2BFMDC–6、2BFMDC–8 型播种机播种，播种、施肥、还草等工序一次性完成。

每公顷用种量按每公顷基本苗 225 万 ~270 万的要求，发芽力正常的种子，大粒型品种（千粒重 45 ~50 g，如川麦 42、川育 23 等）播种量 150 ~180 kg，中小粒型品种（千粒重 45 g 以下，如良麦 4 号、绵麦 45 等）播种量 120 ~150 kg。

旱地小麦：采用带式机播技术，在 100 cm 宽的小麦种植带上，用 2B–4 型带式播种机播种 4 行，行距 25 cm，或用 2B–5 型带式播种机播种 5 行，行距 20 cm。播种施肥一体机，种子深度 3 ~4 cm、肥料深度 5 ~7 cm，肥料、种子合理分层。采用只有播种功能的单播机时，可在翻耕或旋耕整地之后、小麦播种之前，将底肥撒施在小麦播种带上。为了保墒和提高出苗质量，最好是边整地、边播种。在没有播种机的情况下，采用小锄或圆撬人工播种，要求每公顷的套作窝数应达到 15 万窝，即行距 23 ~25 cm、窝距 13 ~15 cm，每窝种子 10 粒左右。播后用渣肥或粪水浇窝盖种，或铲细土掩盖种子。

套作是在一个地块内，以 200 cm 为一复种轮作单元，将每个单元等分为甲、乙两个种植带。即：第一年，甲带种植小麦→甘薯→冬绿肥，乙带种植冬绿肥→春玉米→秋大豆；第二年，甲、乙两带互换，在秋大豆茬口上种小麦，冬绿肥（如胡豆青）茬口上接种春玉米。如此轮流互换，往复进行，用养结合。按套作小麦每公顷基本苗 120 万 ~150 万的要求，发芽力正常的种子，大粒型品种（千粒重 45 ~50 g）播种量每公顷 90 ~120 kg，中小粒型品种（千粒重 45 g 以下）播种量 75 ~105 kg。

（5）种子处理

优先选择由种子公司生产销售的经过精选和包衣处理的质量符合国家有关规定的小麦种子。对于自留种子，应在播前进行精选，去除病粒、瘪粒、芽粒、杂质等，晴天晾晒 3 d，再用杀虫剂拌种，防控地下害虫。

稻茬小麦拌种步骤：取 10 mL 40% 甲基异柳磷乳油，加水 1 kg 稀释成药液；将 10 kg 小麦种子在塑料编织袋上摊开，用喷雾器将稀释药液均匀喷洒种子；喷药后将种子堆闷 3 ~4 h，再摊开晾干，即可播种。

旱地小麦拌种步骤：取 10 mL 40% 甲基异柳磷乳油，加水 1 kg 稀释成药液，用喷雾器将稀释药液均匀喷洒摊在塑料编织袋上的 10 kg 小麦种子，喷药后堆闷 3~4 h，再摊开晾干。然后取 10 g 2% 立克莠，对水 200 g 调成糊状，将糊状药物和拌过杀虫剂的 10 kg 种子一并倒入拌种器或塑料编织袋中，充分搅拌。最后，将拌好的种子放在阴凉处晾干后用于播种。注意，用药量必须严格按要求进行，避免发生药害。

(6) 养分管理

稻茬小麦：每公顷施纯氮 150~180 kg、磷肥（P_2O_5）90~120 kg、钾肥（K_2O）75 kg，使 N：P：K 达到 1：0.6~0.8：0.5。氮肥 60% 作底肥、40% 作拔节肥施用，磷钾肥全部用作底肥一次性施用。为便于机械化播种，底肥尽量选择复合肥。复合肥应选择质量合格，以氮、磷为主，适当兼顾钾素的类型，既确保丰产，又节约成本。苗期、拔节期的追肥可用尿素、碳酸氢铵、磷铵等。

旱地小麦：套作小麦每公顷施纯氮 90~105 kg，磷肥（P_2O_5）60~75 kg，钾肥（K_2O）45 kg，使 N：P：K 比例达到 1：0.7：0.5。氮肥 70% 作底肥、30% 作分蘖肥施用，磷钾肥全部用作底肥一次性施用。机械化播种的应使用复合肥，注意选择质量合格，以氮磷为主、兼顾钾素的复合肥类型。苗期追肥可选用尿素、碳酸氢铵、磷铵等。

施用的化肥质量要符合国家相关标准的规定。

(7) 水分管理

稻茬小麦：在秋雨较多的年份，播种及出苗阶段水分管理之重点是排渍降湿；天干年份，可在播前或刚播种之后灌一次"跑马水"。拔节前后灌一次拔节水；丘陵稻茬田在灌浆成熟阶段注意清沟排湿。

旱地小麦：播后注意土壤墒情变化，如遇干旱，应及时挑水浇灌；出苗后发现缺垄断条的，应及时补播催芽种子，以保全苗。

(8) 草害防控

稻茬小麦：免耕麦田应在播前 7~10 d 用非选择性除草剂进行化学除草。小麦苗期（12 月上旬）再进行一次化学除草，重点防控麦麦草、棒头草、锯锯藤等杂草，每公顷用骠马 750 mL、麦喜 150 mL 对水混合喷施。

旱地小麦：旱地麦田杂草危害相对较轻，可结合划锄松土进行人工除草。草害较重麦田可在小麦 2~3 叶期进行化学除草，每公顷用骠马 750 mL、麦喜 150 mL 对水混合喷施，效果良好。

(9) 病虫防控

赤霉病防控：在小麦抽穗扬花阶段，应密切注意天气变化，如气温达到 15 ℃ 左右，气象预报连续 3 d 有雨，或 10 d 内有 5 d 以上是阴雨天气，或有大雾、重露时，应喷药预防。如出现连续阴雨天气，应在初花期和盛花期各喷一次效果最好。每公顷用 70% 甲基硫菌灵 1 500 g，或用 80% 多菌灵超微粉 750 g，对水喷雾。在防治赤霉病时，若蚜虫达到了防治标准（田间蚜穗率 20% ～ 30%），可加入 300 g 10% 吡虫啉，混合喷药。

条锈病防控：旱地小麦一般 12 月中下旬始现，感病后不断发展形成中心病团，3 月中下旬进入流行期，4 月上中旬遇适宜条件即会迅速蔓延，加重危害。2—3 月份重点抓好中心病团的防控工作。

蚜虫防控：旱地在小麦灌浆初期，一旦发现每茎带蚜 5 头或田间蚜株率 20% 时，选用吡虫啉或抗蚜威喷雾防治。喷药 5 ～ 7 d 后检查防治效果，如发现还有较多蚜虫，应再防治一次。

旱地小麦灌浆阶段易遭遇条锈病、白粉病、蚜虫等多种病虫危害，以及脱肥、高温天气等不良因素影响。在 4 月上中旬选择适当时机，进行"一喷多防"，防病治虫和保叶增粒重。每公顷用 750 g 磷酸二氢钾、150 g 10% 吡虫啉和 600 g 15% 粉锈宁可湿性粉剂，对水混合喷雾。

稻茬小麦进入灌浆期后，随着气温的上升，很可能发生条锈病、蚜虫等多病虫混合危害，可在 4 月中下旬的适当时候进行"一喷三防"。每公顷用 1 500 g 磷酸二氢钾、300 g 10% 吡虫啉和 1 000 g 15% 粉锈宁可湿性粉剂，对水混合喷雾。喷药后 5 ～ 7 d，查看药效。对蚜虫发生较重田块，视实际情况再单独防治一次。

（10）化学调控

对植株较高品种或群体过大麦田，应在苗期和拔节初期喷施矮壮素或矮丰，以控高防倒。50% 矮壮素 100 ～ 300 倍液，或用 50 g 矮丰对水 20 ～ 30 kg，均匀喷雾。

（11）适时收获

于完熟初期用半喂入收割机及时收获，收获过程中将麦秆切碎抛洒，利于秸秆还田操作和下茬水稻栽插。小麦收后应及时晾晒扬净，避免因堆放时间过长造成的霉烂。含水量低于 12.5% 以下时进仓储藏，预防霉烂。

7.2　云南主要粮食作物灾害防控技术体系

7.2.1　主要种植制度与综合防控原则

（1）种植制度

云南系低纬高原季风气候，气候类型多样，垂直变化显著，干湿季分明，可划分为7个气候带，"立体气候""立体农业"的特点突出，种植制度复杂，不同区域依据熟制，各种种植方式均有。

云南省的北热带，熟制为大春作物一年三熟。范围主要包括澜沧江、元江、怒江河谷地带及元谋、孟定等地。哀牢山以东地区，大致分布在海拔在400 m以下地区，哀牢山以西地区，分布在海拔高度800 m以下，地域面积约4 708 km²，占全省总面积1.24%。

云南省的南亚热带，熟制为大、小春作物一年三熟。范围主要包括23°N以南的哀牢山东部海拔400~1 100 m地区、24.5°N以南的牢山西部海拔700~1 400 m地区以及北部的金沙江河谷地区，地域面积约73 947 km²，占全省总面积19.43%。

云南省的中亚热带，熟制为大、小春作物两年五熟。范围主要包括24~25N°的哀牢山东部海拔1 100~1 500 m地区、牢山西部海拔1 400~1 700 m地区以及昭通地区北部，地域面积约63 997 km²，占全省总面积16.82%。

云南省的北亚热带，熟制为一年两熟。范围主要包括25~27N°的哀牢山东部海拔1 500~1 900 m地区、哀牢山西部海拔1 700~2 000 m地区以及昭通地区北部，地域面积约79 783km²，占全省总面积20.96%。

云南省的南温带，熟制为一年两熟。范围主要包括25N°以北的哀牢山东部海拔1 900~2 100 m、哀牢山西部海拔2 000~2 400 m等海拔较高的山区及平坝区，地域面积约62 725 km²，占全省总面积16.48%。

云南省的中温带，熟制为两年三熟。范围主要包括26N°以北的哀牢山东部海拔2 100~2 800 m、哀牢山西部海拔2 400~3 000 m等中高山区，地域面积约62 821 km²，占全省总面积16.51%。

云南省的高原气候区，熟制为一年一熟。范围主要包括滇东北2 800 m以上，滇西北海拔3 000 m以上的高寒山区，地域面积约32 608 km²，占全省总面积8.57%。

（2）灾害防控原则

云南省是一个低纬高原山地为主的省份，具有多种气候类型和"立体气候"的特征，表现为气象灾害种类繁多，发生频率高，强度轻，影响范围小的特点。自然灾害中干旱、洪涝、低温冷害、大风、冰雹所造成的危害较为严重。云南各地区主要自然灾害及分布见表7-2。

表 7 – 2　云南各地区主要自然灾害及分布

地区	滇东北	滇西北	滇中	滇东南	滇西南	滇南
主要灾害种类	低温冷害 霜冻 局部洪涝 冰雹 干旱 冻害等	低温冷害 霜冻 冰雹 冻害	春旱 低温冷害 霜冻 局部洪涝 冰雹	干旱 冰雹 洪涝 局部大风	春旱 洪涝	春旱 局部大风

针对云南省主要粮食作物自然灾害，采取以下防控原则。

首先，建立全省不同区域防灾抗灾、稳产增产的农业技术体系，从农业系统的整体着手提高抗灾能力，做到有灾防灾，无灾增产。

其次，改善农业生态环境，加强农田基本建设，通过平整土地、改良土壤结构肥力、发展水利灌溉、植树造林等提高抗灾减灾能力。

第三，因时因地制宜，推行防灾减灾的农业技术措施，以避免或减轻灾害损失，通过选择耐旱抗逆粮食作物品种，推广抗逆栽培技术、灾前抢收、灾后补救等措施减轻自然灾害影响。

7.2.2　水稻灾害防控技术体系

云南目前水稻种植面积接近 1 100 万亩，水稻种植有籼粳垂直分布特点，以粳稻为主，海拔 1 600 m 以上主要为粳稻栽培区，76～1 400 m 为籼稻栽培区，1 400～1 600 m 为籼粳交错区。根据云南稻作及地理气候的不同，可将云南水稻种植区划分为 6 个稻作生态区，即南部边缘水陆稻区、滇南单双季节籼稻区、滇中一季稻区、滇西北高寒粳稻区、滇东北高原粳稻区。稻作生长时间为 3—10 月，在这期间，虽然降雨总量充沛，但是由于时空分布较为不均，干旱时有发生，严重影响水稻生产。在云南省水稻生长周期中，还存在着水稻生长前期低温和生长后期低温，即所谓"倒春寒"和"8 月低温"问题，其中以水稻孕穗开花期的"8 月低温"最为突出。

（1）因地制宜

应对水稻生长期干旱，要根据气候条件因地制宜，科学确定水改旱种植措施。在确定是否改种旱作时，要根据全年抗灾和常年改旱田块的排水状况等进行综合分析，不能盲目改旱。

一是全省平坝稻田要坚持走"水路"。这些稻田一般土壤湿度大、蓄水容易、水利条件较好。

二是十年九旱的雷响田、山区、半山区，可主动改旱栽种玉米、烤烟、马铃薯等作物。

三是常年干旱坝区、台田、梯田等，育秧和移栽十分困难，要做两手准备，在育足水稻秧苗的前提下，同时集中育好烤烟苗，视降水情况，能栽水稻栽水稻，否则及时改种玉米或烤烟。

（2）适期播种

云南冷害以"8月低温"最为突出，此时相对苗期面积大，难于防控。因此栽培上，应结合品种特性及当地气候条件，调整播种及移栽时间，适当提早或推迟栽插节令，尽可能避开8月低温。

（3）品种选择

结合云南6大稻作区特点，选用不同的抗寒耐旱良种。

如滇中一季稻区，常规稻可选用楚粳系列、云粳系列，杂交稻可选用滇杂系列组合；滇西北高寒粳稻区以丽粳系列品种为主。同时，还要做好品种的引种及试验示范的前期工作。

在水稻耐冷育种应当采取耐寒又避寒的策略，既增强育成品种的耐寒性，又要求早熟，争取在7月20日以前齐穗，以避开后期可能出现的低温。

（4）育秧技术

"倒春寒"发生通常发生在云南育秧期间，由于此时还在秧田，材料集中，相对"8月低温"而言，便于防控。育秧上采用薄膜水育秧技术通常能取得较好防控"倒春寒"效果。此外，揭膜时要注意天气预报，避开低温时期，同时做好揭膜炼苗工作。

（5）培育壮秧

采用拱架薄膜旱育稀播技术适时早播，培育抗旱壮秧。稻种处理要过5关，即晒、筛、泥水选种、药剂浸种（防除恶苗病和干尖线虫病）和催芽。要减少播种量，每67 m²秧田播种量不超过精选后的种子3 kg。秧田管理要高标准严要求，确保苗全、苗匀、苗壮栽满插。切忌栽老秧，同时也应注意田等秧。

（6）整田早插

采用水田旱整、免耕轻耙或旋耕机浅耕，以节省水田泡田用水，露泥栽插，浅水活苗。

适时早插，抗旱保苗。集中插秧，全部实行带土移栽，以提高移栽成活率，增强抗旱能力、插秧密度因地制宜，严格控制，合理密植培育出壮秆大穗，提高水稻单产。

（7）定量控苗

良种要发挥增产潜力，需根据产量指标、品种特性、分蘖习性、苗叶色变化规律以及幼穗分化进程，适促适控、科学管理，采用高产集成技术才能获得高产稳产。

从数量型群体栽培转变为质量型群体栽培。结合各稻区特点及品种特性，确定适宜的栽插基本苗，采用精确定量栽培技术，做到前期要发得起，苗足一定要控苗，以减少无效群体和多余的叶片，充分利用光能和肥水，达到高质量群体，确保"壮个体、攻足穗、控无效、促大穗"。

（8）精细施肥

根据产量指标和品种特征特性，适时适量供肥，该促就促、该控就控，按计划健壮生长发育，才能确保有足够有效穗和穗大粒饱满。做到重施有机肥，瞻前顾后科学施用化肥，培肥土壤质地。主要采用"前控、中足、后保"的施肥方法，保证水稻壮秆大穗，获得水稻高产稳产。

（9）水分管理

结合水稻不同生长时期，管理水分，好气灌溉。"水稻不是水中生，而是水边生""水是庄稼的命，又是庄稼的病"。因此要通过管好田水，以水调肥，以水调气，以水调温，促进水肥气热协调。

前期注意浅栽秧，栽秧后适当加深活棵水，分蘖期打花花水，促早生快发，苗足就及时撤水晒田，控上促下，控制无效分蘖，提高通透性，增强养分分解，晒田要晒到苗叶色退淡一级，叶片直立，控制无效蘖，田面开鸡脚裂，根系发白。复水后 7 d 适当加深水也可控制再生分蘖和多余叶片，减数分裂期（约抽穗前 12 d）要加深田水，以水保温，齐穗以后，干干湿湿促后期根系活力，养根保叶。

节约灌溉，提高灌溉水的利用率。为了节约灌溉水，保证水稻正常生育，在水源充足的地块，分蘖期进行浅水灌溉，严重缺水地块，采取几天灌一次水的间断灌溉方法，以缓解灌溉用水，达到节水、省工、降低成本的目的。

（10）灾后补救

遇到干旱后，制订并做好补救措施。

一是降雨后及时改种。因旱没有移栽的稻田和水稻只栽插苗数又无分蘖田块，要积极准备早熟玉米种和马铃薯种，待降雨后抢时间及时改种。

二是看苗补施因旱分蘖少田块的追肥。部分稻田虽然已插秧，但由于干旱，水稻分蘖少。如降雨后，要抢时间补施分蘖肥、尽早施用穗肥和促花肥，保证分蘖成穗，确保达到预期的有效穗数。

三是加强以病虫害防治为中心的田间管理。俗话说久旱必有久雨。要加强水稻各种病虫害防治，为水稻正常生长创造条件，杜绝旱灾连病害的情况出现，以免再次影响水稻生产。扎好田缺口，蓄好田水，防止后期高温对抽穗开花的影响。注意排涝，防止洪灾对水稻生产的影响。

7.2.3 玉米灾害防控技术体系

云南省农业属典型的低纬高原农业，山多坝少，地多田少。旱地农业是云南旱地农业的一大特征。玉米是云南省第一大粮食作物，近年来，云南省玉米常年种植面积在 130 万 hm² 以上，占全省粮食作物总播种面积的 35% 以上，总产量在 500 万 t 左右，对全省粮食生产及畜牧业发展起着决定性作用。然而，云南省 70% 以上的玉米分布在山区和高海拔地区，这些地区没有水利灌溉设施，生产条件差，土壤贫瘠，自然灾害频繁，春夏连旱已经成为制约玉米产量提高的主要限制因素之一。

针对云南旱作玉米生产中存在的问题，通过应用适宜品种、播期调整、土壤耕作、地膜覆盖、择机直播、移栽管理、间作栽培、合理密植、水肥管理等抗逆减灾技术，综合提高水分利用效率，增强玉米抗旱能力。

（1）品种选择

根据当地气候条件、栽培目的和土壤肥力，选择抗逆性强、适应性好、生育期短、优质高产、稳产性好、熟期适中、株型紧凑、适于密植的优良玉米杂交种。目前，适宜云南省栽培的玉米品种有：云瑞 6 号、云瑞 8 号、云瑞 21 号、云瑞 47 号、会单 4 号、路单 8 号、潞单 10 号、路单 12 号、路单 13 号、宣黄单 4 号、宣黄单 6 号、兴黄单 892、海禾 2 号、长城 799、红单 3 号、红单 4 号、保玉 12 号等。

通过玉米生产实践，在近年干旱期间应用且效益比较高的品种有：云瑞 2 号、云瑞 8 号、云瑞 88、云瑞 47、靖丰 6 号、靖丰 18、临 09－40、保玉 13 号、云优 105、路单 8 号、路单 10 号、德玉 15 号、保玉 9 号等品种，各地可根据实际情况选用。在播种前须对种子进行选种，清除瘦小颗粒，避免出苗后出现弱苗。

通过玉米间作马铃薯生产实践，对全省间作玉米品种进行调查统计，筛选抗旱能力较强、适宜间作的玉米品种有：云瑞 8 号、云瑞 88、云瑞 47、靖丰 6 号、云优 105、保玉 13 号、宣黄单 7 号、宣黄单 13 号、德玉 15 号、云瑞 999 等品种，各地可根据实际情况选用。

同时，可考虑适时安排提早播种，调整播种期，使穗期在降雨较多的 6—7 月完成，抽雄授粉提前至 8 月 5 日以前完成，可以有效避开花期干旱，实现增产。

（2）适时播种

玉米育苗期要根据进入雨季时间、前作小春收获期确定。冷凉山区，玉米生长期较长，3 月下旬至 4 月上旬即可育苗；中、北部大部地区以及水浇地，4 月下旬至 5 月上旬便可育苗；干旱严重地区 5 月中、下旬育苗（立夏节令内结束）；南部大部地区对玉米播种期要求不严，可根据雨水情况来定。

（3）种子处理

为防治和减轻病虫害，提高玉米发芽率和抗旱能力，应进行种子精选和包衣处理。

播种育苗前，精选种子，将种子在阳光下晒 2 ~ 3 h，以提高种子的发芽率和整齐度。

播前浸种催芽。浸种用 50 ~ 55 ℃的温开水浸种 5 ~ 8 min，再转到 28 ~ 30 ℃的温水中浸种 6 ~ 12 h。

包衣处理。对选择玉米品种，采用戊唑醇悬浮种衣剂等以 1∶700 药种比进行浸泡搅拌处理，至种子表面粘附种衣剂为宜。

（4）适时提前耕作覆膜

玉米地膜覆盖移栽技术首先要精细整地。前茬收获后及时深耕晒垡，再耕翻耙平，使上层土壤疏松平整，减少中下层土壤水分蒸发，保持墒情。

适时安排提早播种，调整播种期，使穗期在降雨较多的 6—7 月完成，抽雄授粉提前至 8 月 5 日以前完成，可以有效避开花期干旱，实现增产。为此，提倡在 3 月进行开沟理墒施肥，上年玉米地需进行精细整地，烤烟地可免耕直接开沟，以利用上年烤烟余肥，减少化肥施用。开沟规格实行 1.2 m 开墒，小行距 0.4 m，大行距 0.8 m。化肥（N、P、K）施用量按各地测土配方需要使用配方肥，有机肥施用根据耕作情况确定，上年进行过玉米秸秆还田的土壤，每亩施用有机肥 50 ~ 100 kg，上年没有秸秆还田的土壤，每亩施腐熟农家肥 1 000 ~ 1 500 kg，要求先施化肥后施农肥，以避免种子或小苗根系与化肥接触。

玉米地膜覆盖栽培，主要应用于 1 800 m 以上或冷凉地区 4 月 30 日以前种植的玉米。地膜覆盖栽培具有保水、增温、保肥、改善土壤理化性状，抑制杂草生长，减轻病害的作用，而在云南大部分地区，地膜覆盖栽培的最大效应是保湿功能。由于薄膜的气密性强，地膜覆盖后能显著地减少土壤水分蒸发，使土壤湿度稳定，并能较长时期保持湿润，有利于根系生长。依靠降雨地区则先覆膜破膜，后择机播种。3 月 30 日以前完成整地理墒、施足底肥后，4 月初进行地膜覆盖，达到三高两矮要求，即地膜两边缘、两播种沟中间高，播种沟低；每 22 ~ 25 cm（株距）破膜形成见方 8 ~ 10 cm 破口，使降雨时地膜幅带内雨水能流入破口内。

（5）抗旱直播技术

①玉米种衣剂地膜覆盖择机直播

采用抗旱种衣剂包衣、地膜覆盖、抢墒覆膜直播。4 月 20 日以前若有透雨，则抢墒播种，一孔一粒将种子按进土壤 1 ~ 2 cm 后，盖土压严破口，4 月 20 日以前没有透雨则采取三干播种，将种子一孔一粒播入破口内，盖土 5 ~ 6 cm 压严破口。播种后，同时少量育苗，以备补缺。

②玉米种衣剂凹塘覆膜湿直播

采用玉米抗旱种衣剂包衣、凹塘覆膜、湿直播集成技术。

打塘：播种前在整理好的地块上按照 1.4 m 一个复合带（大行距 1.0 m、小行距 0.4 m）进行打塘，塘距 40 cm，塘深 20 cm 左右，将农家复混肥料施于打好的塘内，并将防治地下害虫的农药撒施或喷施于塘内。

浇水：在塘内浇足底水，以保证出苗。

覆膜：将地膜覆盖在浇足水的塘面上，薄膜掩土要紧实，以保持水分。

播种：播种时在对应凹塘的地膜上用相应的打孔器或播种器进行破膜播种，播种要均匀，每穴播种量不低于 3～4 粒，播种深度 5 cm 左右，播种后用干细土将种植孔掩实，使塘面形成凹塘利于集水。也可浇足底水后先播种，再覆膜，出苗后进行人工放苗。

查苗、放苗：玉米出苗后，及时到田间查看出苗情况，遇有顶膜不出的要及时人工放苗，防止烧苗。缺苗的要及时补种或移苗补栽，以保证密度。

（6）育苗技术

①玉米地膜育苗技术

地膜育苗能充分利用光热资源，缓解前后作物争地的矛盾，促进根系发达、茎粗秆矮，保证苗全、苗齐，做到定向密植，可以避免种植浪费。

玉米育苗方式较多，主要有苗床营养土直接育苗、塑盘育苗、营养袋育苗和机制营养钵育苗等，无论哪种育苗方法，都必须做好以下几点。

第一，苗床准备。选择避风向阳、排灌方便、靠近大田的地块作苗床，或在大田的某个角落划出部分作苗床。苗床地的大小根据大田面积确定，一般育 7～10 m² 苗床可移栽 1 亩大田。苗床地选出后，要分厢制作苗床，苗床宽根据薄膜的宽度确定（比膜宽度少 20 cm 左右），长度随地形而定，要求苗床底平，低于地表 3～4 cm，四周开好排水沟。

第二，配制营养土。50 kg 细土拌 50 kg 细厩粪，另加尿素 5 kg、普钙 5 kg，拌和均匀。将配制好的营养土装袋（钵、盘）或直接放于苗床上以备播种。苗床地最好选在水源方便的地方，育苗时，用塑料薄膜垫底，将育苗袋（盘）或营养土放在薄膜上面。

第三，播种。播种时，每个育苗袋（穴）一粒。种子播种后，要立即浇水，以利于幼苗及时出土，播种后，撒上一层碎草、麦秆或松毛，浇透水，然后用竹条在苗床上做成拱棚，拱棚上加盖地膜。同时要注意营养土干湿程度，及时补充水分，保持湿润。

第四，苗床管理。出苗前，要严盖地膜，温度控制在 25 ~ 30 ℃。保持床土湿润和较高的温度，以利出苗。出苗后，晴天中午进行小通风，及时揭膜炼苗，床内温度保持在 20 ℃左右，防止烧苗。要根据床土温度和秧苗情况，施用清淡粪水提苗，确保壮而不旺。待苗长到 2 叶 1 心时，应尽量少浇水，控水蹲苗，促进根系生长。同时，根据苗情长势情况，每亩苗床用尿素 2 ~ 3 kg，对水 40 ~ 50 kg 进行叶面喷施，促使苗棵生长健壮，防止脱肥。移栽前 5 ~ 7 d，结合浇水增施"送嫁肥"，防止移栽时营养团块散碎，并促进成活返青。移栽前 2 d 停止浇水，使钵体变硬，便于取苗搬运，以减少钵体破损。若为大苗移栽，或因故不能适时移栽时，要及时移动营养团块。防止幼根穿出，以免移栽时损伤新根。

②玉米营养袋育苗技术

玉米营养袋育苗技术可节约用种量，有利于培育壮苗，集中育苗、管理方便，移栽时能保证一次全苗、避免直播因缺窝造成苗数不足的影响。营养袋育苗可实现定向密植，营养袋育苗移栽可缩短前后茬作物之间的共生期、缓解季节矛盾等优点。

营养袋育苗需注意以下技术要点：

备袋：玉米育苗营养袋可选用纸袋，也可用工厂特制塑料袋，规格高约 9 cm，圆筒直径约 5 cm，无底无缝。每亩备用 5 000 个。

营养土配制与装袋：用筛选过的 50 kg 细土（最好用肥土）拌和 50 kg 细粪（潮厩肥要晒干打碎，不带粗大的作物秸秆，以利于拌和与装袋），营养土采用湿装，其水分含量 25% 左右，浇适量人畜水肥至手捏成团、丢下即散为宜。另加尿素 5 kg、普钙 5 kg，拌和均匀。将配制好的营养土边装边摇，做到袋土"松紧适中"，营养土距袋口 1 ~ 2 cm，每袋播 1 粒经催芽萌动的种子，播后覆土平袋口；或装满袋后用小木棒打洞播种，播种深度不得超过 3 cm。

苗床准备：苗床选择在背风、向阳、平坦、靠近大田、离水源较近、离移栽地较近的地块，先将床底铲平。如蹲苗太长，根系深扎入土，移栽时易拔断幼根，影响移栽成活率，或弄烂育苗袋。因此在育苗时，可用塑料薄膜垫底，将育苗袋放在薄膜上面一个个靠拢摆正，在床底铺一层薄膜，床宽 1 ~ 1.5 m。

播种：每袋一粒，播完一个苗床后，应认真检查，如发现播漏应及时补播；经浸泡或未浸泡过的种子播种后，要立即浇透水，使营养钵充分吸水后再撒盖一层细粪土，在冷凉山区，为提高营养袋温度和保持湿度，应在营养袋上面盖一层地膜（晚上盖膜，白天揭膜），以利于幼苗及时出土；同时要注意营养袋土壤干湿程度，及时补充水分，保持湿润。当苗长到 3 ~ 4 叶时，适时移栽。

苗床管理：种子出苗后，及时揭去薄膜或其他覆盖物，以利于通风透光，防止烧苗（白天揭膜，晚上盖膜）；同时，浇一次水，充分保持土壤湿润；幼苗2叶1心时，视苗棵长势情况，每亩苗床用尿素2~3kg对水40~50kg，进行叶面喷施，促使苗棵生长健壮，防止脱肥。此后尽量少浇水，控水蹲苗，促进根系生长；移栽前2d停止浇水，以便取苗搬运。

（7）集雨覆膜移栽技术

适时移栽：在玉米苗生长到3叶1心至4叶1心期适时移栽，宜在雨后1~2d、土壤墒情好的时候进行移栽，覆膜保墒。如遇天气干旱、土壤水分不足时，宜在早、晚移栽，有条件的地方移栽后浇足定根水，覆盖地膜（破膜放苗、封土盖孔），使墒面形成U型的凹槽状利于收集雨水。

采用单株宽窄行定向移栽（大行距90cm，小行距40cm，株距20cm）；玉米幼苗的第一片真叶一律向外（向空带）且叶片与行向垂直，并实行错窝种植。

移栽时，玉米苗应分级，把生长势接近的同级苗移栽在同一地里，以便于管理；缺塘补苗，应补壮苗，以达到全田苗株均衡生长。

（8）玉米马铃薯间作栽培

玉米间作马铃薯是云南重要的多熟种植和立体栽培方式之一，年种植面积约500万亩左右，是主要口粮和经济来源。该模式抗旱栽培主要以玉米开沟或打塘覆膜间作马铃薯技术为主。

包括玉米高密度开沟间作马铃薯（2:2）抗旱栽培、玉米高密度打塘间作马铃薯（2:2）抗旱栽培、玉米高密度开沟间作马铃薯（4:4）抗旱栽培等。

其主要差别是开沟行距和带幅不同。开沟间作马铃薯（2:2）抗旱栽培的开沟规格实行等行距开墒，行距为0.5m，带幅为2m，由2行马铃薯和2行玉米组成；打塘间作马铃薯（2:2）抗旱栽培的打塘规格为行距0.5m，带幅2m，塘距30~35cm，双株留苗，行比为2:2；开沟间作马铃薯（4:4）抗旱栽培的开沟规格实行等行距开墒，行距为0.5m，带幅为4m，由4行马铃薯和4行玉米组成。

其共同点是：地膜覆盖、包衣制种、择机播种。

（9）合理密植

合理密植可充分有效地协调亩穗数、穗粒数和粒重的关系，提高群体土地、光能有效利用率，使玉米叶面积指数大小和生长发育关系更合理，从而提高产量。确定玉米种植适宜密度时，一般应掌握以下原则。

根据品种特性确定种植密度。植株较矮，叶片上冲，株型紧凑，群体透光性好的品种和茎秆坚韧、根系发达的品种宜密植，植株高大，株型平展群体透光性差的品种和抗倒性差的品种宜稀植；生育期长的品种宜稀植，生育期短的品种宜密植。具体可根据当地的生产水平灵活掌握，一般可控制在每亩3 500~6 000株。

根据土壤条件确定种植密度，肥地宜密，瘦地宜稀。地力水平是决定种植密度重要因素之一，在土壤肥力基础较低，施肥量较少的地块，种植密度不宜太高，应取品种适宜密度范围的下限值；在地肥、施肥量又多的高产田，采用抗倒抗病能力强的品种，取其适宜密度范围的上限值。中等肥力的宜取品种适宜密度范围的中间值。从土地状况看，阳坡地、梯田通风透光条件好，种植密度可高一些；土壤透气性好的沙土或沙壤土宜密些；低洼地通风差，黏土地透气性差，应种稀一些。

根据当地气候条件确定种植密度。温度高、光照充足的地区种植密度要高于温度低、光照不足的地区。

精细管理的宜密，粗放管理的宜稀。在精播细管条件下，种植宜密，在粗放栽培的情况下，种植密度以偏稀为好。

采用化控降秆、育苗移栽时，可比通常情况下亩增密度500株左右。

适当增加播量、及时间苗定苗，保证种植密度。为避免机械损伤和病虫害伤苗造成密度不足，可增加5%~10%的播种量；在玉米3叶一心和5叶一心期两次间、定苗，去弱留壮、整齐一致，缺苗时可在同行或相邻行就近留双株。

（10）科学追肥

玉米是高产作物，需肥量较大，必须在确保底肥、口肥充足的前提下，实施合理追肥是玉米高产高效的重要措施。追肥在玉米施肥环节上占有很重要的地位，可按照玉米对养分的需求，适时适量地追施肥料。追肥的作用在于达到"攻秆、攻穗、攻粒"高产的目标。

①水肥耦合追肥技术

以肥调水，以水促肥，充分发挥水肥协同效应和激励机制，对提高玉米的抗旱耐瘠能力和水肥利用效率具有重要作用。技术要点是：在使用传统的氮、磷、钾肥状况下，以"1底2追"的3水3肥水肥耦合管理最佳。具体措施是：结合微型蓄水池就地蓄集降水或者是等雨施肥。亩产500 kg左右的玉米地块，无机纯氮施用总量15~20 kg（磷钾肥均作为底肥一次性施用），按照底肥占30%，拔节肥占20%，孕穗肥占50%施用。

②米移栽追肥方法

苗期若遇有效降雨，每亩追施尿素10 kg攻壮苗，进入雨季时玉米生育进程为穗期，应利用降雨机会每亩追施尿素30~40 kg，抽雄期每亩再追施尿素10 kg，促进籽粒生长。

③抗旱追肥

土壤干旱情况下，雨追肥或在雨前追肥。还要根据玉米长势、苗情状况适量追肥，缺肥地块应及时补施，加大追肥量。对贪青晚熟地块，要增施磷、钾肥，促进玉米尽快成熟。

（11）揭膜培土

植株封行前，结合追肥及时揭膜、培土，使畦高达 15 cm 以上，促生不定根，防止倒伏；做好清沟、防涝、抗旱工作，灌浆充实时保持土壤湿润，整个生育期注意排涝防渍；如遇干旱、多雨天气，需进行人工辅助授粉。

（12）中耕除草

结合中耕培土及时除草，一般进行两次，第一次拔节时进行，深度 10～17 cm，浅培土；第二次抽雄前进行，深度 10 cm 以内，高培土 10～15 cm。同时注意灌溉和排涝。

（13）植株调整

生长期内，及时除去无效分蘖，除去第二苞以下的无效果穗，操作时要注意不损伤主茎的根叶；授粉结束后，及时摘除雄穗（天花），减少营养消耗，促使营养物质向果穗转化。

（14）病虫防治

按照"预防为主，综合防治"的原则，积极防治病虫害。农药施用应对症下药，适期用药；更换使用不同的适用药剂，运用适当浓度与药量，合理混配药剂，并确保农药施用的安全间隔期。出苗后及时喷施敌杀死防治小地老虎，拔节期注意防治粘虫，大喇叭口期用 2.5% 溴氢菊酯喷雾心叶内防治玉米螟，抽雄期注意喷施吡虫啉防治蚜虫。禁止施用甲胺磷等高毒、剧毒、高残留和具有"三致"（致癌、致畸、致突变）副作用的所有农药。

（15）收获储藏

鲜食玉米乳熟后期及时采收上市或加工。收获干籽粒的，在籽粒乳线消失、籽粒与穗轴相接的断面处出现黑色层后适时采收，按品种分收、分晒。禁止在公路、沥青路面及粉尘污染严重的地方脱粒及晾晒玉米。

在避光、常温、干燥和有防潮设施的地方储藏。储运设施应清洁、干燥、通风、无虫害和鼠害。严禁与有毒、有害、有腐蚀性、有异味的物品混运混存。

7.2.4　小麦灾害防控技术体系

（1）早耕深耕，蓄水增墒

水是小麦增产的基础。干旱年份小麦生产的中心环节是蓄水保墒。在前作收获后要及时深耕松土，耕深25～30 cm，使土壤疏松，多藏雨水，减少蒸发和流失。早耕的另一优点是可利用气温高、水分足，使翻埋的杂草和残留的茎叶加快腐烂。播种前精细整地，使耕层松软，播种后用粗肥覆盖，减少水分蒸发，保墒蓄水，为全苗、齐苗、壮苗奠定基础。

（2）深施基肥，增施种肥

云南大部分旱地麦干旱缺水，不便大面积追肥，所以施足基肥，增施种肥是高产的关键。而且基肥要深施，利用根系的向肥性，促使根系深扎，以提高耐旱能力。施肥时，每亩用腐熟的农家肥2 000 kg，过磷酸钙30 kg，硫酸钾3 kg混合后施于土中；播种时再用尿素3 kg或者腐熟的细农家肥作种肥。有条件的地方可用覆盖物覆盖，以保温保湿。在小麦生育期间，如遇下雨或下雪，应结合麦苗长势情况追施分蘖肥或拔节肥，增产效果显著。

（3）品种选择

适于云南种植的主要抗旱抗逆高产小麦品种主要有：云麦39、云麦42、云麦50、云麦51、云麦53、云麦54、川麦107、宜麦1号、靖麦12号、楚麦6号、凤麦39等。

（4）适时播种，培育壮苗

播种过晚，气温低，土壤墒情差，会导致出苗慢，苗不整齐，苗弱蘖少，成穗也少；播种过早，气温高，水分充足，会导致前期生长太旺，过多消耗肥力，分蘖早，易受冻害。云南的小麦一般在寒露播种较适宜，最迟不超过霜降节令。

（5）迎风条播，适时镇压

采用迎风向种植，即小麦的播种行向与当地主风向垂直播种，可以降低行间风速，减少水分的无效消耗，起到保墒的作用。条播可以增加播种密度，且出苗整齐，达到以苗增穗的目的。采用深播浅盖，行距12～16 cm，播种深度为6 cm左右，盖土3 cm。为减少土壤水分蒸发，在幼苗期根据苗情和墒情用小木板进行人工镇压。在苗期镇压，可使主茎和大蘖生长暂时受抑制，促进小蘖的生长，从而增加总分蘖数。

（6）适当蹲苗，抗旱锻炼

干旱锻炼是指人工给植物以亚致死量的干旱条件，让植物经受干旱胁迫的磨练。利用根系生长的向水性，促使根系深扎，提高对干旱的适应能力，以提高作物抗旱性。干旱锻炼是一种简单易行，经济实用的方法。

（7）防倒春寒，防晚霜冻

小麦拔节后抗寒能力明显下降，容易发生倒春寒害和晚霜冻害。因此小麦拔节后要密切关注天气变化，在寒流到来之前，采取普遍浇水、喷洒防冻剂等措施。一旦发生冻害，要及时采取浇水施肥等补救措施，促麦苗尽快恢复生长。

（8）叶面喷施，以肥济水

叶面喷施，可以起到以肥济水，提高抗旱效果的作用。可每亩用尿素 2～3 kg，对水 100 kg；或用 0.3% 的磷酸二氢钾溶液，即每亩 150 g 磷酸二氢钾对水 50 kg 等。

（9）化学调控，增强抗性

对植株较高品种或群体过大麦田，应在苗期和拔节初期喷施矮壮素或矮丰，以控高防倒。50% 矮壮素 100～300 倍液，或用 50 g 矮丰对水 20～30 kg，均匀喷雾。

（10）适时收获，颗粒归仓

于完熟初期用半喂入收割机及时收获，收获过程中将麦秆切碎抛洒，利于秸秆还田操作和下茬水稻栽插。小麦收后应及时晾晒扬净，避免因堆放时间过长造成的霉烂。含水量低于 12.5% 以下时进仓储藏，预防霉烂。

7.3　贵州主要粮食作物灾害防控技术体系

7.3.1　主要种植制度与综合防控原则

（1）种植制度

作物种植制度是耕作制度的中心，主要是根据作物的生态适应性与生产条件，确定作物种植结构与布局，作物种植制度即复种与休闲，作物种植方式即间作、套种和单作、连作、轮作等。

贵州大部分为山地和高原，其间穿插着丘陵盆地和平坝，具有"立体农业"的特点。种植制度十分复杂，在同一局部地区位于底部的河川谷地或平坝主要是水田，主要种植模式为菜/菜/稻、菜/稻/菜、菜/玉/菜、菜/玉/苕、草莓/水稻/菜、大蒜/水稻、麦/稻、油菜/稻等多种形式；而位于较高处的旱坡地则主要种植油菜/玉米、麦/玉米、麦/烤烟等。此外，还有小麦、玉米、甘薯（蔬菜、绿肥等）套种的旱地分带轮作多熟制，以及近年来大力推广的保粮增经的以绿肥/玉米、辣椒等经济作物宽厢宽带旱地轮作种植方式。

（2）灾害防控原则

贵州粮食作物的主要自然灾害有干旱、低温等。其中旱灾分为春旱、夏旱，夏旱又分为"洗手干"和伏旱。旱灾对贵州主要粮食作物生长发育时期的影响见表 7-3。低温主要是春季倒春寒和秋风。低温灾害对贵州主要粮食作物影响的生育时期见表 7-4。

表 7 – 3　旱灾对贵州主要粮食作物生育时期的影响

旱灾种类		水　稻	玉　米	小　麦
春　旱		打田、移栽	播种、出苗	孕穗、拔节
夏旱	洗手干	分蘖、拔节、孕穗	拔节	
	伏旱	抽穗、乳熟	抽雄、乳熟	

表 7 – 4　低温对贵州主要粮食作物生育时期的影响

低温	水　稻	玉　米	小　麦
倒春寒	播种、出苗、育秧	播种、出苗	扬花、孕穗
秋风	抽穗、扬花		

　　贵州省主要粮食作物防灾减灾综合技术主要采取以避为主、防为辅的原则，通过选择适宜品种，采用玉米育苗移栽、水稻旱育秧、绿肥聚垄、地膜覆盖等技术，前躲春旱、倒春寒，后避伏旱、秋风，延长营养生长期，获得作物高产。生产中的各项种植模式和栽培技术均以防控灾害为基础，以获得高产为目的。如玉米育苗移栽、水稻旱育秧和水稻两段育秧等技术主要是充分利用阳光、争取农时，前期可躲避春旱和倒春寒，提前生育季节避开后期干旱和秋风，并适当延长生育期而获得高产；绿肥聚垄具有增水增肥作用，使作物苗期能抗旱壮苗；地膜或秸秆覆盖苗期能增温保湿，后期能保水等。

7.3.2　水稻灾害防控技术体系

　　水稻是贵州省最主要的粮食作物，播种面积约 700 万 hm²，单产 420 kg/亩，总产 450 万 t 左右；面积占粮食作物的 22.89%，总产占粮食作物的 40.07%，其种植面积、总产量、单产历来居各项粮食作物的首位，全省约有 70% 以上的人口以稻米为主食。除贵州西南和南部少部分地区水稻一年两熟外，其余的都是一季稻。目前，水稻生产主要有水稻旱育秧、精确定量栽培、沼肥应用、旱育保姆包种、无纺布覆盖、缓控释肥料、水稻栽培专家系统、机耕机整机插机收等新技术和新产品。

　　影响贵州水稻生产的主要自然灾害为干旱（春夏旱），倒春寒、秋风等。其中夏伏旱和秋风影响最重。主要减灾关键技术有旱育稀植、沼肥应用、旱育保姆包种、无纺布覆盖、地膜覆盖、使用保水剂、喷施抗旱剂等。

　　（1）优选品种

　　根据当地生态条件，精确选用高产抗逆性强的杂交水稻品种。海拔较低地区选用生育期略长的品种（如Ⅱ优明86），海拔较高地区选用生育期适中的品种（如准两优527）。采用品种必须是经过国家或贵州省农作物品种审定委员会审定（认定）的优良水稻品种。种子质量必须符合 GB 4404—1996 粮食种子。

（2）适时播种

根据示范区生态条件、茬口和品种特性精确确定播种期，确保水稻安全齐穗和穗分化期光温条件处于最佳时期，以避免后期伏旱、秋风造成的危害，适时延长营养生长期。如黔中稻区中部和北部500～700 m、西部600～900 m播种期一般为4月中旬，黔中稻区中部和北部700～1 000 m、西部900～1 250 m播种期一般为4月上旬至中旬。

（3）培育壮秧

适时早育秧能够在一定程度上减轻后期伏旱和秋风危害风险，但增加了早期倒春寒等灾害风险，因此需做好水稻育秧期的低温灾害防控工作。通常采用薄膜或无纺布小拱棚旱育秧、温室育秧、两段育秧和旱育秧等技术，抓住冷头浸种、冷尾催芽、暖头播种，加强秧田水、肥管理。

推荐育秧方式采用新型旱育直插秧，全面应用旱育保姆、生态旱育秧和无纺布覆盖技术，注意培肥、作床、播种和管理等各项关键环节的精确到位，特别注意送嫁肥不能早施。下面介绍旱育秧技术和壮秧指标。

①苗床制作

苗床标准：旱育秧苗床经培肥、调酸、施肥和消毒后，要达到肥、松、细、酸。苗床应选择排水良好、土壤肥沃、背风向阳、水源方便的旱地或炕冬田（地下水位在1m以下），最好是酸性菜园地。苗床土壤最适 pH 值在 4.5～5.5，有机质含量在3%以上。培育小苗亩大田需苗床净面积 10～15 m²，中苗需 15～25 m²，大苗 25～30 m²。

开厢作床：播种前选择无雨天进行耕地碎土作厢，盖无纺布的厢宽1.5 m、盖农膜的厢宽1.2 m，厢高 10 cm，四周开好排水沟。

苗床培肥：播种前 25 d，每平方米施入沼渣 15～25 kg 和250 g 过磷酸钙，然后覆盖薄膜培肥床土。覆盖与面土准备：播种前25 d，按10 m² 用180 kg 细肥土、20～30 kg 沼渣、1.5 kg 过磷酸钙和适量沼液充分拌均，堆积盖膜发酵沤制，准备作苗床面土和覆盖用土。

②种子处理

晒种、选种后，用沼液浸种，方法是播种前用中层沼液按1∶1 ～1∶0（原液）对水浸种36 h，浸种完成后立即捞出稻种用清水冲洗，沥去多余水分。然后将种子倒入圆底容器中，边加"旱育保姆"边搅拌（按1 kg"旱育保姆"包衣稻种 3 kg 的比例进行包衣），包好后过筛取出包好的稻种。种子包衣后要及时播种。

③播种量

苗床播种量，小苗为 150 g/m² 芽谷（约 120 g 干谷），中苗为 50～100 g/m² 芽谷（40～80 g 干谷），大苗 30～50 g/m² 芽谷（25～40 g 干谷），秧龄长的播种量宜少。

④播种后覆膜

播种覆土后，床面加盖地膜，立即搭好拱架，拱高 40 cm 左右，用绳子在拱中心扯成骨架，再将无纺布或农膜盖上，用土将膜四周压好。

⑤苗床管理

温度管理：出苗齐后立即揭去平盖薄膜，5 叶 1 心前密闭无纺布，然后根据天气情况逐步昼夜揭膜炼苗。

湿度管理：播种至出苗，保持床土湿润，以利齐苗。出苗至 2 叶 1 心，一般不浇水，如底水未浇透，可适当浇水；2 叶 1 心至 3 叶 1 心，看苗适浇水，保持床土湿润，预防青枯病；3 叶 1 心以后，控水促根，如秧苗早上不吐水珠，应及时浇水。移栽前一天浇一次透水，以利扯秧。

病害防治：重点抓好立枯病和苗稻瘟的防治。1 叶 1 心时，喷药防治，用 70% 敌克松可湿性粉剂 2.5 g/m² 对水 1.5 kg 配成 600 倍水溶液喷施，防治立枯病，遇晴天，敌克松用量减半，喷药后立即喷少量清水防药害。用三环唑防治苗稻瘟。

虫害防治：重点防治地下害虫。苗期如发生虫害，应及时用杀虫剂防治。根蚜危害 1 m² 可用 50% 辟蚜雾可湿性粉剂 3～5 g 对水 7.5～12.5 kg 泼浇，或用 50% 辛硫磷乳油 7～10 mL 加水 15～20 kg 泼浇；蝼蛄、蚯蚓、蚂蚁可用 50% 的辛硫磷乳油兑成 1 500 倍的水溶液浇灌床土防治；稻秆潜蝇可亩用 50% 辛硫磷乳油 75 g 对水 50 kg 喷雾。

⑥壮秧指标

旱育壮秧指标根据示范区茬口情况精确确定，冬闲田采用小苗，早茬田采用中苗，晚茬田采用大苗。各类苗壮秧指标为：小苗叶龄 3.5～4.5 叶，苗高 12 cm 左右，带蘖 0.5～1.5 个，叶蘖同伸系数 0.75 以上，叶片全绿，根系全白，无病虫害；中苗叶龄 4.5～6.5 叶，苗高 15 cm，带蘖 1.5～3 个，叶蘖同伸系数 0.70 以上，叶片全绿，根系全白，无病虫害；大苗叶龄 6.5～7.5 叶，秧龄 50～55 d，苗高 25～30 cm，叶蘖同伸系数 0.65 以上，平均带蘖 4 个以上，根系白色，叶色淡绿，叶片直立有弹性，无病虫害。

（4）合理耕作

针对不同的稻田，因地制宜地选择耕作方式，即翻耕、免耕等。

翻耕田：水源灌溉的地方，施肥料后，实行干耕干耙，再放水打田、耙平。做到田平、泥烂、肥均、水浅。无水源灌溉的地方，先施肥料后翻耕，再秒田耙田。做到田平泥烂、肥均。

免耕田：一是冬闲田，移栽或抛秧前 23 d 开始保持田块有薄水层，利于土壤软化。于抛秧前 15 d 用克无踪等灭生性除草剂除田间及田埂边杂草，施药时田块应排干水，尽量选择晴天进行。施药后 2 ~ 5 d，稻田全面回水，并用旧薄膜覆盖田埂防漏水，浸泡稻田 7 ~ 10 d，待水层自然落干或排浅水后抛秧。二是油菜田，油菜收割时要尽量低割，桩高度最好不超过 15 cm，只将油菜壳还田。收后如天气晴朗，即在当日或第 2 d 用 250 ~ 300 g/667m² 的 20% 克无踪，对清水 25 ~ 30 kg，均匀喷洒田间、田埂杂草。如果季节允许，也可先灌水泡田一周后，再放干喷药。施药后 2 ~ 5 d，稻田全面回水，并用旧薄膜覆盖田埂防漏水，浸泡稻田 7 ~ 10 d，待水层自然落干或排浅水后抛秧。

抛秧田，如田块因脚印太多太深，可以用农家铁耙简单推平而不翻耕。

（5）移栽技术

原则上实施带土 3 cm 以上的铲秧移栽，远距离移栽也可采取扯秧移栽。铲秧或扯秧后应及时移栽，禁栽隔夜秧。

根据气候、稻田肥力、品种特性等因素情况，应用基本苗公式精确确定，推荐用水稻专家系统精确计算，各示范片各类型田块根据品种、气候和稻田肥力分类统一密度。遵义、绥阳、湄潭等位于黔中地区北部、黔东南和黔西南稻区示范片的密度务必保证亩基本苗 5 万苗以上、亩栽 1.2 万窝以上；平塘、沿河、思南、西秀等黔中其余地区、黔东、黔西北稻区示范片的密度务必保证亩基本苗 6 万苗以上、亩栽 1.5 万窝左右。密度超过 1.5 万时采取宽窄行栽培方式，低于 1.5 万时采用宽行窄株栽插方式。抛秧实行宽厢抛秧，先将稻田拉绳分厢，厢宽 2.0 ~ 2.7 m，厢间间隔 0.3 ~ 0.4 m，厢边分别用人工栽秧 1 行，作为施肥、防虫管理行，亩抛秧 1.0 万 ~ 2.1 万谷粒苗。

行向采取东西行向，但冲沟田、河谷田宜顺风定行向。栽秧务必把好浅植关，栽插深度小苗旱育秧不超过 2 cm，中苗不超过 3 cm，大苗不超过 4 cm，做到薄水浅栽插，全面实行拉绳定距栽插，当天秧当天栽。栽插时做到匀、直、浅、稳、不伤苗。抛秧应分次匀抛，先用抛 70% 的秧苗抛完全田，再抛剩余的 30%，抛完后匀密补稀，按下浮秧。

（6）施肥技术

必须遵循"有机无机结合，重施基肥，适追分蘖肥，巧施穗粒肥，平衡养分，增施硅锌肥"的施肥原则，根据当地气候、稻田肥力、品种特性，运用目标产量法和测土结果确定总施肥量和养分比例（推荐用水稻栽培专家系统进行计算），并根据秧苗动态、气候和各生育时期需肥要求，确定各时期追肥量，做到施肥量、施肥时期和营养元素的精确定量。一般要求亩施有机肥 1 200 kg 以上作基肥。推荐使用水稻专用复混肥，再根据测土结果、专用肥有效养分含量和施肥计划补施单质肥料。要求亩施锌肥 2 kg，全作基肥，酸性田亩施用硅肥 50 kg 作基肥；磷肥全作基肥使用；钾肥 40% 左右作基肥，60% 左右于在分蘖盛期（8～9 叶龄）施用；氮肥基蘖肥占 60% 左右，穗粒肥占 40% 左右，分蘖肥要早施，穗肥一般在倒 4 叶至倒 2 叶期看苗分两次施用，粒肥于始穗期至灌浆期看苗施用。

（7）水分管理

根据水稻各生育阶段需水要求和叶龄、叶蘖动态精确灌水。采取"三水三湿一干"的灌溉技术，即寸水插秧，寸水施肥除草治虫，寸水孕穗开花，湿润水分蘖，湿润水幼穗分化，湿润水灌浆结实，够苗排水干田控蘖（茎蘖数达目标穗数 85%～90% 时）。

（8）病虫防治

①加强病虫监测，及时防治

在示范区建立病虫害监测点，开展测报，及时查虫情苗情定防治对象田，查发育进度定防治时期，根据防治指标，做好分类指导，精确防治，特别要注意稻瘟病、稻飞虱、纹枯病、稻纵卷叶螟和稻曲病的防治。

②坚持预防为主，综合防治

高产栽培病虫防治要以预防为主，实行健生栽培，保护天敌，推广应用频振式杀虫灯，选用高效低毒低残留农药，严格掌握农药用量，不得使用高毒高残留农药，不得使用菊酯类农药。

③主要病虫害防治指标及用药方法

稻飞虱 100 丛稻有虫 1 000 头以上的田块，小若虫高峰期时用药防治；稻纵卷叶螟 100 丛稻有虫 60 头以上的田块，2～3 龄幼虫盛期用药防治；穗瘟病苗期至拔节期叶瘟叶发病率 5% 以上的田块应立即施药控制，孕穗至抽穗期应抢晴普遍施药预防（如用三环唑、富士一号等），一般孕穗末至始穗期喷一次，齐穗后再喷一次；纹枯病分蘖末期至园秆拔节期病丛率 10%～15%，或孕穗期病丛率 15%～20% 时，应立即施药控制，药剂主要为井冈霉素；其他病虫根据发生情况挑治或兼治。杂草于栽秧后 5 d 左右用稻田除草剂，如每亩用 70% 的除草净 70～80 g 与第一次追肥尿素混匀施用，施药时保持约 3 cm 的浅水达 7 d。

（9）化学调控

水稻开花期遇秋风天气可采取喷施 920 提早抽穗开花，灌深水提高稻田水温和泥温，根外施肥或增施保温肥，提高植株抗寒能力和及时补充植株抗寒所消耗的养分等，都可减轻或避免秋风的危害。

如遇干旱，及时喷施抗旱剂增加水稻的抗旱性。

（10）适时收获

当90%以上的谷粒黄熟，抢晴天及时收获。积极推广应用小型机械收获。

7.3.3　玉米灾害防控技术体系

玉米是贵州的主要粮食作物，其种植面积在全省的粮食作物中居第一位，产量仅次于水稻，居第二位。贵州在中国玉米三大黄金带的西南山地玉米带上，在南方各省的面积与总产量均居第三位。近年来播种面积1 100万亩，总产410万 t，单产350 kg左右。玉米总产占粮食总产的比例约为37%。目前主要栽培技术：高产抗病耐密植的优良杂交种、适时播种、培育壮苗、合理密植、单株定向适龄移栽、重施底肥和穗肥、早施壮苗肥、补施粒肥和重大病虫害防治等。

影响贵州玉米生产的自然灾害主要为干旱、倒春寒、秋风等。其中夏伏旱是影响玉米单产的主要自然灾害。主要减灾关键技术是育苗移栽、选择高产耐密植耐旱抗病品种、地膜覆盖、秸秆还田、使用保水剂、喷施抗旱剂等。

（1）品种优选

选用高产、抗病、耐密植的玉米品种，如贵单8号、金玉818、顺单6号、雅玉889等，采用品种必须经过国家或贵州省农作物品种审定委员会审定（认定），并根据当地生态条件和品种特性合理布局。

（2）适时早播

根据当地气候特点和品种特性，结合保温育苗，适时提早播种，前躲春旱、倒春寒，后避伏旱、秋风，并延长营养生长期。

移栽玉米的播种期：大方、六枝、织金、紫云适宜播期在3月下旬至4月上旬播种育苗，4月中、下旬移栽。兴仁适宜播期在4月上旬至中旬，4月下旬移栽。习水播期在3月上旬至中旬播种育苗，3月下旬移栽。

直播玉米播种期：直播播种期要根据不同区域海拔高度、气温回升早迟和品种特性等因素，抓住最佳播种期。当露地表土地温回升7～8 ℃或日均气温≥10 ℃时即可播种。一般可比当地常年露地玉米最佳播期提前5～15 d。

在雨后或足墒的情况下播种，每穴播2粒（育苗移栽实行单株定植），播种（移栽）后覆膜。直播种子进行包衣并配以适量的保水剂。

（3）营养育苗

推广应用玉米营养球（团）育苗移栽技术。营养球育苗，严格把好"肥泥、单播、严管、防治"四个环节。达到体大球肥，单株培育，肥药共管，苗齐健壮。营养土要严格科学配方，一般每亩本田苗床（14.4 km²）用过筛的细土 500 kg，加筛细的优质腐熟农家肥 500 kg、（25～30）kg 普钙、1 kg 锌肥、（2.5～3）kg 尿素（为了预防烧种，尿素在施用时，必须先将其溶解于水，再均匀泼撒在营养土上并搅拌），用适量畜粪水拌合。湿度以营养球（团）落地即散为宜。每个营养球（团）严格实行单粒播种。此外，还有营养块和塑料软盘育苗。育苗期间做好苗床的温湿度控制和病虫害防治。

（4）科学播栽

当前贵州玉米种植技术主要有起垄覆盖、育苗移栽、覆膜栽培等。

①起垄覆盖技术

整地。选择土层深厚、结构良好、有机质含量高的肥力中上的地块。要求整地细碎、上虚下实、厢面平整，清除根茬、拣净石块。

起垄覆膜。为保证盖膜播种质量，提高增温、保湿提墒等效应，在玉米播种带正中拉绳开好施肥沟，一般开沟深 20 cm 左右，玉米播种在施肥沟的两边。做到化肥与种、苗彻底隔离。底肥应以有机肥为主，搭配一定数量化肥，一般亩施尿素 5 kg 左右，磷肥 25 kg，优质圈肥 1 500～2 000 kg。先将尿素施于底层，然后施堆沤混匀的磷肥、圈肥（播种时再用稀粪水灌窝）。施肥后覆土，整细起垄，整平垄面，垄面土块直径不超过 3.33 cm。大垄宽 83 cm（2.5 尺），垄高 10～15 cm，小垄宽 50 cm（1.5 尺），垄高 15～20 cm，株距按每亩留苗密度确定。

覆膜或秸秆覆盖。单种玉米可选用幅宽 60～80 cm、厚度为 0.008 mm 以上的地膜为宜；间套玉米可选用幅宽 50 cm 的地膜。覆膜方式可采用平作覆膜、垄作覆膜、膜侧栽培、两段覆膜（地膜＋拱棚）（育苗移栽）等；覆盖方式可采用玉米秸秆全耕整秆半覆盖技术，使用量以每亩 500～1 000 kg 玉米秸秆，覆盖在垄面或垄沟上。

②育苗移栽技术

采取玉米育苗移栽技术，可充分利用阳光，争取农时季节，调剂农活，防御自然灾害，获取玉米稳产高产。该技术适宜于复种指数高，前茬收获较迟和玉米生长期不足，后期常遇低温冷害的地区，应布局在倒春寒、春旱、伏旱和秋风危害重的地区。既是夺取玉米稳产高产的主要措施，又是玉米生产上减灾避灾的一项重要增产措施。育苗移栽技术可使玉米增产 10%～20%。

在玉米苗 2 叶 1 心至 3 叶 1 心时，实行单株定向适龄分级移栽。如遇高温干旱天气，则在移栽前一天傍晚，在苗床中浇足水，第二天带土移栽；同时采取早晚移栽，及时浇灌定根水，以减轻干旱的危害。移栽时要严格分级移栽，将长势较强和弱苗植株分级移栽。移栽后 2～3 d 及时查苗补苗，发现缺苗要及时补栽。对移栽后苗势弱的植株早施提苗肥，促进幼苗长势一致，降低株高差异，提高全田产量。

根据品种（组合）特征、土壤肥力水平、施肥力水平和目标产量，因地制宜确定合理的栽培密度和行株距。具体密度根据土壤肥力和施肥水平来确定。中等肥力水平密度要求 4 000 ~ 4 500 株/亩，高肥力水平密度要求 4 500 ~ 5 000 株/亩。移栽时要结合垄作栽培和大小行种植。等行距种植行距为 50 ~ 65 cm；大小行种植大行距为 80 ~ 90 cm，小行距为 40 ~ 50 cm。

③覆膜栽培技术

玉米地膜覆盖栽培技术具有增温、保湿提墒等效应，对玉米前期低温、前后期干旱具有较好地缓解作用，能提高玉米单产 10% ~ 20% 以上，促进大面积玉米生产水平的提高。

地膜栽培玉米可选用先播种后盖膜、先盖膜后打孔播种和打孔育苗移栽等方式。在海拔较高、低温冷害重、春雨旱、土壤墒情好的地方，以先播种后盖膜的方式为宜。春旱重和鼠雀、地下害虫重的地方，在等雨足墒的情况下，抢墒整地施肥后提前覆膜，播种期到后打孔播种（或移栽）。多雨或可灌溉、保水性好的地玉米可种在垄面上，干旱特别严重的地区玉米应种在垄沟里。当露地表土地温回升至 7 ~ 8 ℃或日均气温≥10 ℃时即可播种。

覆膜方式可因地制宜选用全膜覆盖、垄面膜覆盖或侧膜覆盖。针对严重春旱，可采取造墒播种、等雨足墒时覆膜或抢墒提前盖膜，适期再打孔播栽，有条件的地方也可采取粪水饱灌抗旱播栽。顺风或横山开厢，厢面做成低度瓦背形或略呈平顶形；铺膜时要拉紧，膜面无皱折，地膜紧贴厢面，厢的四周各开一条浅沟，将膜边嵌入、四周覆上压严，风大的地方可每隔 3 ~ 5 m 用不易风化的石块压膜。覆土压膜不能过多过宽，保证采光面在 70% 以上。在大面积播种前 3 ~ 5 d 培育预备苗，作好补苗准备。

先播种后盖膜的，幼苗出土后，如遇气温高要及时引苗出膜，防止高温烫伤叶片；如遇低温寒潮，膜内湿度较大，可适当延迟引苗，在幼苗第一片叶展开后及时破膜接苗，但最迟不超过 4 叶期。破膜引苗，宜在晴天下午进行，切忌在晴天中午引苗出膜。先覆膜后打孔播种的，若幼苗与播种孔错位，应及时扶苗出膜。盖孔土结壳的，要及时破膜引苗，防止盘芽闷苗。引苗出膜后均用细土封严膜孔。结合间苗定苗，每穴留单株健壮苗，空穴处两侧可留双苗。如发现缺窝断行，取预留苗及时补栽。覆膜后要防止风吹揭膜和人畜践踏，发现地膜破孔露边或压膜不严，要及时用细泥土盖好膜，压紧盖严。要经常保持膜面干净，防止泥土遇雨后染膜面。全膜覆盖地块，下雨前在垄面上用 5 寸铁钉每隔 20 cm 扎开一个渗水孔。

（5）科学施肥

施肥量、施肥时期和营养元素要精确定量。坚持"有机无机结合，平衡施肥，施足底肥，早施苗肥，中攻穗肥，后补粒肥"的施肥原则。具体施肥量和比例，应根据当地气候、品种的需肥特点、土壤肥力、肥料的效应和栽培条件，运用目标产量法，或通过测土合理确定施肥量，推荐使用玉米专用肥。

底肥：用腐熟厩肥有机肥1 500～2 000 kg/亩，尿素、磷、钾肥、硫酸锌（1 kg/亩）一次性施入，于移栽前10 d开沟施并覆土，玉米苗移栽于施肥沟的两边。其中N肥的10%～30%用作底肥，70%～90%用作追肥。

苗肥：移栽缓苗后早追提苗肥，追肥适宜，补底肥养分的不足，可偏施提小苗赶大苗，追弱苗变壮苗，施氮量占总追肥量的20%～30%，用尿素兑清粪水1 500 kg/亩淋施，结合中耕除草。

穗肥：在12～13片叶全展，可见16～18片叶期，于玉米行间挖窝深施（10 cm处），并结合培土施好穗肥，追肥以氮肥为主，施氮量占总追肥量的30%～50%，用尿素结合增施1 000～1 500 kg/亩腐熟厩肥或复混肥15～25 kg/亩（或加氯化钾3～5 kg）。

粒肥：于吐丝散粉期追肥，施氮量占总追肥量的10%，窝施在植株根旁，或用磷酸二氢钾100～150 kg/亩、加尿素0.5 kg/亩对水25 kg，进行叶面喷施。

（6）病虫防治

"预防为主，综合防治"。根据各示范区情况，主攻小地老虎、大小斑病、纹枯病、锈病、玉米螟、粘虫等的防治。其他病虫可挑治或兼治。

（7）化学防控

当中后期出现干旱、低温寒害等自然灾害，及时喷施抗旱、抗寒等制剂，减少灾害损失。

（8）适期收获

玉米籽粒充分成熟后再收获，可降低籽粒含水率，增加百粒重，提高产量。此期的玉米植株的苞叶干枯、松散，籽粒乳线消失，基部形成黑层、显出特有光泽，含水量一般在30%以下。

7.3.4 小麦灾害防控技术体系

小麦曾经是贵州主要粮食作物之一，近年来播种面积剧烈下降，因与烤烟轮作，现播种面积约390万亩，单产100多kg，总产40万t左右。目前贵州小麦生产在技术上主要由传统技术向少免耕等轻型技术和机械化生产发展，采取的高产栽培技术为：抓好品种选择、种子包衣、适时播种、合理密植、穗肥施用、重大病虫防治等，同时全面推广小麦优良品种、测土配方施肥、病虫草鼠害综合防治，小麦全程机械化生产等配套措施。

影响贵州小麦的自然灾害主要为春旱和倒春寒。春旱影响小麦的灌浆、结实，导致减产；倒春寒加绵雨影响小麦的扬花、授粉，造成空壳减产。主要减灾关键技术是选择中熟耐旱品种、适时播种、健康栽培、使用保水剂、喷施抗旱剂等。

（1）优选品种

根据需要选用经过国家或贵州省农作物品种审定委员会审定（认定）的高产、稳产、抗病、耐旱的中熟小麦品种，适宜高产田栽培的有丰优8、9号，黔麦19；贵农19、24、25号等；适宜旱地种植的耐瘠品种有丰优6、7号，毕麦系列，绵阳系列，川麦系列等品种。每县主栽品种1~2个。

（2）适时播种

10月中、下旬播种。可采用小沟条播、分厢撒播。播种质量要求落籽均匀、深浅一致（3~5 cm）。根据产量、品种、播期、地力、施肥水平及穗数指标等因素综合确定基本苗，播量每亩8~10 kg，可根据土壤肥力水平适当增减，应保证亩基本苗12万以上。

（3）精细整地

小麦生产应做到"七分种，三分管"，特别要把好整地播种质量关。选择中上等田土净作种植，积极推广机械化。整地质量直接影响到播种质量，麦田整地质量要求达到深、透、细、平，并保持适宜的土壤湿度。

（4）种子处理

小麦种子常携带有病菌，播前要晒种并精选种子。选出饱满的大粒种子作种，确保发芽率95%以上。播种前选择晴天晒种2~3 d，并进行种子包衣或药剂拌种，同时使用保水剂。

（5）施肥管理

施足基肥。进行测土配方施肥，根据测土结果，结合产量指标及小麦需肥特性确定具体施肥量、养分比例和施肥方法。每亩施腐熟农家肥2 000 kg以上，复合肥40~50 kg作基肥。氮肥底肥占总肥量的30%左右，直接施入麦沟，切勿过量造成烧苗。

巧施分蘗肥。小麦从出苗至越冬是生长叶片、分蘗和根系等营养器官为主的时期，是决定穗数和奠定大穗重要时期。要早施苗肥、保全苗、促早发。在3叶期前后，每亩施尿素2~3 kg，对水施用。重施分蘗肥，元旦过后结合中耕除草亩追施尿素6~8 kg。

重施拨节孕穗肥。返青、拨节至孕穗期是巩固有效分蘗、争取总穗数、培育壮秆大穗并为增粒增重打基础的时期，应重施拨节孕穗肥。以总施N量的40%~50%为宜，并不迟于倒3叶施用。

喷施粒肥。穗结实阶段是保根、护叶、防止早衰和贪青，争取穗重粒重，确保丰产丰收的关键期。可进行叶面喷施粒肥，用磷酸二氢钾浓度为 0.2%～0.3%、尿素浓度为 1%～2%，溶液用量为 50 kg/亩左右喷施叶面，或结合病虫防治喷施生长调节剂也有一定增粒重的作用。

（6）水分管理

在底墒不足或冬季干旱发生时，耕作层土壤含水量低于田间持水量 60% 就要灌水。返青、拔节至孕穗期是小麦一生中耗水量多的时期，如遇干旱，有条件应及时灌水，或喷施抗旱剂；春季雨水多，要做好清沟排水工作。抽穗结实阶段加强疏通排水沟，做到沟底不积水，保持土壤田间最大持水量达 70%～75%。

（7）病虫防治

需加强病虫监测。遵照"预防为主，综合防治"的植物保护方针，坚持以"农业防治、物理防治、生物防治为主，化学防治为辅"的无害化治理策略。重点防控锈病、白粉病、赤霉病、蚜虫等。小麦抽穗扬花到灌浆是蚜虫危害较重的时期，要提早预防，用灭蚜净喷洒。锈病特别是条锈应及早用粉锈灵防治 1～2 次，喷洒时逐行、逐块地进行，切勿遗漏。防白粉病可用三唑酮、烯唑醇等防治，需施药 2 次，间隔期为 7～10 d。

（8）化学调控

穗结实阶段结合病虫害防治喷施生长调节剂增加粒重。对植株较高品种或群体过大麦田，应在苗期和拔节初期喷施矮壮素或矮丰，以控高防倒。50% 矮壮素 100～300 倍液或 50 g 矮丰对水 20～30 kg，均匀喷雾。

（9）适时收获

一般在小麦进入蜡熟中期至末期之间 3～4 d 收获为宜。这时收获千粒重高，品质好（淀粉及蛋白质含量最高），种子的含水量约占 25%。从外观上看，茎叶中部叶片枯黄，顶部叶片呈现黄绿色，穗子颜色也由黄绿转向黄色，表明已到收获适期，应尽快收获。收获脱粒后的种子，应晒干扬净，待种子含水量降到 13% 时，才能进仓储藏。

7.4　重庆主要粮食作物灾害防控技术体系

7.4.1　主要种植制度与综合防控原则

（1）主要粮食作物种植制度

重庆地区地形独特，多为河谷山丘区和平坝区，气候温和，夏季高温伏旱，适于水稻、玉米、小麦、油菜、薯类、蚕豆等各类作物种植。河谷浅丘区和平坝区主要是水田种植，主要种植模式为稻/菜、麦/玉/苕、菜/玉/苕、菜/玉/菜、苕/麦、麦/玉米/豆等多种形式一年三熟为主；丘陵平坝区和深丘低山区间套复种玉米，主要是早春作物如马铃薯、蚕豆、豌豆、油菜或春小麦套种玉米或复种玉米等旱作二熟制；较高处的深丘峡谷区和中山区主要是水稻、马铃薯套种等一年一熟制的山田种植模式。此外还有一些地方实行旱地带状轮作，大豆衔接配套种植以及宽厢宽带旱地轮作种植，如经济作物烤烟、油料、中药材、果类、茶叶等。

（2）灾害防控原则

重庆粮食作物主要自然灾害有干旱和洪涝等。旱灾有春旱、夏旱，夏旱又分为"洗手干"和伏旱。洪涝灾害分为洪水、涝害和湿害（渍害），其中涝害和湿害对粮食作物影响最明显。洪涝对重庆主要粮食作物生育时期的影响见表 7 – 5。旱灾对重庆主要粮食作物生育时期的影响见表 7 – 6。

表 7 – 5 洪涝对重庆主要粮食作物生育时期的影响

项目	水 稻	玉 米
湿害		三叶、乳熟
涝害	孕穗、抽穗	出苗、拔节、雌穗小花分化

表 7 – 6 旱灾对重庆主要粮食作物生育时期的影响

旱灾种类		水 稻	玉 米
春旱		打田、移栽	播种、出苗
夏旱	洗手干	分蘖、拔节、孕穗	拔节
	伏旱	抽穗、乳熟	大喇叭口、乳熟

重庆市主要粮食作物自然灾害防控坚持"预防为主，防抗救避治"的工作方针。通过采用生物工程方法，控制地下水位，改善土壤质地，加强田间管理，控制作物的生长发育，同时还要考虑农田蒸散、降水量、径流等因素。如通过玉米育苗移栽、水稻旱育秧，绿肥聚垄，可前躲春旱后避伏旱；在拔节期和雌穗小花分化期遇涝后，应及时排水、追肥和中耕，促进营养体迅速恢复生长，以防止结实率过分降低；而当三叶期受涝时，除加强田间管理外，尚需适当推迟收获期以争取较高的粒重。同时，选用抗病虫的农作物，或将抗病虫植物与农作物间作、混作、套作形成抗病虫生态群体，减轻病虫害。

7.4.2 水稻灾害防控技术体系

水稻是重庆市的第一大粮食作物，全市水稻播种面积约 74.6 万 hm^2，单产 464.87

$kg/667m^2$，总产量近 520 万 t，占重庆全年粮食总产量的 45%，人均稻谷占有量约 169.98 kg。重庆水稻种植面积、单产、总产以及水稻产量占粮食总产的比重均处于全国较前位次。由于重庆独特的山区地形与气候，水稻在低海拔、中高海拔均有种植。主要栽培技术有良种合理布局、适期早播、旱育壮秧、扣种稀播、缓控释肥、地膜覆盖、水稻精确定量栽培、科学水浆管理、测土配方施肥"一底三追"、病虫草鼠综合防治、机械化收割等。

重庆水稻生产条件相对较差，水利不便，高温伏旱严重，水稻产量年际间波动大，品质差，是典型的"靠天吃饭"的雨养农业区。影响生产的主要自然灾害为干旱，倒春寒、秋风等。其中夏伏旱和秋风是影响水稻单产的主要自然灾害。主要减灾关键技术是优选品种、合理布局、旱育壮秧、地膜覆盖、水稻精确定量栽培、使用保水剂、喷施抗旱剂等。

（1）优选良种

根据不同的海拔高度及地理气候，选择生育期适中的耐干旱、耐高温、分蘖力强、抗病的品种，结合早播、早栽等技术，尽量躲避抽穗灌浆期遭遇高温伏旱，提高产量。如平坝河谷区选用生育期适中、再生力强、产量高的Ⅱ优21、川农优528、Ⅱ优602、Y两优1号等品种；平坝浅丘区选用抗性好、产量高、米质优的Ⅱ优21、Ⅱ优晋九、富优4号、渝香203、Q优8号、Ⅱ优602等品种；南部山区选用生育期适中、米质优的渝香203、宜香优2115等品种。选用品种必须是经过国家或重庆市农作物品种审定委员会审定（认定）的优良水稻品种，保证种子纯度98%，净度98%，发芽率85%以上，含水量不高于13.5%。

（2）适时播种

在浅丘河谷区，对于蔬菜茬或冬水（闲）田等早茬田块，水稻在3月上旬播种为宜；对于油菜茬或麦茬等迟茬田块，水稻播种期可适当推迟。均要求稀播培育壮秧，秧龄越长，秧本比越小。

（3）旱地育秧

一般采取旱地育苗技术进行水稻育秧，其技术要点如下。

①苗床准备

挑选苗床。选择背风向阳，土质疏松肥沃、地势较平、灌溉方便、地下水位不高的地块。

苗床培肥。选择时间一般在年前（农历腊月间）。先整地深翻、欠细、除杂，深度为 15～20 cm，再将复合肥混匀施入耕作层施肥量为 375 kg/hm^2，并混入腐熟的稀薄粪水，施肥量为 37.6 t/hm^2，至不成浆状后再来回翻欠3次，混匀。培肥不可选择碱性肥料作为底肥,如草木灰、碳铵等。播前 10～15 d 进行施肥,以腐熟农家肥、硫酸锌为主,用量分别为 3～5 kg/667m²、3～4 kg/667m²,来回翻欠至少 2 次,使肥料均匀混入 10～15 cm 深的表土内,从而避免出现肥害。

②苗床制作

在走道旁建立 40 cm 宽的田埂,床高为 5～10 cm,厢面长 10.0～12.0 m,宽 1.3 m,并在周围建立围沟,方便排水,沟深应大于 30 cm。

③种子处理

选择无风晴天晒种 2～3 d,至谷皮返白后停止摊晒。并在播种前用温水浸泡种子 2～12 h,向苗床浇足量底水,捞出种子,滤出水分,放入装有旱育保姆的盆内拌种。等到谷粒都裹上一层均匀的薄膜后再开始撒种。若谷皮有水便进行拌种,极易导致谷粒结团,不能形成单粒,影响均匀撒种。

④地膜覆盖

完成播种后,在厢面平铺一层薄膜,以起到保湿作用。然后每隔 0.5 m 处插上 1 根竹条,制作拱盖地膜,拱高 0.4 m,起到保温作用。通过双膜覆盖能保证出苗迅速、整齐。

(4) 稀播壮秧

旱育秧的秧本比为 1∶10 左右,湿润育秧的秧本比为 1∶8 左右。重庆低海拔地区的稻田多为冬水(闲)田和水旱两季轮作田,对于早茬田,一般在 4 叶 1 心至 5 叶 1 心移栽中小苗,对于迟茬田,一般在 6 叶 1 心至 7 叶 1 心移栽中大苗。建议中小苗移栽,以利于发挥低位分蘖的增产优势。为避开高温伏旱,减少杂交稻空壳率,保证稻田能在 7 月 20 日前齐穗,应适时早栽,充分利用 5 月中旬前晴好天气及时栽播,以促进低位分蘖生长,栽播要注意秧苗质量,实行浅水栽播,做到"三带"(带泥、汤肥、还药)下田。

(5) 合理密植

根据田块肥瘦,管理水平和栽秧时间的不同,按大田和漕田栽 3 寸(1 寸≈ 0.033m)×8 寸,油菜田和肥田 4 寸×7 寸,小麦田块栽 3 寸×7 寸的规格栽播。保证每亩基本苗 12 万窝左右,还栽田 14 万窝以上,每窝栽二片,为了保证上述规格的实施,在栽植时一般采用划箱拉绳定距条栽。标准行株距(30～33)cm,(13～16)cm,每穴 2～3 株。原则上高秆大穗品种宜稀,矮秆小穗品种宜密,肥田壮秧宜稀,薄田弱秧宜密。在具体水稻栽培过程中,应该根据品种特性、秧苗素质、土壤状况和栽培目标等因素确定。

（6）合理施肥

底肥重施：施足基肥，及时追肥，根据大田长势确定施肥量。氮磷钾搭配：亩施腐熟农家肥 1 500～2 000 kg 作底肥，施水稻专用复合肥 50 kg 和硫酸锌 2 kg 作中层肥，施碳铵 60 kg 作分蘗肥，施尿素 15 kg，硫酸钾 10 kg 作穗肥。做到每亩施人畜粪 40 担，其他农家肥 2 000.0 kg，纯氮 10.0 kg，磷 4.0～5.0 kg，碳铵 25.0～35.0 kg，尿素 10.0 kg，普钙 25.0 kg，钾 5.0 kg，对生长过旺的肥田，要深薅秧，切根系，抑生长，并增施草木灰。

早施分蘗肥：分蘗肥应在插秧后 5 d（早稻）或插秧后 3 d（晚稻）追施。每公顷施 90.0～112.5 kg 尿素，隔 7 d 左右，若秧苗生长较差，再每公顷追施 60 kg 尿素；对施肥少及缺钾的田块，每公顷追施 75.0～112.5 kg 钾肥。

看苗施穗粒肥：若秧苗长势较好，前期施肥适当，则每公顷施 75～105 kg 尿素左右，或用 75～90 kg 氯化钾。若大田苗数偏少，个体长势较差，前期施肥不足，则每公顷施 120～150 kg 尿素，或用 90～105 kg 氯化钾。此外，在生长后期（始穗前 4～6 d 或齐穗后 2～3 d），每公顷用 2.25～3.00 kg 磷酸二氢钾对 750 kg 水喷施。保水保肥好的田块，氮肥在基肥、分蘗肥、穗粒肥的比例以 5∶3∶2 为宜，保水保肥差的田块以 4∶3∶3 为宜。

（7）科学灌溉

做到浅水插秧，浅水促蘗，够蘗晒田，深水护苞，寸水扬花，干湿壮籽，乳熟前不断水，收获前 7 d 断水晾田。移栽时期，特别是机插田块，切忌淹水过深，以免造成根系和秧心缺氧，导致僵苗、死苗。水稻移栽后要密切关注降水，对强降雨地区应注意及时清沟排水、洗苗扶苗，减少水稻淹没情况。对孕穗期和灌浆期应保持干湿交替灌溉，可防止夏季高温伏旱，以免水稻抽穗扬花障碍及灌浆结实期减产。

水稻长根、长叶、分蘗主要发生在水稻生长前期，应做到浅水栽秧，浅水返青，浅水分蘗。移栽插秧时，灌水 1 cm 左右；插秧后 3～5 d，田内水层保持在 3～4 cm，便于秧苗返青，促进分蘗。

营养生长和生殖生长主要发生在水稻生长中期，应及时排水晒田。根据不同的土质来确定晒田天数：对沙质田、缺肥田、水源较差的田块，可以晒 3～5 d，以地面紧皮或微裂，用手指按压不沾泥为宜；而对黏质田、烂泥田、多肥田和生长旺盛田块，一般晒 7 d 以上，以人下田不陷脚为宜。

抽穗扬花时，保持稻田水深为 1.5～3 cm，以加快抽穗，整齐抽穗。灌浆期，保持湿润交替，以湿为主，防止水多生病、缺水死秆，做到以水调肥，以水调气，以水养根，以根保叶，防止早衰，增加粒重。粘性大的田块，齐穗后排除田内积水，而沙性田不宜把水放干，如排水过早，空壳率、瘪粒率增多，米质下降。

（8）病虫害防治

重庆市水稻病虫害防治，坚持以"预防为主，综合防治"的植保方针，采用黑光灯诱杀，及国家标准允许的低毒、低残留、安全、高效农药或生物农药为主的稻田病虫害绿色防控技术。

叶鞘腐败病：在重庆河谷浅丘区和平坝区，水稻分蘖晚、分蘖期雨水过多、种植密度大、氮肥施用过多，均会导致水稻叶鞘腐败病的发生。防治方法：水稻破口初期，施用25%施保克乳油25 mL/667 m² 和20%井冈霉素可湿性粉剂40 g/亩。

稻瘟病：在水稻破肚至抽穗始期或齐穗期，亩用75%三环唑30 g + 40%稻瘟灵150 mL或亩用75%稻士可湿性粉剂20～25 g或40%稻瘟灵乳油75～110 mL对水喷雾。

纹枯病：在水稻分蘖后期如遇高温、高湿天气，可亩用5%井冈霉素水剂150～200 mL或30%爱苗乳油15 mL，加水50～75 kg喷雾。

螟虫：亩用48%毒死蜱乳油60～80 mL或20%三唑磷乳油100～150 mL或50%二嗪磷乳油90～120 mL对水喷雾或采用昆虫性诱剂诱杀成虫。

立枯病：秧苗一叶一心时，用敌克松70%敌克松700倍液喷雾喷施秧苗，并每天灌一次"跑马水"，小水勤灌，防止死苗面积进一步扩大。

（9）及时收获

完熟期（抽穗后45 d）。适时收获、力争高产丰收。面对当前水稻种植效益比较低、劳动力紧张的突出问题，有必要推广应用水稻机械化收割。

7.4.3 玉米灾害防控技术体系

重庆市的玉米种植仅次于水稻，是重要的粮食作物之一。全市玉米常年种植面积近46.67万 hm²，单产360 kg/亩左右。玉米产量约占粮食总产量的20%。目前主要栽培技术包括：种子包衣、适时播种、选用良种、肥团育苗移栽、田坎种植、单株定向密植、地膜覆盖栽培、春玉米间种夏玉米、补施粒肥、人工辅助授粉和重大病虫害防治等。

影响重庆市玉米生产的自然灾害主要为：开花期遇到的连阴雨、后期的高温干旱（夏伏旱）等。其中，夏伏旱是影响玉米单产最主要的自然灾害。在高温干旱条件下，玉米植株蒸腾作用强，水分供求失调，导致青干逼熟，籽粒灌浆膨大受阻，花粉活力减低，结实率下降。主要减灾关键技术是选育耐高温耐阴湿优良品种、育苗移栽、人工辅助授粉、地膜覆盖、使用保水剂、喷施抗旱剂等。

（1）优选品种

选用高抗、耐密植的高产紧凑型中熟玉米杂交种，如成单 14、渝单 30、渝糯 851、渝青玉 3 号、农祥 11、中科玉 9699 等由国家或重庆市农作物品种审定委员会审定（认定）的品种。

（2）适时早播

河谷浅丘区和平坝区播种时间一般在 3 月中、下旬，深丘峡谷区和中山区一般在 4 月中旬。做到抢墒播种，提早玉米播期，可以有效躲避后期的高温伏旱对玉米产量形成的影响。

（3）肥球育苗

拱棚育苗可以有效避开春旱、春寒，争取农时季节，调节玉米生育期和防御自然灾害，是玉米生产上抗逆避灾的一项重要增产措施。一般采用肥球育苗移栽技术。

用细筛土、优质腐熟农家肥、锌肥、尿素等混匀揉搓成球，制作肥团，要做到肥团个体大，严格单粒播种。

播种前精选玉米种，晒种 1～2 d，提高种子发芽势和发芽率。用玉米专用种衣剂进行种子包衣，可以预防病虫害。

（4）适时移栽

玉米单株定向密植具有很大的增产潜力，能充分发挥个体潜力和群体优势。要求玉米长至 2 叶 1 心至 3 叶 1 心移栽，种植密度根据品种特性、土壤肥力和施肥水平来确定。一般肥田宜稀瘦田宜密，中等田块每亩在 2 800～3 000 株。

（5）合理施肥

多施有机肥料，倡导秸秆还田。肥料分为农家肥和商品肥。前者如绿肥、沤肥、厩肥等，后者如无机化肥、微生物肥料、腐殖酸类肥料等。有效把握玉米生长时期的需肥量对玉米增产十分重要。玉米长至 6～7 片叶时每亩追施碳铵 15～25 kg。而玉米需肥量最多、需肥强度最大的时期是大喇叭口期，平均每亩追施 12 kg 尿素或农家肥 1 500 kg 加 50% BB 肥 25～30 kg。

（6）水分管理

中耕避免土壤板结，一般选晴天土壤湿度不大时进行。幼苗期土壤易板结，中耕次数宜多；拔节期，中耕次数宜少；伏旱期，土壤粘重，应多中耕；雨后或灌水后应及时中耕，避免土壤板结。拔节至大喇叭口期结合培土蓄水保墒。

清沟排水可以有效防止渍害。连阴雨时期，及时清理田间背沟和边沟可以降低田间涝害和湿害，并在灾后放晴间歇喷洒 0.5% 尿素 + 0.2% 磷酸二氢钾实施根外追肥，喷施时一定要确保尿素和磷酸二氢钾完全溶解混匀，以免局部浓度过高导致外叶灼烧，加剧灾害程度；一般连续两次，间隔 7 d。若遇暴风雨，应及时扶正倒伏玉米，喷水清洗苗叶片，增加叶片透光，利于恢复叶片正常光合生产。

（7）病虫防治

玉米幼苗期杂草最易滋生，应结合中耕清除田间杂草；拔节至大喇叭口期结合培土清除杂草。

玉米病虫害主要防治"三病一虫"，即大斑病、小斑病、纹枯病和玉米螟。

大斑病、小斑病：发病条件：温度 18 ~ 22 ℃，高湿、多雨、多雾或连阴雨天气。防治：在发病初始期防治，可选用 70% 甲基托布津，50% 多菌灵 800 倍。治疗可使用白克或百功 1 500 ~ 2 000 倍。

纹枯病：可使用 22% 好力克和 5% 井刚霉素在发病初期防治。

玉米螟：玉米新叶末期容易产生玉米螟，可使用 1% 甲氨基阿维菌素苯甲酸盐乳油。使用方法：按每亩 10.8 ~ 14.4 g 拌 10 kg 细沙土成为毒土，撒入玉米新叶丛最上面 4 ~ 5 个叶片内，防治效果较好。

（8）培土防倒

培土可以防止玉米倒伏，同时清除杂草，蓄水保墒。一般拔节至大喇叭口期进行培土，高度在 6 ~ 10 cm。

（9）人工授粉

在玉米开花期遇到连阴雨，必要的人工辅助授粉可以促进玉米灌浆，提高结实率。

（10）适时收获

完熟期收获：玉米的成熟期可分为 3 个时期：乳熟期、蜡熟期和完熟期。完熟期标准为籽粒基部剥离层组织变黑，乳线消失，黑层出现。

秸秆还田：玉米收获后，除青贮玉米秸秆作为牲畜饲料外，其余的全部进行还田，实现土地的用养结合，达到保护性耕作的目的。

安全储藏：果穗收获后经晾晒（籽粒水分在 16% 以下）、脱粒精选入库。用于储藏的库房应干燥通风并时常检查，防止虫蛀、鼠害和霉变。

参考文献

白向历. 2009. 玉米抗旱机制及鉴定指标筛选的研究 ［D］. 沈阳：沈阳农业大学.

白志英，李存东，孙红春，等. 2009. 干旱胁迫对小麦叶片叶绿素和类胡萝卜素含量的影响及染色体调控 ［J］. 华北农学报，24（1）：1-6.

鲍文. 2011. 气象灾害对我国西南地区农业的影响及适应性对策研究 ［J］. 农业现代化研究，32（1）：59-63.

鲍思伟. 2001. 水分胁迫对蚕豆（Vicia faba L.）光合作用及产量的影响 ［J］. 西南民族学院学报：自然科学版，27（4）：446-449.

才卓，郭庆法，等. 2004. 中国玉米栽培学 ［M］. 上海科学技术出版社.

曹永翔，张喜春，高杰. 2009. 外源物质处理对番茄抗冷性的影响 ［J］. 中国农学通报，25（9）：131-135.

陈军，戴俊英. 1996. 干旱对不同耐性玉米品种光合作用及产量的影响 ［J］. 作物学报，22（6）：757-762，774.

陈夔. 2012. 我国南方地区多熟种植制度的模式及效益浅析 ［J］. 南方农业，6（3）：13-15.

陈颖，沈惠娟. 1997. 3个南方造林树种幼苗抗旱性的比较 ［J］. 江苏林业科技，24（4）：11-14.

陈大清，李亚男. 1997. 氯化钙和海藻糖浸种对杂交种子人工老化的保护效应 ［J］. 华中农业大学学报，16（4）：325-327.

陈贵川，沈桐立，何迪. 2006. 江南丘陵和云贵高原地形对一次西南涡暴雨影响的数值试验 ［J］. 高原气象，25（2）：277-284.

陈国平，李伯航. 1996. 紧凑型玉米高产栽培的理论与实践 ［J］. 北京：中国农业出版社.

陈国平，赵仕孝，刘志文. 1989. 玉米的涝害及其防御措施的研究—Ⅱ、玉米在不同生育期对涝害的反应 ［J］. 华北农学报，4（1）：16-22.

陈红妙，谢振文，刘平，等. 2013. 干旱胁迫对水稻叶表面蜡质积累的影响 ［J］.

基因组学与应用生物学，32（6）：777-781.

陈杰中，徐春香.1998.植物冷害及其抗冷生理［J］.福建果树（2）：21-23.

陈郡雯，吴卫，郑有良，等.2010.聚乙二醇（PEG-6000）模拟干旱条件下白芷苗期抗旱性研究［J］.中国中药杂志，35（2）：149-153.

陈立娟，王瑞华.2015.伏旱对玉米生长的影响及防御对策［J］.安徽农学通报，21（7）：57-58.

陈立松，刘星辉.1997.作物抗旱鉴定指标的种类及其综合评定［J］.福建农业大学学报，26（1）：48-55.

陈明昌，吴惠琼.2013.宣威市玉米少（免）耕"窝塘式"抗旱集雨节水栽培集成技术［J］.云南农业科技（6）：38-40.

陈文超，杨博智，周书栋，等.2011.3种诱导剂对辣椒幼苗抗寒性的影响［J］.湖南农业大学学报，37（4）：396-399.

陈义轩.2008.玉米抗旱保墒栽培技术［J］.中国种业（11）：65-66.

陈玉波.2004.地麦良种"云麦39"及其高产栽培［J］.云南农业科技（6）：36.

陈宗瑜.2001.云南气候总论［M］.北京：气象出版社.

成福云.2003.2002年全国旱灾及抗旱行动情况［J］.中国防汛抗旱，13（10）：59-63.

程静，陶建平.2010.全球气候变暖背景下农业干旱灾害与粮食安全—基于西南五省面板数据的实证研究［J］.经济地理，30（9）：1 524-1 528.

程加省，于亚雄，杨金华，等.2012.云南小麦隐性自然灾害成因及防控途径分析［J］.作物杂志（6）：115-118.

程勇翔，王秀珍，郭建平，等.2012.农作物低温冷害监测评估及预报方法评述［J］.中国农业气象，33（2）：297-303.

崔读昌.1999.中国农业气候学［M］.杭州：浙江科学技术出版社.

戴高兴，邓国富，周萌.2006.干旱胁迫对水稻生理生化的影响［J］.广西农业科学，37（1）：4-6.

戴陆园，吴丽华，王琳，等.2004.云南野生稻资源考察及分布现状分析［J］.中国水稻科学，18（2）：104-108.

戴陆园，叶昌荣，余腾琼，等.2002.水稻耐冷性研究Ⅰ.稻冷害类型及耐冷性鉴定评价方法概述［J］.西南农业学报，15（1）：41-45.

戴陆园，叶昌荣，余腾琼，等.2002.云南稻种资源的利用及有关研究进展［J］.植物遗传资源科学，3（2）：56-61.

单长卷，卫秀英，鲁玉贞，等.2006.冬小麦品种幼苗对水分胁迫的响应及其抗旱性 [J]. 灌溉排水学报，25（15）：30－32.

党秋玲，余超，等.2005.ABA 处理种子对加工番茄幼苗抗寒力及相关生理指标的影响 [J]. 石河子大学学报（自然科学版），23（3）：349－351.

邓如福，裴炎，王瑜宁，等.1991.海藻糖对水稻幼苗抗寒性研究 [J]. 西南农业大学学报，13（3）：347－350.

董海萍，赵思雄，曾庆存.2005.我国低纬高原地区初夏强降水天气研究Ⅱ.2005 与 2001 年 5 月云南旱涝成因的对比分析 [J]. 气候与环境研究，10（3）：460－473.

董谢琼，段旭.1998.西南地区降水量的气候特征及变化趋势 [J]. 气象科学，18（3）：239－247.

董永华，史吉平，韩建民.1995.干旱对玉米幼苗 PEP 羧化酶活性的影响 [J]. 玉米科学，3（2）：54－57.

窦超银，于景春，于秀琴.2013.玉米不同生育期受旱对植株性状和产量的影响//中国水利学会 2013 学术年会论文集—S3 防汛抗旱减灾 [C]. 中国水利学会.

段骅.2013.高温与干旱对水稻产量和品质的影响及其生理机制 [D]. 扬州：扬州大学.

段旭，李英，孙晓东.2002.昆明准静止锋结构 [J]. 高原气象，21（2）：205－209.

段德玉，刘小京，李伟强，等.2003.夏玉米地膜覆盖栽培的生态效应研究 [J]. 干旱地区农业研究，21（4）：6－9.

段辉国，袁澍，刘文娟，等.2005.多胺与植物逆境胁迫的关系 [J]. 植物生理学通讯，41（4）：531－536.

段素梅，杨安中，黄义德.2014.干旱胁迫对水稻生长、生理特性和产量的影响 [J]. 核农学报，28（6）：1 124－1 132.

段志龙，王长军.2010.作物抗旱性鉴定指标及方法 [J]. 中国种业（9）：19－22.

范林林，高元惠，高丽朴，等.2015.1－MCP 处理对西葫芦冷害和品质的影响 [J]. 食品工业科技，17（36）：330－334.

范永利.2004.植物胁迫激素的生理生态作用 [J]. 皖西学院学报，20（2）：37－38.

方文松，刘荣花，邓天宏.2010.冬小麦生长发育的适宜土壤含水量 [J]. 中国农业气象，31（1）：73－76.

费明慧.2011.水分胁迫对小麦幼苗生长及抗氧化能力影响［J］.吉林师范大学学报（自然科学版），32（1）：43－44，61.

冯琳.2008.2007年全国旱情及抗旱情况［J］.中国防汛抗旱，18（1）：66－70.

冯琳.2009.2008年全国旱灾及抗旱情况［J］.中国防汛抗旱，19（1）：68－70.

冯禹，崔宁博，徐燕梅，等.2015.贵州省干旱时空分布特征研究［J］.干旱区资源与环境，29（8）：82－86.

冯建灿，郑根宝，何威，等.2005.抗蒸腾剂在林业上的应用研究进展与展望［J］.林业科学研究，18（6）：755－760.

冯建设，王建源，王新堂，等.2011.相对湿润度指数在农业干旱监测业务中的应用［J］.应用气象学报，22（6）：766－772.

付凤玲，周树峰，潘光堂，等.2003.玉米耐旱系数的多元回归分析［J］.作物学报，29（3）：468－472.

盖红梅，王兰芬，游光霞，等.2009.基于SSR标记的小麦骨干亲本育种重要性研究［J］.中国农业科学，42（5）：1 503－1 511.

高东，何霞红，朱有勇.2010.农业生物多样性持续控制有害生物的机理研究进展［J］.植物生态学报，34（9）：1 107－1 116.

高峰，胡继超，卞斌.2007.国内外土壤水分研究进展［J］.安徽农业科学，35（34）：11 146－11 148.

高宁，景蕊莲，陈耀锋，等.2003.作物抗旱相关分子标记及其辅助选择的研究进展［J］.植物遗传资源学报，4（3）：274－278.

高吉寅.1983.加拿大农业部生物与化学研究所抗逆生理研究［J］.作物品种资源（3）：42－43.

高秀琴，兰进好，林琪，等.2008.部分旱地小麦品种（系）遗传多样性的SSR分析［J］.麦类作物学报，28（4）：577－581.

葛体达，隋方功，白莉萍，等.2005.水分胁迫下夏玉米根叶保护酶活性变化及其对膜脂过氧化作用的影响［J］.中国农业科学，38（5）：922－928.

耿立清，张凤鸣，许显滨，等.2004.低温冷害对黑龙江水稻生产的影响及防御对策［J］.中国稻米，10（5）：33－34.

苟作旺，杨文雄，刘效华.2008.水分胁迫下旱地小麦品种形态及生理特性研究［J］.农业现代化研究，29（4）：503－505.

关贤交，欧阳西荣.2004.玉米低温冷害研究进展［J］.作物研究，18（S1）：353－357.

贵州省质量监督局，贵州省标准化管理委员会.贵州省干旱标准[S]. DB52/T1030 – 2015.

郭铌，王小平.2015.遥感干旱应用技术进展及面临的技术问题与发展机遇［J］. 干旱气象，33（1）：1 – 18.

郭确，潘瑞炽.1984. ABA 对水稻幼苗抗冷性的影响［J］. 植物生理学报，10（4）：295 – 302.

郭风领，鲁育华，等.2000.外源 ABA 对番茄苗期和开花期抗冷特性的影响［J］. 山东农业大学学报（自然科学版），31（4）：357 – 362.

郭贵华，刘海艳，李刚华，等.2014. ABA 缓解水稻孕穗期干旱胁迫生理特性的分析［J］. 中国农业科学，47（22）：4 380 – 4 391.

郭建平，高素华.2003.土壤水分对冬小麦影响机制研究［J］. 气象学报，61（4）：501 – 506.

郭庆海.2010.中国玉米主产区的演变与发展［J］. 玉米科学，18（1）：139 – 457.

郭元忠.2013.简述玉米抗旱栽培技术方法［J］. 农村实用科技信息（8）：6.

韩涛，黄漫青，等.2005.多胺生物合成抑制剂结合热处理后番茄冷害、多胺含量的变化及其相关性分析［J］. 西北植物学报，25（5）：962 – 967.

韩翠英，刘秉焱，刘虎岐.2015.干旱胁迫下不同品种小麦 4 种功能基因的表达模式及相关生理指标分析［J］. 西北农业学报，24（10）：28 – 34.

韩金龙，王同燕，徐子利，等.2010.玉米抗旱机理及抗旱性鉴定指标研究进展［J］. 中国农学通报，26（21）：142 – 146.

韩静艳.2011.气候变化下西南地区旱涝时间变化规律研究［D］. 郑州：华北水利水电学院.

韩蕊莲，李丽霞，梁宗锁.2003.干旱胁迫下沙棘叶片细胞膜透性与渗透调节物质研究［J］. 西北植物学报，23（1）：23 – 27.

郝格格，孙忠富，张录强，等.2009.脱落酸在植物逆境胁迫研究中的进展［J］. 中国农学通报，25（18）：212 – 215.

何兵，陈其兵，潘远智.2004.几个一品红品种低温胁迫的生理胁迫反应［J］. 四川农业大学学报，22（4）：332 – 335.

何亚丽，刘友良，陈权，等.2002.水杨酸和热锻炼诱导的高羊茅幼苗的耐热性与抗氧化的关系［J］. 植物生理与分子生物学学报，28（2）：89 – 95.

侯威，陈峪，李莹，等.2013 年中国气候概况［J］. 气象，40（4）：482 – 493.

侯建华，吕凤山.1995.玉米苗期抗旱性鉴定研究［J］. 华北农学报，10（3）：

89 – 93.

胡海军, 王志斌, 陈凤玉, 等.2009.玉米冷害生理机制研究进展 [J]. 玉米科学, 17 (2): 149 – 152.

胡豪然, 梁玲.2015.近50年西南地区降水的气候特征及区划 [J]. 西南大学学报: 自然科学版, 37 (7): 146 – 154.

胡荣海, 周莉, 昌小平.1989.苗期抗旱性鉴定方法——不同水分梯度法 [J]. 种子 (1): 62 – 65.

胡位荣, 刘顺枝, 张昭其, 等.2006.1 – 甲基环丙烯处理荔枝果实减轻其储藏中冷害的研究 [J]. 园艺学报, 33 (6): 1 203 – 1 208.

胡又厘.1992.余甘根和叶的形态解剖特征与耐旱性的关系 [J]. 福建农学院学报, 04: 413 – 417.

胡宗利, 夏玉先, 陈国平, 等.2004.海藻糖的生产制备及其应用前景 [J]. 中国生物工程杂志, 24 (4).

虎彦芳, 谢荣芳.2010.小麦抗旱高产栽培技术 [J].云南农业 (10): 9.

户倩, 宋庄浦, 陈媛, 等.2015.不同生育时期缺水对玉米产量的影响 [J]. 科技致富向导, 03: 8 – 174.

黄涛, 陈大洲, 夏凯, 等.1998.抗冷与不抗冷水稻在低温期间叶片 ABA 与 GA1 水平变化的差异 [J]. 华北农学报, 13 (4): 56 – 60.

黄翔.2011.复合生物制剂对黄瓜幼苗抗寒性的影响 [J]. 湖北农业科学, 50 (4): 741 – 744.

黄昌明, 姚雄.2014.重庆浅丘河谷区杂交水稻精确定量栽培技术及推广建议 [J]. 农技服务, 31 (7): 237 – 238.

黄道友, 彭廷柏, 王克林, 等.2003.应用 Z 指数方法判断南方季节性干旱的结果分析 [J]. 中国农业气象, 24 (4): 12 – 15.

黄家龙.1996.贵州省干旱灾害时空分布及其变化趋势的初步分析 [J]. 贵州气象, 20 (6): 14 – 18.

黄丽华.2006.甜菜碱对玉米幼苗抗寒性的影响 [J].湖北农业科学报, 45 (2): 168 – 170.

黄晚华, 杨晓光, 李茂松, 等.2010.基于标准化降水指数的中国南方季节性干旱近58a演变特征 [J]. 农业工程学报, 26 (7): 50 – 59.

黄新奇.2005.云南作物种质资源 [M]. 昆明:云南科技出版社.

黄中艳.2009.云南农业低温冷害特点及其防御对策 [J]. 云南农业科技 (4):

6 – 8.

霍治国，李世奎，王素艳，等.2003.主要农业气象灾害风险评估技术及其应用研究［J］.自然资源学报，18（6）：692 – 703.

姬广海，张世光，钱君.2003.云南水稻白叶枯病菌生理小种初析［J］.植物保护，29（1）：19 – 21.

吉增宝，王进鑫，李继文，等.2009.不同季节干旱及复水对刺槐幼苗可溶性糖含量的影响［J］.西北植物学报，29（7）：1 358 – 1 363.

季彪俊.2004.水稻耐冷性生理遗传机制研究进展［J］.河南科技大学学报：农学版，24（3）：6 – 11.

贾汀.2007.2006 年全国旱灾及抗旱减灾情况［J］.中国防汛抗旱，17（1）：54 – 58.

简令成，王红，孙龙华，等.1994.植物抗寒剂对培育冬小麦壮苗、提高越冬存活率及产量的作用使用［J］.植物学通报，11（特刊）：144 – 147.

江学海，李刚华，王绍华，等.2015.不同生育阶段干旱胁迫对杂交稻产量的影响［J］.南京农业大学学报，38（2）：173 – 181.

姜鹏，李曼华，薛晓萍，等.2013.不同时期干旱对玉米生长发育及产量的影响［J］.中国农学通报，29（36）：232 – 235.

蒋太明.2005.降水入渗与土壤水分动态模型研究进展［J］.贵州农业科学，33（增刊）：83 – 88.

蒋同生，吴金钟，王贵学，等.2010.重庆涪陵稻区水稻叶鞘腐败病的发生与防控技术研究［J］.西南师范大学学报：自然科学版，35（5）：100 – 105.

蒋志农.1995.云南稻作［M］.昆明：云南科技出版社.

矫江，许显滨，孟英.2004.黑龙江省水稻低温冷害及对策研究［J］.中国农业气象，25（2）：26 – 28.

解静，罗自生.2011.1 – 甲基环丙烯对番茄冷害的影响［J］.园艺学报，38（2）：281 – 287.

井春喜，张怀刚，师生波，等.2003.土壤水分胁迫对不同耐旱性春小麦品种叶片色素含量的影响［J］.西北植物学报，23（5）：811 – 814.

景蕊莲，昌小平，胡荣海.1998.冬小麦幼苗根系形态性状及抗旱性的遗传［J］.遗传，20（S1）：89 – 92.

景蕊莲，昌小平.1999.SSR 标记在小麦种质资源研究中的应用［J］.作物品种资源（2）：18 – 21.

景蕊莲, 昌小平.2003.用渗透胁迫鉴定小麦种子萌发期抗旱性的方法分析 [J].植物遗传资源学报, 4 (4): 292 -296.

景蕊莲.2007.作物抗旱节水研究进展 [J].中国农业科技导报, 9 (1): 1 -5.

孔萍, 殷剑敏, 肖金香, 等.2010.我国南方晚稻孕穗期旱灾指标试验研究 [J].气象科技, 38 (4): 500 -503.

孔祥彬, 白星焕, 王同芹, 等.2009.玉米抗 (耐) 旱性的分子遗传研究进展 [J].玉米科学, 17 (5): 58 -60.

孔圆圆, 徐刚.2007.重庆市自然灾害对农业经济发展的影响与对策 [J].安徽农业科学, 35 (11): 3 412 -3 413.

匡勇, 夏石头.2007.干旱对水稻生长发育的影响及提高水稻抗旱性的途径 [J].北京农业, 36 (12): 8 -14.

匡银近, 叶桂萍, 覃彩芹, 等.2009.壳寡糖浸种对水稻幼苗抗冷性的影响 [J].湖北农业科学报, 48 (7): 1 568 -1 571.

赖运平, 李俊, 张泽全, 等.2009.小麦苗期抗旱相关形态指标的灰色关联度分析 [J].麦类作物学报, 29 (6): 1 055 -1 059.

兰巨生, 胡福顺, 张景瑞.1990.作物抗旱指数的概念和统计方法 [J].华北农学报, 5 (2): 20 -25.

黎裕, 王天宇, 刘成, 等.2004.玉米抗旱品种的筛选指标研究 [J].植物遗传资源学报, 5 (3): 210 -215.

黎克毅.2013.玉米高产种植栽培管理技术研究 [J].农家科技 (10): 57.

李德, 祁宦, 马晓群, 等.2014.安徽淮北平原冬小麦不同发育期干旱等级的形态特征指标 [J].中国农学通报, 30 (18): 198 -208.

李耕, 高辉远, 赵斌, 等.2009.灌浆期干旱胁迫对玉米叶片光系统活性的影响 [J].作物学报, 35 (10): 1 916 -1 922.

李国, 吴学荣, 林传富.2009.玉米抗旱性生理生化研究进展 [J].温州农业科技 (1): 14 -19.

李娟, 孟庆平, 杨俊才, 等.2014.康平县干旱对玉米生长发育影响与对策研究 [J].现代农业 (4): 98 -101.

李平, 王以柔, 刘鸿先.1989.鉴定水稻幼苗抗冷力的方法探讨 [J].中国农业科学, 22 (3): 80 -86.

李莹, 高歌, 叶殿秀, 等.2012.2011 年中国气候概况 [J].气象, 38 (4): 464 -471.

李合生.2006.现代植物生理学 [M].北京: 高等教育出版社, 341 -344.

李健陵，霍治国，吴丽姬，等.2014.孕穗期低温对水稻产量的影响及其生理机制 [J].中国水稻科学，28（3）：277-288.

李金洪，李伯航.1993.植物抗蒸腾剂的研究与应用 [J].中国农学通报，9（4）：28-32.

李锦树，王洪春，王文英，等.1983.干旱对玉米叶片细胞透性及膜脂的影响 [J].植物生理学报，9（3）：223-229.

李茂松，李森，张述义，等.2003.一种新型FA抗蒸腾剂对春玉米生理调节作用的研究 [J].中国农业科学，36（11）：1 266-1 271.

李茂松，李森，张述义，等.2005.灌浆期喷施新型FA抗蒸腾剂对冬小麦的生理调节作用研究，中国农业科学，38（4）：703-708.

李善菊，任小林.2005.植物水分胁迫下功能蛋白的研究进展 [J].水土保持研究，12（3）：64-69.

李淑芬.2014.浅析重庆市玉米栽培现状及发展对策 [J].中国农业信息（1）：57.

李太贵，Visperas R. M，Vergara B. S.1981.水稻抗冷性与不同生长阶段的关系 [J].Journal of Integrative Plant Biology，23（3）：203-207.

李维华.2003.干旱致灾机理分析 [J].四川气象，23（4）：40-43.

李向东，范翠丽，曹熙敏.2011.PEG模拟干旱条件下4个玉米品种的苗期抗旱性研究 [J].现代农业科技（1）：71-72.

李雪华，蒋德明，阿拉木萨，等.2002.科尔沁沙地4种植物抗旱性的比较研究 [J].应用生态学报，13（11）：1 385-1 388.

李训贞，梁满中，周广洽，等.2001.水稻抗寒剂的效应及其施用技术 [J].生命科学研究，5（1）：80-83.

李叶蓓，陶洪斌，王若男，等.2015.干旱对玉米穗发育及产量的影响 [J].中国生态农业学报，23（4）：383-391.

李迎春，张超英，庞启华，等.2008.干旱胁迫下小麦在不同生育时期的耐旱性研究 [J].西南农业学报，21（3）：621-624.

李成业，熊昌明，魏仙居.2006.中国水稻抗旱研究进展 [J]，作物研究，20（5）：426-434.

李映雪，赵致.2002.玉米抗旱与节水栽培技术研究进展 [J].贵州大学学报，21（1）：51-56，69.

李玉柱，许炳南.2001.贵州短期气候预测技术 [M].北京：气象出版社.

李运朝，王元东，崔彦宏，等.2004.玉米抗旱性鉴定研究进展 [J].玉米科学，

12（1）：63 – 68.

李兆亮，原永兵，刘成连，等.1998.水杨酸对叶片抗氧化剂酶系的调节作用［J］.植物学报，40（4）：356 – 361.

李自超，张红亮，曾亚文，等.2001.云南稻种资源表型遗传多样性的研究［J］.作物学报，27（5）：832 – 837.

李自超，张洪亮，孙传清.1999.植物遗传资源核心种质研究现状与展望［J］.中国农业大学学报，4（5）：51 – 62.

励立庆.2002.抗寒型和天然型种衣剂包膜对超甜玉米种子活力和田间表现的影响［D］.浙江：浙江大学.

利容千，王建波.2002.植物逆境细胞及生理学［M］.武汉：武汉大学出版社.

梁峥，路爱玲，邹喻萍，等.1988.PEG引发对吸胀冷害敏感大豆种子蛋白质合成的影响［J］.自然杂志，11（9）：714 – 715.

梁峥，骆爱玲.1995.甜菜碱和甜菜碱合成酶［J］.植物生理学通讯，31（1）：1 – 8.

林定波，刘祖祺，张石城.1994.多胺对柑桔抗寒力的效应［J］.园艺学报，21（3）：222 – 226.

刘琳，谭明，郑德超.2013.水稻覆膜节水抗旱栽培示范技术与成效［J］.农技服务，30（4）：364 – 366.

刘琳.2013.玉米单垄覆膜集雨沟播抗旱栽培研究［J］.农技服务，30（2）：158 – 160.

刘鹏，阮长春，任英，等.2009.玉米品种抗旱性指标筛选的研究［J］.吉林农业科学，34（4）：21 – 24.

刘德兵，魏军亚，崔百明，等.2007.脱落酸对香蕉幼苗抗寒性的影响［J］.热带作物学报，28（2）：1 – 4.

刘佃林.2007.植物生理学［M］.北京：北京大学出版社，59 – 63.

刘定辉，刘永红，熊洪，等.2011.西南地区农业重大气象灾害危害及监测防控研究［J］.中国农业气象，32（S1）：208 – 212.

刘飞虎，梁雪妮，张寿文.2001.运用生理生化、形态解剖指标综合评价苎麻抗旱性［J］.湖北农业科学，40（3）：16 – 19.

刘庚山，郭安红，安顺清，等.2004.帕默尔干旱指标及其应用研究进展［J］.自然灾害学报，13（4）：21 – 27

刘国华，陈立云，李国泰.1993.晚稻新组合及其恢复系耐冷性生理生化指标分析

236

［J］. 杂交水稻，8（4）：32－35.

刘洪岫.2016.2015 年全国旱灾及抗旱工作情况［J］. 中国防汛抗旱，26（1）：27－30.

刘鸿先，曾韶西，王以柔，等.1987.低温对杂优水稻及其亲本幼苗中超氧物歧化酶的影响［J］. Journal of Integrative Plant Biology，29（3）：262－270.

刘建刚，谭徐明，万金红，等.2011.2010 年西南特大干旱及典型场次旱灾对比分析［J］.中国水利（9）：17－19，42.

刘剑丰，陈立云.1996.水稻耐冷性研究进展［J］.作物研究，10（2）：41－43.

刘丽艳.2009.浅谈玉米高产栽培法［J］. 黑龙江科技信息（18）：127.

刘宪锋，朱秀芳，潘耀忠，等.2015.农业干旱监测研究进展与展望［J］. 地理学报，70（11）：1 835－1 848.

刘雪梅.1996.贵州夏旱的基本规律及其对策研究［J］. 贵州气象，20（6）：19－21.

刘永红，何文铸，杨勤，等.2007.花期干旱对玉米籽粒发育的影响［J］. 核农学报，21（2）：181－185.

刘永红，等.2011.四川季节性干旱与农业防控节水技术研究［M］.北京：科学出版社.

刘友良.1992.植物水分逆境生理［M］. 北京：农业出版社.

刘振林，杨军，金桂秀，等.2015.山东水稻稻瘟病发病规律、特点及防治措施［J］. 安徽农业科学，43（14）：105－106.

娄伟平，孙永飞，吴利红，等.2007.孕穗期气象条件对水稻每穗总粒数和结实率的影响［J］.中国农业气象，28（30）：296－299.

鲁永新，张中平，曹利民，等.2013.云南小麦种植气候生态类型区划及评价［J］. 浙江农业学报，25（4）：689－695.

鲁永新，邹萍，张中平，等.2012.云南小麦种植气候生态类型区划［J］. 贵州农业科学，40（12）：191－194.

路贵和.2005.玉米种质资源抗旱性评价及其遗传基础研究［D］.北京：中国农业大学.

路海东，薛吉全，赵明，等.2006.玉米高产栽培群体密度与性状指标研究［J］.玉米科学，14（5）：111－114.

罗民.2011.玉米栽培中应用抗旱保水剂的效果分析［J］.科技致富向导（14）：356.

罗宁.2006.中国气象灾害大典（贵州卷）［M］.北京：气象出版社.

罗影，赵军，王剑虹，等.2015.转基因小麦抗旱性鉴定及相关指标灰色关联度分析［J］.干旱地区农业研究，33（1）：48－53.

罗长寿，魏朝富，李瑞雪.2002.时序模型在四川盆地土壤水分动态预报中的应用［J］.西南农业大学学报，24（5）：464－466.

罗成德，王付军.2009.川西高原的地质、地貌旅游资源研究［J］.乐山师范学院学报，24（5）：74－77.

罗孳孳，阳园燕，唐余学，等.2011.气候变化背景下重庆水稻高温热害发生规律研究［J］.西南农业学报，24（6）：2 185－2 189.

吕凤华，谭国波.2011.玉米不同时期水分胁迫对产量和光合生理的影响［J］.吉林农业科学，36（3）：7－8，12.

马富举，李丹丹，蔡剑，等.2012.干旱胁迫对小麦幼苗根系生长和叶片光合作用的影响［J］.应用生态学报，23（3）：724－730.

马履一.1997.国内外土壤水分研究现状与进展［J］.世界林业研究，9（5）：26－32.

马盼盼，胡占菊，高岭巍.2014.高温干旱对玉米吐丝、灌浆期的影响及应对措施［J］.农业科技通讯（6）：155－156.

马树庆，王琪，陈凤涛，等.2015.春旱背景下春玉米苗情对产量的影响及减产评估模式［J］.农业工程学报，31（S1）：171－179.

马树庆，王琪，沈享文，等.2003.水稻障碍型冷害损失评估及预测动态模型研究［J］.气象学报，61（4）：507－512.

马文月.2004.植物冷害和抗冷害的研究进展［J］.安徽农业科学报，32（5）：1 003－1 006.

马银月，冯俊，王树勇.2009.江苏苏中地区水稻早直播的风险防范技术［J］.中国种业（8）：66－67.

马宗仁，郭博.1991.短芒披碱草和老芒麦在水分胁迫下游离脯氨酸积累的研究［J］.中国草地，13（4）：12－16.

孟英，李明，王连敏，等.2009.低温冷害对玉米生长影响及相关研究［J］.黑龙江农业科学（4）：150－153.

孟庆伟，李德全，赵世杰，等.1994.土壤缓慢脱水对冬小麦渗透调节、光合作用和膜脂过氧化的影响［J］.山东农业大学学报，25（1）：9－14.

南纪琴，刘战东，肖俊夫，等.2012.不同生育期干旱对南方春玉米生长发育及水

分利用效率的影响 [J]. 中国农学通报, 28 (3)：55-59.

聂华堂, 陈竹生, 计玉. 1991. 水分胁迫下柑橘的生理生化变化与抗旱性的关系 [J]. 中国农业科学, 24 (4)：14-18.

聂元元, 蔡耀辉, 颜满莲, 等. 2011. 水稻低温冷害分析研究进展 [J]. 江西农业学报, 23 (3)：63-66.

农业部小麦专家指导组. 2011. 2011 年冬小麦抗旱促春管技术 [J]. 农民科技培训 (3)：22-24.

欧巧明, 倪建福, 马瑞君. 2005. 春小麦根系木质部导管与其抗旱性的关系 [J]. 麦类作物学报, 25 (3)：27-31.

庞晶, 覃军. 2013. 西南干旱特征及其成因研究进展 [J]. 南京信息工程大学学报：自然科学版, 5 (2)：127-134.

裴英杰, 郑家玲, 庾红, 等. 1992. 用于玉米品种抗旱性鉴定的生理生化指标 [J]. 华北农学报, 7 (1)：31-35.

彭国照, 田宏, 郭海燕. 2005. 四川凉山州水稻盛夏低温危害及对策 [J]. 西南农业大学学报 (自然科学版), 27 (6)：799-803.

彭新禧, 余腾琼, 李俊, 等. 2011. 云南滇西北高原粳稻区白叶枯病菌致病型鉴定及分布 [J]. 中国水稻科学, 25 (1)：107-111.

彭云玲, 赵小强, 任续伟, 等. 2014. 开花期干旱胁迫对不同基因型玉米生理特性和产量的影响 [J]. 干旱地区农业研究, 32 (3)：9-14.

彭子模. 2000. 亚硫酸氢钠对植物叶片气孔开度的调节作用 [J]. 新疆师范大学学报：自然科学版, 19 (2)：38-41.

齐冬梅, 周长艳, 李跃清, 等. 2012. 西南区域气候变化原因分析 [J]. 高原山地气象研究, 32 (1)：35-42.

乔勇进, 孙蕾, 房用, 等. 2003. 多胺在果蔬冷藏中生理效应和作用机制 [J]. 经济林研究, 21 (1)：14-17.

秦剑, 解明恩, 刘瑜, 等. 2000. 云南气象灾害总论 [M]. 北京：气象出版社.

秦剑, 琚建华, 解明恩. 1997. 低纬高原天气气候 [M]. 北京：气象出版社.

秦志英. 2000. 重庆市主要气象灾害分析 [J]. 西南师范大学学报：自然科学版, 25 (1)：78-85.

曲茂华, 张风英, 何名芳, 等. 2014. 海藻糖生物合成及应用研究进展 [J]. 食品工业科技, 35 (16)：358-362.

全瑞兰, 王青林, 马汉云, 等. 2015. 干旱对水稻生长发育的影响及其抗旱研究进展［J］. 中国种业（9）：12－14.

任军，黄志霖，曾立雄，等.2013.低温胁迫下植物生理反应机理研究进展［J］. 世界林业研究，26（6）：011－113.

任文伟，钱吉，马骏，等.2000.不同地理种群羊草在聚乙二醇胁迫下含水量和游离脯氨酸含量的比较［J］. 生态学报，20（2）：349－352.

沙依然·外力，葛道阔，曹宏鑫，等.2014.拔节抽穗期不同时长干旱胁迫对水稻冠层光谱特征的影响［J］. 中国农业气象，35（5）：586－592.

邵晓梅，严昌荣，徐振剑.2004.土壤水分监测与模拟研究进展［J］. 地理科学研究进展，23（3）：58－66.

邵艳军，山仑.2006.植物耐旱机制研究进展［J］. 中国生态农业学报，14，（4）：16－20.

沈漫，王明麻，黄敏仁.1997.植物抗寒机理研究进展［J］. 植物学通报，14（2）：1－8.

沈彦军，李红军，雷玉平.2013.太行山前平原冬小麦生育期干旱分析—以保定市为例［J］. 干旱地区农业研究，31（3）：223－230.

舒英杰，周玉丽，张子学，等.2006.水杨酸对黄瓜萌发种子抗冷性的影响［J］. 种子，25（5）：63－64，69.

宋超.2015.浅谈玉米优质高产栽培技术要点［J］. 农民致富之友（1）：38.

宋凤斌，徐世昌.2004.玉米抗旱性鉴定指标的研究［J］. 中国生态农业学报，12（1）：127－129.

宋丽莉，王春林，董永春.2001.水稻干旱动态模拟及干旱损失评估［J］. 应用气象学报，12（2）：226－233.

宋宇鹏.2008.天祝祁连山自然保护区四种植物抗旱性研究［D］. 兰州：甘肃农业大学.

苏福才，钱国珍，李巧玲，等.1996.欧李抗旱性主成分分析［J］. 内蒙古农牧学院学报，17（3）：62－66.

苏文潘，李茂富，黄华孙，等.2005.甜菜碱对低温胁迫下香蕉幼苗细胞膜保护酶活性的影响［J］.农业科学报，36（1）：21－24.

孙刚.2014.玉米种子抗寒剂的研究［D］. 沈阳：沈阳农业大学.

孙彩霞，沈秀瑛，郝宪彬，等.2000.根系和地上部生长指标与玉米基因型抗旱性的灰色关联度分析［J］. 玉米科学，8（1）：31－33.

孙存华，白嵩，白宝璋，等.2003.水分胁迫对小麦幼苗根系生长和生理状态的影

响 [J]. 吉林农业大学学报, 25 (5): 485 - 489.

孙存普, 张建中, 段绍瑾. 1999. 自由基生物学导论 [M]. 合肥: 中国科学技术大学出版社, 48 - 50.

孙国荣, 张睿, 姜丽芬, 等. 2001. 干旱胁迫下白桦 (Betula platyphylla) 实生苗叶片的水分代谢与部分渗透调节物质的变化 [J]. 植物研究, 21 (3): 413 - 415.

孙龙飞. 2013. 水稻根系干旱胁迫对叶片光合荧光特性的影响 [D]. 郑州: 河南农业大学.

孙守文, 王静, 刘凤兰, 等. 2011. 1 - MCP 处理对巴仁杏冷藏期间生理特性的影响 [J]. 农业科学报, 48 (6): 1 049 - 1 055.

孙宪芝, 郑成淑, 王秀峰. 2007. 木本植物抗旱机理研究进展 [J]. 西北植物学报, 27 (3): 628 - 634.

孙玉洁, 金鹏, 单体敏, 等. 2014. 甜菜碱处理对枇杷果实采后冷害和活性氧代谢的影响 [J]. 食品科学报, 35 (14): 210 - 215.

孙玉洁, 王国槐. 2011. 外源生长调节剂对植物抗寒性的影响 [J]. 作物研究, 25 (3): 287 - 291.

孙玉亭, 王书裕, 杨永岐. 1983. 东北地区作物冷害的研究 [J]. 气象学报, 41 (3): 313 - 321.

覃宇春. 2014. 浅谈玉米种植管理及病虫害防治 [J]. 新农村 (1): 104.

谭晓荣, 吴兴泉, 戴媛, 等. 2007. 小麦幼苗叶片活性氧清除能力对干旱胁迫的响应 [J]. 河南农业科学, 36 (1): 27 - 30.

汤日圣, 黄益洪, 唐现洪. 2002. 微生物源脱落酸 (ABA) 对辣椒苗耐冷性的影响 [J]. 江苏农业学报, 24 (4): 467 - 470.

汤日圣, 唐现洪, 钟雨, 等. 2006. 微生物源脱落酸 (ABA) 提高茄苗抗旱能力的效果及机理 [J]. 江苏农业学报, 22 (1): 10 - 13.

汤永禄, 黄钢, 袁礼勋, 等. 1999. 川西平原小麦免耕覆草高产高效栽培技术研究 [J]. 绵阳经济技术高等专科学校学报, 16 (3): 11 - 15.

汤永禄, 黄钢, 袁礼勋, 等. 2000. 小麦精量露播稻草覆盖高效栽培技术研究 [J]. 麦类作物学报, 20 (2): 42 - 47.

汤永禄, 李朝苏, 吴春, 等. 2013. 播种方式对丘陵旱地套作小麦立苗质量、产量及效益的影响 [J]. 中国农业科学, 46 (24): 5 089 - 5 097.

汤章城. 1991. 植物抗逆性生理生化研究的某些进展 [J]. 植物生理学通讯, 27 (2): 146 - 148.

唐磊.2005.贵州省干旱指标简介 [J]. 贵州气象, 29 (S1)：42 – 43.

陶云, 刘瑜, 张万诚, 等.2005.2002 年 8 月云南低温冷害天气的气候特征及其成因分析 [J]. 云南大学学报（自然科学版）, 27 (2)：129 – 132, 138.

陶宗娅, 邹琦, 彭涛, 等.1999.水杨酸在小麦幼苗渗透胁迫中的作用 [J]. 西北植物学报, 19 (2)：296 – 302.

田博荣, 张玉华.1992.抗寒剂的使用及其效果 [J]. 天津农林科技 (4)：43 – 44.

田红琳, 许明陆, 杨华, 等.2013.重庆市玉米栽培现状及发展对策 [J]. 安徽农学通报, 19 (1)：34 – 35.

田红琳, 杨华, 李晔, 等.2015.重庆市玉米"种三产四"丰产工程及配套栽培技术 [J]. 农业科技通讯 (5)：275 – 276.

田锦芬.2013.干旱对玉米生长发育的影响及预防措施 [J]. 北京农业 (21)：39.

田梦雨.2009.干旱胁迫对小麦苗期生长的影响及其生理机制 [D]. 南京：南京农业大学.

王丽, 郭跃泉, 李绍芹, 等.2013.水稻白叶枯病发生规律与防治措施 [J]. 农林科技 (21)：208.

王麒.2012.不同抗旱栽培技术模式对玉米生育性状及产量的影响 [J]. 黑龙江农业科学 (6)：24 – 26.

王伟, 孙丽丽, 张金艳.2015.几种药剂对水稻稻瘟病的防治效果研究 [J]. 安徽农学通报, 21 (Z1)：83 – 84.

王伟, 杨晓容, 何庆才, 等.2010.不同小麦品种在贵阳地区干旱条件下的光合特性 [J]. 贵州农业科学, 38 (10)：46 – 48, 51.

王琰, 狄晓艳, 马建平, 等.2009.8 个油松种源抗旱性的比较研究 [J]. 水土保持通报, 29 (4)：46 – 50.

王毅.1986.园艺植物冷害和抗冷性的研究 – 文献综述 [J]. 园艺学报, 13 (2)：119 – 123.

王宇, 等.1990.云南省农业气候资源及区划 [M]. 北京：气象出版社.

王晨光, 王希, 苍晶, 等.2004.低温胁迫对水稻幼苗抗冷性的影响 [J]. 东北农业大学学报, 35 (2)：129 – 134.

王晨阳.1992.土壤水分胁迫对小麦形态及生理影响的研究 [J]. 河南农业大学学报, 26 (1)：89 – 98.

王成瑷, 王伯伦, 张文香, 等.2008.干旱胁迫时期对水稻产量及产量性状的影响 [J]. 中国农学通报, 24 (2)：160 – 166.

王成瑷，赵磊，王伯伦，等.2014.干旱胁迫对水稻生育性状与生理指标的影响 [J].农学学报，4（1）：4-14.

王春乙，等.2008.东北地区农作物低温冷害研究 [M].北京：气象出版社.

王大春.2005.玉米6个产量性状与产量的灰色关联度分析 [J].种子，24（7）：66-68.

王德俊.2014.重庆市涪陵区水稻高产栽培技术 [J].北京农业（6）：21.

王国莉，郭振飞.2007.水稻不同耐冷品种碳代谢有关酶活性对冷害的响应 [J].作物学报，33（7）：1 197-1 200.

王金贤，宋爱华，田春佳.2012.水稻稻瘟病的防治 [J].现代农业（7）：44.

王劲松，郭江勇，周跃武，等.2007.干旱指标研究的进展与展望 [J].干旱区地理，30（1）：61-67.

王劲松，任余龙，宋秀玲.2008.K干旱指数在甘肃省干旱监测业务中的应用 [J].干旱气象，26（4）：75-79.

王列富，雒红宇，杨玉珍，等.2008.干旱胁迫下不同种源香椿苗可溶性糖的动态变化 [J].林业科技开发，22（4）：53-56.

王敏杰.2010.提高玉米抗旱能力的栽培措施 [J].农业科技与装备（10）：1-3.

王瑞辉，马履一，悉如春，等.2006.元宝枫生长旺季树干液流动态及影响因素 [J].生态学杂志，25（3）：231-237.

王沙生.1991.植物生理学 [M].第二版.北京：中国林业出版社，364-365.

王绍明.2012.水稻抗旱节水栽培技术 [J].现代农业科技（14）：22-24.

王绍明.2012.玉米抗旱栽培技术 [J].农业与技术，32（5）：112.

王世平，杜川.2014.重庆市江津区水稻高产创建做法与经验启示 [J].南方农业，8（1）：52-52.

王书裕，等.1995.农作物冷害的研究 [M].北京：气象出版社.

王曙光，朱俊刚，孙黛珍，等.2013.山西小麦地方品种幼苗期抗旱性的鉴定 [J].中国农业大学学报，18（1）：39-45.

王图展.2013.丘陵山区农业机械化发展的制约因素及对策 [J].农机化研究，35（3）：24-28.

王万里.1981.第二十五讲植物对水分胁迫的响应 [J].植物生理学通讯，17（5）：55-64.

王伟东，王璞，王启现.2001.灌浆期温度和水分对玉米籽粒建成及粒重的影响 [J].黑龙江八一农垦大学学报，13（2）：19-24.

王相权，黄辉跃，王仕林，等.2014.四川冬小麦新品种（系）抗旱性鉴定及分析 [J].中国农学通报，30（15）：39－45.

王象坤.1993.中国栽培稻的起源、演化与分类//中国稻种资源 [M].北京：中国科技出版社.

王学峰，王俊兴，杨富岭.2009.小麦高产栽培技术 [J].种业导刊（9）：21－22.

王以柔，刘鸿先，李平，等.1986.在光照和黑暗条件下低温对水稻幼苗光合器官膜脂过氧化作用的影响 [J].植物生理学报，12（3）：244－251.

王永平，刘杨，卢海军，等.2014.水分胁迫对夏玉米籽粒灌浆的影响及其与内源激素的关系 [J].西北农业学报，23（04）：28－32.

王有芬，闵忠鹏，侯守贵.2005.水稻高产节水栽培技术研究与展望 [J].作物杂志，（5）：58－59.

王远敏，王光明.2006.三峡库区耕作制度现状分析及其调整途径 [J].耕作与栽培（6）：38－40.

王泽立，李新征.1998.玉米抗旱性遗传与育种 [J].玉米科学，6（3）：9－13.

王振镒，郭蔼光，罗淑萍.1989.水分胁迫对玉米 SOD 和 POD 活力及同工酶的影响 [J].西北农林科技大学学报（自然科学版），17（1）：45－49.

王尊欣，张树珍.2014.作物抗旱性及抗旱育种研究进展 [J].作物杂志（2）：26－31.

韦小丽，徐锡增，朱守谦.2005.水分胁迫下榆科 3 种幼苗生理生化指标的变化 [J].南京林业大学学报（自然科学版），29（2）：47－50.

魏安智，杨途熙，等.2008.研究了外源 ABA 对仁用杏花期抗寒力及相关生理指标的影响 [J].西北农林科技大学学报（自然科学版），36（5）：79－84.

魏秀俭.2005.玉米自交系耐旱性的模糊隶属函数法分析 [J].山东农业科学，37（2），25－27.

魏永胜，梁宗锁，山仑，等.2005.利用隶属函数法评价苜蓿抗旱性 [J].草业科学，22（6）：33－36.

温万里，郑颖坤，艾莉，等.2014.玉米抗冷性研究进展 [J].作物杂志，（4）：16－21.

温小红，谢明杰，姜健.2013.水稻稻瘟病防治方法研究进展 [J].中国农学通报，29（3）：190－195.

吴毓，王培华，杨德，等.2009.杂交水稻强优势组合的选配原则、育种现状及栽培技术 [J].南方农业，3（1）：10－11.

吴莉英.2008.四个非洲菊品种的抗旱性研究［D］.长沙：湖南农业大学.

吴彭龄.2012.单季稻白叶枯病流行原因分析及对策［J］.安徽农学通报,18（7）：135-137.

吴绍騤,等.1980.玉米栽培生理［M］.上海：上海科学技术出版社.

吴锡冬,李子芳,张乃华,等.2006.外源脱落酸对盐胁迫玉米激发能分配和渗透调节的影响［J］.农业环境科学学报,25（2）：312-316.

吴晓丽,汤永禄,李朝苏,等.2015.秋季玉米秸秆覆盖对丘陵旱地小麦生理特性及水分利用效率的影响［J］.作物学报,41（60）：929-937.

吴晓莲,李贤勇,周正科.2007.重庆水稻生产存在的主要问题及应对措施［J］.南方农业,1（3）：30-32.

吴学祝,蔡昆争,骆世明.2008.抽穗期土壤干旱对水稻根系和叶片生理特性的影响［J］.植物生理科学,24（7）：202-207.

吴哲红,詹沛刚,陈贞宏,等.2012.3种干旱指数对贵州省安顺市历史罕见干旱的评估分析［J］.干旱气象,30（3）：315-322.

吴志勇,陆桂华,郭红丽,等.2012.基于模拟土壤含水量的干旱监测技术［J］.河海大学学报（自然科学版）,40（1）：28-32.

吴子恺.1994.玉米抗旱育种［J］.玉米科学,2（1）：6-9.

武仙山,王正航,昌小平,等.2008.用株高旱胁迫系数分析小麦发育中的抗旱性动态［J］.作物学报,34（11）：2 010-2 018.

袭祝香,马树庆,王琪.2003.东北区低温冷害风险评估及区划［J］.自然灾害学报,12（2）：98-102.

夏扬.2004.水稻生长对干旱胁迫的响应［D］.南京：南京农业大学.

肖俊夫,刘战东,刘祖贵,等.2011.不同时期干旱和干旱程度对夏玉米生长发育及耗水特性的影响［J］.玉米科学,19（4）：54-58,64.

徐蕊,王启柏,张春庆,等.2009.玉米自交系抗旱性评价指标体系的建立［J］.中国农业科学,42（1）：72-84.

徐英,陈立成,李曼华,等.2014.阶段性干旱对夏玉米生长发育及产量的影响［J］.气象科技进展（4）：62-64.

徐建伟,席万鹏,方憬军,等.2007.水分胁迫对葡萄叶绿素荧光参数的影响［J］.西北农业学报,16（5）：175-179.

徐祥浩,王换校,王国昌.1974.云南省思茅地区籼、粳稻垂直分布调查报告［J］.植物学报,16（3）：208-222.

徐永灵，胡家敏，田鹏举，等.2013.2002 年贵州秋风灾害特征及其影响分析 [C].
　　贵州省气象学会 2013 年学术年会论文集.

许炳南.1999.贵州气候灾害的划分标准 [J]. 贵州气象，23（3）：42－47.

薛国希，高辉远，李鹏民，等.2004.低温下壳低聚糖处理对黄瓜幼苗生理生化特
　　性的影响 [J]. 植物生理与分子生物学学报，30（4）：441－448.

闫洁，曹连莆，沈军队，等.2006.干旱胁迫对大麦籽粒灌浆特性及内源激素的影
　　响 [J]. 安徽农业科学，34（3）：435－439.

闫永銮，郝卫平，梅旭荣，等.2011.拔节期水分胁迫－复水对冬小麦干物质积累
　　和水分利用效率的影响 [J]. 中国农业气象，32（2）：190－195.

燕义唐.1987.聚乙二醇引发预防大豆种子吸胀冷害的效果 [J]. 植物生理学通讯，
　　23（4）：24－26.

杨涛，宫辉力，李小娟，等.2010.土壤水分遥感监测研究进展 [J]. 生态学报，
　　30（22）：6 264－6 277.

杨晖.2014.外源 ABA 对玉米苗期抗冷性的影响及对 Asrl 基因表达的调控 [D]. 黑
　　龙江：东北农业大学.

杨川航，王开，杨航，等.2009.水稻耐寒育种研究进展 [J]. 中国农学通报，25
　　（6）：113－116.

杨贵羽，罗远培，李保国，等.2005.冬小麦根系对水分胁迫期间和胁迫后效的响
　　应 [J]. 中国农业科学，38（12）：2 408－2 413.

杨洪强，接玉玲.2001.高等植物脱落酸的生物合成及其调控 [J].植物生理讯，37
　　（5）：457－462.

杨金慧，毛建昌，李发民，等.2003.玉米杂交种农艺性状与籽粒产量的相关和通
　　径分析 [J]. 中国农学通报，19（4）：28－30.

杨祁峰，孙多鑫，熊春蓉，等.2007.玉米全膜双垄沟播栽培技术 [J]. 中国农技
　　推广，23（8）：20－21.

杨绍兰.2009.1－MCP 处理对黄瓜冷藏期间保鲜效果的影响 [J].中国农业通报，
　　25（6）：70－72.

杨素雨，张秀年，杞明辉，等.2011.2009 年秋季云南降水极端偏少的显著异常气
　　候特征分析 [J]. 云南大学学报（自然科学版），33（3）：317－324.

杨晓光，李茂松，霍治国.2010.农业气象灾害及其减灾技术 [M]. 北京：化学工
　　业出版社.

杨晓玲，杨晴，刘艳芳，等.2007.水杨酸对黄瓜种子萌发及幼苗抗低温的影响

［J］. 种子，26（1）：78－80.

殷全玉，张利军，柯油松，等.2007.水杨酸浸种对低温下烟草种子萌发率和几个
　　与幼苗抗寒性有关的生理生化指标影响［J］. 植物生理学通讯，43（1）：
　　189－190.

尹晗，李耀辉.2013.我国西南干旱研究最新进展综述［J］. 干旱气象，31（1）：
　　182－193.

应存山.1993.中国稻种资源［M］. 北京：中国农业科技出版社.

于茜，张林生.2010.干旱胁迫下小麦叶片脱水素的表达与水分的关系［J］. 西北
　　农林科技大学学报（自然科学版），38（2）：69－75.

余腾琼，叶昌荣，徐福荣，等.2003.云南高原粳稻区白叶枯病菌的致病型初步鉴
　　定［J］. 中国水稻科学，17（3）：255－259.

余卫东，冯利平，刘荣花.2013.玉米涝渍灾害研究进展与展望［J］. 玉米科学，
　　21（4）：143－147.

余晓珍，夏自强，刘新仁.1995.应用土壤水模拟模型研究区域干旱［J］. 水文，
　　15（5）：4－9.

郁怡汶.2003.草莓光合作用对水分胁迫响应的生理机制研究［D］. 杭州：浙江
　　大学.

袁礼勋，黄钢，余遥，等.1991.四川盆地稻茬麦免耕栽培增产机理研究［J］. 西
　　南农业学报，4（4）：49－56.

袁蒙蒙，高丽朴，王清，等.2012.壳聚糖涂膜减轻黄瓜冷害的研究［J］. 湖北农
　　业科学报，51（10）：2 016－2 020.

袁志伟，孙小妹.2012.作物抗旱性鉴定指标及评价方法研究进展［J］. 甘肃农业
　　科技（11）：36－39.

岳虹.2002.水分胁迫对小麦叶片生理指标的影响［J］. 太原师范专科学校学报
　　（2）：28－29.

云南省灾害防御协会.1999.云南省四十年主要灾害调查［M］. 昆明：云南科技出
　　版社.

曾韶西，王以柔，李美茹，等.1994.冷锻炼和 ABA 诱导水稻幼苗提高抗冷性期间
　　膜保护系统的变化［J］. 热带亚热带植物学报，2（1）：44－50.

曾韶西，王以柔，刘鸿先.1987.低温胁迫对水稻幼苗抗坏血酸含量的影响［J］.
　　植物生理学报，13（4）：365－370.

曾韶西，王以柔，刘鸿先.1991.低温光照下与黄瓜子叶叶绿素降低有关的酶促反

应［J］. 植物生理学报, 17 (2): 177-182.

曾亚文, 陈勇, 徐富荣, 等.1999.云南三种野生稻的濒危现状与研究利用［J］.
云南农业科技 (2): 10-12.

曾亚文, 李自超, 杨忠义, 等.2000.云南稻种主要性状多样性分布中心及其规律
研究［J］. 华中农业大学学报, 19 (6): 511-517.

曾亚文, 申时全, 利自超, 等.2002.云南地方稻种不同分类方法的比较研究［J］.
西南农业大学学报, 24 (5): 384-387.

张鸿, 池忠志, 姜心禄, 等.2011.季节性干旱对水稻生长发育的影响及其生物防
控策略［J］. 中国稻米, 17 (4): 16-22.

张慧, 施国新, 计汪栋, 等.2007.外源脱落酸 (ABA) 增强菹草抗镉 (Cd 2+)
胁迫能力［J］. 生态与农村环境学报, 23 (3): 77-81.

张军.2014.长期土壤干旱下扬花期冬小麦部分生理生化反应及抗旱性分析［J］.
麦类作物学报, 34 (6): 756-773.

张武.2007.马铃薯叶绿素含量、CAT 活性与品种抗旱性关系的研究［J］. 农业现
代化研究, 28 (5): 622-624.

张颖, 张伟.2014.玉米苗期抗旱栽培技术探索［J］. 农业与技术, 34 (10):
92-93.

张宇, 饶景萍, 孙允静等.2010.1-甲基环丙烯对甜柿贮藏中冷害的控制作用
［J］. 园艺学报, 37 (4): 547-552.

张臻.2011.西南季节性干旱区农业资源与环境要素数据库设计与应用［D］. 重庆:
西南大学.

张百俊, 杨东平, 候小坤, 等.2008.聚乙二醇对西葫芦抗冷性生理的影响［J］.
农业科学报, 33 (5): 12-13.

张宝石, 徐世昌.1996.玉米抗旱基因型鉴定方法和指标的探讨［J］. 玉米科学, 4
(3): 19-22.

张灿军, 冀天会, 杨子光, 等.2007.小麦抗旱性鉴定方法及评价指标研究Ⅰ鉴定
方法及评价指标［J］. 中国农学通报, 23 (9): 226-230.

张灿军, 冀天会, 杨子光, 等.2007.小麦抗旱性鉴定方法及评价指标研究Ⅱ抗旱
性鉴定评价技术规程［J］. 中国农学通报, 23 (10): 418-421.

张传能, 黄铭杰, 毛宁.2015.灰黄霉素对水稻稻瘟病菌的防治效果研究［J］. 中
国农学通报, 31 (4): 190-194.

张凤银, 雷刚, 张萍, 等.2012.水杨酸对低温胁迫下藜豆种子萌发和幼苗生理特

性的影响［J］. 西北农林科技大学学报（自然科学版），40（4）：205－209.

张凤银，张萍，彭琳，等.2011.外源水杨酸对低温胁迫下黑麦草种子萌发的影响［J］. 安徽农业科学，39（35）：21 614－21 615.

张海清.2005.水稻抗寒种衣剂的研制、作用机理及应用研究［D］. 长沙：湖南农业大学.

张建平，何永坤，王靖，等.2015.不同发育期干旱对玉米籽粒形成与产量的影响模拟［J］. 中国农业气象，36（1）：43－49.

张剑光.1988.西南区气候基本特征及其成因［J］. 西南师范大学学报：自然科学版，13（1）：153－164.

张玲丽，孙道杰，冯毅，等.2010.中国小麦地方品种的 SSR 遗传多样性分析［J］. 西北农林科技大学学报（自然科学版），38（7）：85－90，97.

张美云，钱吉，郑师章.2001.渗透胁迫下野生大豆游离脯氨酸和可溶性糖的变化［J］. 复旦学报（自然科学版），40（50）：558－561.

张仁和，薛吉全，浦军，等.2011.干旱胁迫对玉米苗期植株生长和光合特性的影响［J］. 作物学报，37（3）：521－528.

张仁和，郑友军，马国胜，等.2011.干旱胁迫对玉米苗期叶片光合作用和保护酶的影响［J］. 生态学报，35（5）：1 303－1 311.

张卫星，赵致，柏光晓，等.2007.不同基因型玉米自交系的抗旱性研究与评价［J］. 玉米科学，15（5）：6－11.

张现伟，唐永群，李经勇，等.2011.水稻抗旱性遗传育种与节水抗旱栽培［J］. 中国农学通报，27（27）：1－5.

张小冰，张燕.2008.水杨酸浸种对冬小麦幼苗抗寒性指标的影响［J］. 太原师范学院学报（自然科学版），7（3）：139－142.

张孝国.2015.重庆地区水稻高产栽培技术及推广应用探讨［J］. 农家科技（1）：207.

张兴华，高杰，杜伟莉，等.2015.干旱胁迫对玉米品种苗期叶片光合特性的影响［J］. 作物学报，41（1）：154－159.

张雅倩，林琪，姜雯，等.2010.水分胁迫条件下不同肥水类型小麦抗旱特性的研究［J］. 华北农学报，25（6）：205－210.

张燕之，周毓珩，邹吉承，等.1996.水稻抗旱性鉴定方法与指标研究Ⅰ.生理生化方法鉴定稻的抗旱性与水分胁迫下产量关系［J］. 辽宁农业科学（1）：10－13.

张逸帆，祝咪娜.2009.浅谈水杨酸的植物生理作用［J］. 中国新技术新产品，

（1）：8.

张永莉，范广洲，周定文，等.2014.春季南支槽变化特征及其与降水和大气环流的关系 [J]. 高原气象，33（1）：97 – 105.

张玉辉.2014.重庆云阳县团滩乡水稻大面积高产栽培技术 [J]. 北京农业（12）：47.

张振平，齐华，李威，等.2007.玉米品种抗旱性筛选指标研究 [J]. 玉米科学，15（5）：65 – 68.

章树安，章雨乾.2013.土壤水分监测技术方法应用比较研究 [J]. 水文，33（2）：25 – 28.

赵华.2010.农作物应用植物抗寒剂效果好 [J]. 植物保护，36（24）：30.

赵剑，王俭荣，杨文杰，等.1988.聚乙二醇和聚乙烯醇渗调处理对苜蓿幼苗抗冷害的影响 [J]. 东北师大学报，30（2）：50 – 54.

赵瑾.2007.不同圆柏品种（系）抗旱性抗寒性研究 [D]. 呼和浩特：内蒙古农业大学.

赵兰.2010.4 种地被观赏竹抗旱性研究 [D]. 重庆：西南大学.

赵军海，冯国华，刘东涛，等.2009.小麦育种亲本材料遗传多样性的 SSR 分析 [J]. 麦类作物学报，29（6）：982 – 986.

赵黎明，李明，郑殿，等.2015.冷害后植物生理变化及外源物质调控研究进展 [J].中国农业通报，31（12）：217 – 223.

赵丽英，邓西平，山仑.2005.活性氧清除系统对干旱胁迫的响应机制 [J]. 西北植物学报，25（2）.

赵汝植.1996.西南区自然灾害特征及其地域分异 [J]. 西南师范大学学报：自然科学版（1）：90 – 96.

赵汝植.1997.西南区自然区划探讨 [J]. 西南师范大学学报：自然科学版，22（2）：193 – 198.

赵所军.2015.水稻高产栽培技术要点 [J]. 农民致富之友（1）：26.

赵燕燕，芦建国.2010.鸢尾属五种植物的抗旱性研究 [J]. 北方园艺（12）：91 – 94.

中国气象局.2004—2014.中国气象灾害年鉴 [M]. 北京：气象出版社.

中国气象局预减灾司，中国气象局国家气象中心.2006 中国气象地理区划手册 [M]. 北京：气象出版社.

中华人民共和国国家质量监督检验检疫总局，中国国家标准化管理委员会.气象干旱等级 [S]. GB/T20481—2006.

中日合作项目组.1984.中日合作利用有关遗传资源培育耐寒抗病高产水稻品种试验研究阶段总结（1983—1984）［R］：59-64.

钟文翠.2010.云南省玉米抗旱节水栽培技术［J］.现代农业科技（5）：43.

周桂莲，杨慧霞.1996.小麦抗旱性鉴定的生理生化指标及其分析评价［J］.干旱地区农业研究，14（2）：65-71.

周国雁，伍少云.2013.不同云南小麦种质资源的全生育期抗旱性及与主要农艺性状的相关性［J］.华南农业大学学报，34（3）：309-314.

周海燕.2002.中国东北科尔沁沙地两种建群植物的抗旱机理［J］.植物研究，22（1）：51-55.

周述波，林伟，萧浪涛.2005.植物激素对植物盐胁迫的调控［J］.琼州大学学报，12（2）：27-30.

周勋波，王根林，吴海燕.2001.大豆应用抗寒剂抗寒效应的研究［J］.杂粮作物，21（4）：32.

周玉萍，王正询，田长思.2003.多胺与香蕉抗寒性的关系的研究［J］.广西植物，23（4）：252-256.

周玉萍，郑燕玲，田长思，等.2002.脱落酸、多效唑和油菜素内酯对低温期间香蕉过氧化酶和电导率的影响［J］.广西植物，22（5）：444-448.

朱达明，穆麟，姚雄.2013.重庆低海拔区水稻扩行壮株栽培技术及其超高产实践［J］.农业科技通讯（8）：186-187.

朱利君，胡进耀，罗明华，等.2011.水杨酸对红花种子萌发和植株生长的影响［J］.江苏农业科学，39（4）：297-300.

朱乾根.1992.天气学原理和方法［M］.北京：气象出版社.

朱志华，胡荣海，昌晓平.1996.不同抗旱性冬小麦幼苗根系对水分胁迫的反应［J］.植物生理学通讯，32（6）：410-413.

Abou-Khaled A，Hagan R M，et al.1970. Effects of kaolinite as a reflective anti-transpirant on leaf temperature，transpiration，photosynthesis and water use efficiency［J］.Water Resour Res，1970，6（1）：280-289.

Barakat，M，et al.2010. Morphological and molecular characterization of Saudi wheat genotypes under drought stress［J］.Journal of Food Agriculture & Environment，8（1）：220-228.

Basuetal P S，Sharma A，Garg I D，et al.1999. Tuber sink modifies photosynthetic response in potato under water stress［J］.Environmental and Experimental Botany，42

(1): 25 – 39.

Bhaskaran S, Smith R H. Newton R J. 1985. Physiological changes in cultured sorghum cells in response to induced water stress. I. Free proline [J]. Plant Physiology, 79 (1): 266 – 269.

Bolaños J, Edmeades G O. 1993. Eight cycles of selection for drought tolerance in lowland tropical maize. II. Responses in reproductive behavior [J]. Field Crops Research, 31 (3): 253 – 268.

Davenport D C, Urir K, et al. 1972. Anti-transpirants increase size, reduce shrivel of olive fruits [J]. Calif Agric, 26 (7): 6 – 8.

Guo Weidong, Shen Xiang, Li Jiarui, et al. 1999. Molecular mechanism of plant drought tolerance [J]. Acta Universitatis Agriculturalis, 27 (4): 102 – 108.

Guye MG, Vigh L, Wilson JM. 1986. Polyamine titre in relatian to chill-sensitivity in Ph aseo lus sp [J]. J Exp Bot, 37 (7): 1 036 – 1 043.

Guye MG. 1987. Exogenous polyamines and chill-protection in excised shoots of mung bean seeding [J]. News Bulletin British Plant Growth Regulator Group, 9 (2): 10 – 14.

Hall A E, Carroll C R, Vandermeer J H, et al. 1990. Physiological ecology of crops in relation to light, water and temperature [M]. New York: McGraw Hill Publishing compang.

Hanson A D, Nelsen C E, Pedersen A R, Everson E H. 1979. Capacity for Proline accumulation during water stress in barley and its implications for breeding for drought resistance [J]. Crop Science, 19 (4): 489 – 493.

Hsiao T C. 1973. Plant responses to water stress [J]. Plant Physiology, 89 (24): 801 – 802.

Jiang Z N. 1994. Utilization of Yunnan rice germplasm resources in rice breeding [J]. JIRCAS Int. Symp. Ser. , 2: 125 – 134.

Jiang Z N. 1998. Diversity of rice germplasm resources in Yunnan [J]. Heredity (suppl.), 20: 98 – 102.

Jorge Ibarra-Caballero, Clemente Villanueva-Verduzco, José Molina-Galán, Estela Sánchez-De- Jiménez. 1988. Proline accumulation as a symptom of drought stress in maize: a tissue differentiation requirement [J]. Journal of Experimental Botany, 39 (7): 889 – 897.

Kellogg E W. Fridovich I. 1975. Superoxide, H ydrogen Peroxide and Single O xygen in Lipid Peroxidatian by Axanthine Oxidase System［J］. Biochem, 250（22）: 8 812 – 8 817.

Koster K. L. 1991. Glass formation and desiccation tolerance in seeds［J］. Plant Physiology, 96（1）: 302 – 304.

Kramer P J, Turner N C. 1980. Drought, stress, and the origin of adaptations［J］. Adaptation of plants to water and high temperature stress, 7 – 20.

Kristin A. Schneider, Mary E. Brothers, James D. Kelly. 1997. Marker-assisted selection to improve drought resistance in common bean［J］. Crop Science, 37（1）: 51 – 60.

Kusano T, Yamaguchi K, Berberich T, et al. 2007. Advances in polyamine research in 2007［J］. Journal of Plant Research, 120（3）: 345 – 350.

Kushad MM, Yelenosky G. 1987. Evalution ofpolyamine and proline levels during low temperature acclimation of Citrus［J］. Plant Physiol, 84（3）: 692 – 695.

Levitt J. 1980. Responses of plants to environmental stresses. Volume II. Water, radiation, salt, and other stresses［M］. New-York: Academic Press.

Li Yanqiong, Liu Xingliang, Zheng Shaowei, et al. 2007. Drought-resistant physiological characteristics of four shrub species in arid valley of Minjiang River, China［J］. Acta Ecologica Sinica, 27（3）: 870 – 878.

Mian M A R, Bailey M A, Ashley D A, et al. 1996. Molecular makers associated with water use efficiency and leaf ash in soybean［J］. Crop Science, 36（5）: 1 252 – 1 257.

Nishant Kumar Jain, Ipsita Roy. 2009. Effect of trehalose on protein structure［J］. Protein Science, 18（1）: 24 – 36.

Pagter M, Bragato C, Brix H. 2005. Tolerance and physiological responses of Phragmites australis to water deficit［J］. Aquatic Botany, 81（4）: 285 – 299.

Reddy A R, Chaitanya K V, Vivekanandan M. 2004. Drought-induced responses of photosynthesis and antioxidant metabolism in higher plants［J］. Journal of plant physiology, 161（11）: 1 189 – 1 202.

Sarieva, G, et al. 2010. Adaptation potential of photosynthesis in wheat cultivars with a capability of leaf rolling under high temperature conditions［J］. Russian Journal of Plant Physiology, 57（1）: 28 – 36.

Shen WY, Kazuyoshi N, Shoji T. 2000. Involvement of polyamines in the chilling tolerance ofcucumber cultivars [J]. Plant Physiol, 124 (1): 431 –439.

Sivaramakrishnan S, Patell V Z, Flower D J, et al. 1988. Proline accumulation and nitrate reductase activity in contrasting sorghum lines during mid-season drought stress [J]. Physiologia Plantarum, 74 (3): 418 –426.

Smirnoff N. 1993. The role of active oxygen in the response of plants to water deifcit and desiccation [J]. New Phytologist, 125 (1): 27 –58.

Subbarao G V, Chauhan Y S, Johansen C. 2000. Patterns of osmotic adjustment in pigeonpea—its importance as a mechanism of drought resistance [J]. European Journal of Agronomy, 12 (3): 239 –249.

Turner N C. 1979. Drought resistance and adaptation to water deficits in crop plants [M]. New York: Wiley Interscience.

Wang Y, Wen T T, Hu J, Han R. et al. 2013. Relationship between endogenous salicylic acid and antioxidant enzyme activities in maize seedlings under chilling stress [J]. Experimental Agriculture, 49 (2): 295 –308.

Yang Delong, Jing Ruilian, Chang Xiaoping, et al. 2007. Quantitative trait loci papping for chlorophyII fluorescence and associated traits in wheat (Triticum aestivum) [J]. Journal of Integrative Plant Biology, 49 (5): 646 –654.

Yoshihisa K, Lixiong H, Kazuyoshi N, et al. 2004. Overexpression of spermidine synthase enhances tolerance to multiple environmental stresses and up-regulates the expression of various stress-regulated genes in transgenic Arabidopsis thaliana [J]. Plant Cell Physiol, 45 (2): 712 –722.

Yousufzai, M. 2007. Evaluation on anatomical and morphological traits in relation to low water requirement conditions of bread wheat (Triticum aestivum l.) [J]. Pakistan Journal of Botany, 39 (7): 2 725 –2 731.

Zeng Y W, Li Z C, Wang X, et al. 2001. Ecological and genetics diversity of rice germplasm in Yunnan [J]. Plant Genetic Resources newsletter 125: 24 –28.

Zeng Y, Wang J, Xu L. 1998. Genetic variation of crop resources in Yunnan Province, China [J]. Plant Genetic Resources Newsletter 114: 40 –42.